典型草原区灌溉人工草地高效用水技术与生态影响研究

李和平　佟长福　郑和祥　王　军　等著

中国铁道出版社有限公司

2019年·北　京

内容简介

本书针对牧区水利建设中所面临的灌溉人工草地用水效率低和布局的合理性问题展开研究，采用优质牧草节水灌溉试验研究、草地ET遥感监测、WIN ISAREG模型、分布式水文模型和遗传算法等技术手段，研究了草原生态格局变化以及对区域水循环过程的影响；构建了基于水资源优化配置的产业结构优化模型，研究分析了灌溉人工草地对周边天然草原植被等生态环境影响，提出了典型草原区灌溉人工草地合理发展规模与空间布局和水资源高效利用模式，为牧区水资源的高效利用和经济社会可持续发展提供技术支撑。

本书可供从事牧区灌溉人工草地建植和水资源高效利用与生态环境效应研究的科研人员，灌溉人工草地规划和水资源优化配置等方面的规划设计人员，以及相关专业高校师生学习参考。

图书在版编目(CIP)数据

典型草原区灌溉人工草地高效用水技术与生态影响研究 / 李和平等著．—北京：中国铁道出版社有限公司，2019.12

ISBN 978-7-113-26100-9

Ⅰ.①典… Ⅱ.①李… Ⅲ.①草原—喷灌—研究 Ⅳ.①S812.4

中国版本图书馆CIP数据核字(2019)第165869号

书　　名：典型草原区灌溉人工草地高效用水技术与生态影响研究

作　　者：李和平　佟长福　郑和祥　王　军

责任编辑：冯海燕　　　　**编辑部电话：**010-51873017

封面设计：郑春鹏

责任校对：苗　丹

责任印制：高春晓

出版发行：中国铁道出版社有限公司(100054，北京市西城区右安门西街8号)

网　　址：http://www.tdpress.com

印　　刷：北京建宏印刷有限公司印刷

版　　次：2019年12月第1版　2019年12月第1次印刷

开　　本：787 mm×1 092 mm　1/16　**印张：**13.25　**字数：**323千

书　　号：ISBN 978-7-113-26100-9

定　　价：66.00元

前　言

草原是我国最大的陆地生态系统和重要的绿色生态屏障，全国草原面积58.9亿亩，可利用草原面积49.6亿亩，其中牧区草原面积38.25亿亩，可利用草原面积32.23亿亩。目前，我国牧区草原超载过牧严重，草原畜牧业的掠夺式经营导致了草原退化、沙化、生态失衡，加之牧区灾害频繁，防灾抗灾能力薄弱，致使我国草原畜牧业生产始终处于脆弱的草原生态环境之中。

国内外草原畜牧业发展与草原生态保护的实践充分表明，发展牧区水利，建设灌溉人工草地(饲草料地)，构建种植、放牧、饲养相结合的集约化、规模化、社会化和专业化现代草原生态畜牧业发展模式，是保护我国草原生态、促进牧区经济社会科学发展的重要举措。但是，北方牧区气候干旱，水资源匮乏，而且，矿产资源富集，资源型经济的发展，导致水资源供需矛盾更加突出。过去，只注重水的社会服务功能，忽视水的生态和环境服务功能，造成了一系列的生态、环境问题，水资源是制约牧区经济社会发展和生态环境保护的关键因素。

目前，一些牧区过度开发利用水资源发展灌溉，特别是种植粮食和经济作物；同时，开发矿产资源也消耗水资源，挤占了灌溉人工草地和草原生态用水。结果是导致地下水下降和地表水资源的过度利用，使生物多样性减少，致使草原退化加剧。概括来讲，关于灌溉人工草地建设与水资源高效利用存在以下五个方面的科学问题需要研究解决：①主要种植的灌溉人工牧草耗水规律和科学灌溉问题；②中大尺度的灌溉人工草地用水效率和灌溉供需水的可行与合理性问题；③灌溉人工草地建设对地下水消耗与流域水循环过程的影响问题；④灌溉人工草地建设对草原生态环境的影响问题；⑤灌溉人工草地的建设规模与合理布局问题。

锡林河流域在我国北方典型草原区具有代表性，位于内蒙古自治区境内，是京津风沙源区综合治理工程的重点地区。本书以典型草原区——锡林河流域为研究对象，针对牧区灌溉人工草地建设与水资源高效利用所面临的科学问题展开研究，采用优质牧草节水灌溉试验研究、草地ET遥感监测、WIN ISAREG模型、分布式水文模型和遗传算法等技术手段，研究了草原生态格局变化以及对区域水循环过程的影响；构建了基于水资源优化配置的产业结构优化模型，研究分析了灌溉人工草地对周边天然草原植被等生态环境影响，提出了典型草原区灌溉人工草地合理发展规模与空间布局和水资源高效利用模式，为牧区水资源的高效利用和经济社会可持续发展提供技术支撑。

全书共7章：第1章简要介绍了项目的研究背景和国内外发展趋势及其基本情况；第2章通过节水灌溉试验实证研究，得出了典型草原区节水灌溉条件下青贮玉米和紫花苜蓿的耗水规律与灌溉制度；第3章研究了作物区域用水效率与节水潜力，提出了典型草原区牧草用水效率及相应的节水方案;第 4 章在产业结构优化和不同行业高效用水效率研究的基础上,提出了研究区水资源高效利用方案;第 5 章研究了区域蒸散发机理与耗水规律,提出了典型草原区灌溉人工草地对地下水消耗量的测算方法,定量分析了灌溉人工草地消耗强度及其影响;第 6 章揭示了灌溉人工草地建植条件下流域水循环要素之间的转换规律;第 7 章研究分析了灌溉人工草地对周边天然草原的植被等生态环境影响,提出了典型草原研究区灌溉人工草地合理发展规模与空间布局。

本书的研究成果是在水利部公益性行业科研专项经费项目(201001039)资助下完成的。李和平负责项目申请和技术路线拟定与研究全过程,完成了内容编排与统稿工作;第 1 章由李和平、佟长福、郑和祥、王军、鹿海员撰写;第 2 章由佟长福、郑和祥、白巴特尔撰写;第 3 章由郑和祥、佟长福、王军、杨燕山撰写;第 4 章由鹿海员、高瑞忠、白巴特尔、杨燕山撰写;第 5 章由王军、李和平、于红博、曹雪松撰写;第 6 章由王军、李和平、鹿海员、段超宇撰写;第 7 章由郭建英、李锦荣、李和平、包苏雅、郝伟罡撰写。

撰写过程中,得到了水利部牧区水利科学研究所的领导和科研工作者的支持;在项目执行过程中得到了水利部胡四一副部长、陈明忠司长、倪文进副司长、汝楠处长等领导的悉心指导;锡林郭勒盟水利局敖小孟、韩刚等领导,锡林浩特市水利局李万国、王秋菊、张晶、胡洪岗等领导及相关工作人员在项目实施过程中给予了支持与帮助。同时,感谢张松在攻读硕士期间做的基础数据处理工作。在此,一并向他们表示衷心的感谢!

限于水平有限,书中难免存在疏漏之处,恳请读者不吝批评指正!

作者

2019 年 9 月于呼和浩特市

目　录

第1章　概　　况

1.1　项目研究背景和意义

我国牧区占国土面积的45.1%，草原面积占全国草原面积的65%，是我国主要江河的发源地，是水源涵养区及主要生态功能区的主体，在国土空间开发中具有重要战略地位。草原是我国最大的陆地生态系统和重要的绿色生态屏障，全国草原面积58.9亿亩，可利用草原面积49.6亿亩，其中牧区草原面积38.25亿亩，可利用草原面积32.23亿亩。目前，我国草原超载过牧严重，2011年牲畜超载率为28%，草原畜牧业的掠夺式经营导致了草原退化加剧、沙化严重、生态失衡，加之牧区灾害频繁，防灾抗灾能力薄弱，致使我国草原畜牧业生产始终处于脆弱的草原生态环境之中。加强草原生态保护与建设是党中央和国务院为实现我国社会、经济可持续发展做出的重大战略决策，是国家生态建设与保护的重要内容，也是西部大开发战略的重要组成部分。

牧区水利发展滞后是草原生态恶化的重要因素，一方面，牧区水利工程等基础设施建设状况远不适应牧区草原生态保护工作的需要，不能彻底扭转牲畜超载带来的草原生态恶化趋势；另一方面，牧区水利防灾抗灾能力薄弱，特别是遭遇重大旱灾和雪灾，牧民损失严重，区域经济发展受到制约。生产实践证明：发展牧区水利是保护草原生态的重要举措，通过在有水资源条件的地区建设适宜规模的灌溉饲草料地，集中解决牲畜的补(舍)饲问题，使大面积的天然草原得以休牧和禁牧，充分发挥大自然的自我修复能力，是改善目前草原生态恶化状况最有效的水利措施之一。国内外草原畜牧业发展与草原生态保护的实践充分表明，发展牧区水利，建设灌溉饲草料地，构建种植、放牧、饲养相结合的集约化、规模化、社会化和专业化现代草原生态畜牧业发展模式，是保护我国草原生态、促进牧区经济社会科学发展的必然选择。

党和政府十分重视草原生态保护工作和牧区水利建设，2011年中央1号文件明确提出，要求"稳步发展牧区水利，建设节水高效灌溉饲草料地"；《国务院关于促进牧区又好又快发展的若干意见》中指出"加强草原围栏和棚圈建设，在具备条件的地区稳步开展牧区水利建设，发展节水高效灌溉饲草基地，促进草地畜牧业由天然放牧向舍饲、半舍饲转变，实现禁牧不禁养"；国家2011～2013年正在实施的禁牧与草畜平衡补助政策需要建设发展节水高效灌溉饲草基地；党的十八大提出：把经济、政治、文化、社会、生态五位一体作为现代化建设的总体布局，强调要把生态文明建设的价值理念方法贯彻到现代化建设的全过程和各个方面，建设美丽中国。同时，2020年国家要全面实现小康社会，GDP较2010年翻番。但是，我国牧区水资源短缺，生态环境十分脆弱，经济社会发展相对滞后，很多地区处于贫困半贫困状态，是我国全面实现建设小康社会目标的短板。因此，针对牧区社会经济发展过程中灌溉人工草地用水效率低和布局合理性等问题，为保证牧区水资源可持续利用、草原生态系统健康稳定，开展灌溉人工草地高效用水技术研究，对加强牧区民族团结和国家生态安全，促进民生水利建设具有重要现实意义。

牧区气候干旱，水资源匮乏，生态环境脆弱，水资源是牧区经济社会发展和生态环境保护的最大制约因素。过去，只注重水的社会服务功能，忽视水的生态和环境服务功能，造成了一系列的生态、环境问题。水资源的变化直接导致生态环境的变迁，而且，牧区矿产资源富集，资源型经济的发展，加剧了水资源短缺，水资源供需矛盾更加突出。因此，采用区域蒸散发(ET)遥感监测对以流域为单元(大尺度)的水资源管理定量化、提高用水效率研究具有十分重要的现实意义，并对环境治理、生物多样性保护及草地资源可持续利用等提供决策支持，也是全球气候变化研究的基础工作。

典型草原作为中国北方重要的自然资源，主要分布在欧亚大陆的干旱、半干旱地区，位于该地区的河流绝大多数是季节性内陆河，对于这种水文地理特性，地区降水很少汇入河流或转化成地下水，蒸散发成为下垫面与大气之间水气交换的主要分支。近年来，水资源过度开发已成为草地沙化退化、水土流失等草原生态问题的关键诱因之一，大规模人类活动无时不在悄然改变着天然水循环的大气、地表、土壤和地下各个过程，致使现代环境下水文循环呈现出明显的“天然-人工”二元特性，作为典型草原水文循环重要组成部分的蒸散发势必也会受到干扰，这种结果将导致地区的水文平衡发生变化，从而对该地区储存的水资源可能产生较大影响。因此，精准估算草原地区蒸散发对水文过程变化模拟、水资源管理决策、草原干旱监测与评估等研究具有重要意义。

锡林河流域在我国北方典型草原区具有代表性，位于内蒙古自治区境内，是京津风沙源区综合治理工程的重点地区。因此，选择典型草原区——锡林河流域为研究对象，以草地ET遥感监测为技术手段，研究流域内灌溉人工草地高效用水技术和建设管理模式以及灌溉人工草地建设对流域水资源和生态环境影响，为牧区水资源高效利用和社会经济的可持续发展提供技术支撑具有十分重要的意义。

1.2 国内外研究现状

人工草地(包括灌溉人工草地和旱作人工草地)建设是开发利用草原资源、大幅度提高牧草产量、解决草畜矛盾、发展现代草原畜牧业的重要措施，也是草原畜牧业发达国家畜牧业发展的主要方向。如美国的人工草地面积占天然草原面积的15%，俄罗斯占10%，荷兰、丹麦、英国、德国、新西兰等国占60%～70%。国内外草原畜牧业的生产实践表明：要立足于牧区水资源和草原资源的可持续利用，通过适度建设节水高效灌溉饲草料地，推行舍饲圈养和草原禁牧休牧制度，从而减少天然草原超载牲畜数量，同时加强农牧结合，形成牧区繁育、农区育肥的生产格局，推进适度规模经营，增加生产效益，达到草畜平衡要求。

我国牧区地域辽阔，自然条件复杂，为了科学地认识人工草地建设与发展，正确有效地利用人工草地，界定我国“人工草地”的概念不仅对我国草地科学分类具有重要意义，而且对促进我国人工草地建设和发展也是必要的。

农业部门：《人工草地建设技术规程》NY/T 1342—2007将人工草地定义为“选择适宜的草种通过人工措施而建植的草地”。人工草地是为了满足人类社会生产生活的实际需要，通过人为设计、耕作建植、管理利用的草地，它具有生产优质高产的饲草料为畜牧业生产提供物质保障、恢复改善生态环境为人类提供良好生存条件、提高种植业生产效益增加经济收入等作用。在草地分类上,人工草地与天然草地平行并列,共同隶属于草地范畴;与天然草地相比,人工草地具有建植目的性强、经营管理程度高以及稳定、优质、高产、高效的特点。

水利部门:人工草地主要是指灌溉草地,包括灌溉人工草地和灌溉天然草地,主要特征是强调有灌溉条件。人工草地概念的内涵和外延近年都有了较大扩展,已不单单是放牧养畜的饲草料基地,而成为集畜牧、生态、经济于一体的多功能、综合性的人工植被,并在人类生产生活中显示出越来越重要的作用。

从世界畜牧业发达国家看,现代畜牧业的特征是草原利用科学合理、牲畜良种化和多样化、饲养专业化和规模化、生产机械化、经营产业化、服务社会化;高度重视饲料安全和食品安全,严格按照国际标准生产绿色食品和有机食品;农业政策得力,依法治牧。北美大草原(美国、加拿大)在经历了"牧牛王国"的游牧生产后,在20世纪全面转型,采用现代农业装备、现代科学技术、现代经济管理方法发展养牛业,创造了草原生态改善、生产水平最佳的现代化肉牛产业。

草原畜牧业是整个畜牧业的一个重要分支,世界各国都非常重视草原畜牧业的发展。特别是美国、澳大利亚、新西兰、荷兰和加拿大等国的草原畜牧业在本国农业系统中占有较大比例。美国的养牛业是美国畜牧行业的第一产业,畜牧业产值占农业总产值的50%以上。新西兰以饲养牛羊为主,人均拥有牛、羊头数及亩均产量均居世界第一位,全国平均每人有羊21只、牛2.4头。澳大利亚是世界人均消费牛肉最多的国家之一,每年人均消费牛肉40 kg,羊肉消费量人均16 kg。瑞典、爱尔兰和丹麦等国的畜牧业也极为发达,瑞典、爱尔兰和丹麦的畜牧业总产值分别占农业总产值的75%、80%和90%。

世界上传统游牧地区有的至今仍维持"逐水草而居",如蒙古国和非洲的一些部族地区;有的转为农耕生产生活,如我国草原的农牧交错带地区;也有的终止了草原畜牧业,如俄罗斯的西伯利亚地区。中国的牧区则演变为定居与传统放牧相结合的草原畜牧业,生产方式从单纯索取天然资源的游牧业转变为合理利用和全面建设并重、放牧和补(舍)饲并重的建设型草原畜牧业。由于草原牧区水资源短缺和投入不足等因素,2011年我国牧区人工草地面积仅为可利用草原面积的4.6%,灌溉饲草料地面积占牧区可利用草地面积的0.37%。如何治理超载过牧、保护草原生态,如何把我国草原畜牧业推向新的更高水平成为重大课题。

1.2.1 灌溉人工草地高效用水技术

我国草地灌溉始于20世纪60年代,目前已成为牧区水利发展与生态保护建设的重要组成部分,主要针对草地灌溉的关键技术问题,先后开展了披碱草、紫花苜蓿、苏丹草、青贮玉米和饲料玉米等人工饲草料作物以及天然牧草群落需水规律与需水量研究,推进了我国人工和天然草地需水研究进展。

通过开展人工牧草节水灌溉若干理论与问题等方面的研究,从水分生理生态的角度,在分析人工牧草耗水特性的基础上,提出了"起始耗水量、经济耗水量和最大耗水量"的耗水阈值特性,研究确定了披碱草、紫花苜蓿等人工牧草经济耗水量的阈值指标,为草原灌溉的发展奠定了技术基础。近年来,随着灌溉人工草地研究的不断深入,牧草水分生理生态与胁迫诊断技术、草地SPAC系统水分运移规律、作物-水模型等受到关注,并开展了毛乌素沙地的饲草料作物在节水灌溉条件下生理生育指标和作物水分响应模型研究,建立了紫花苜蓿的BP神经网络模型,研究了紫花苜蓿人工草地SPAC系统中的能量分布规律和水分规律。我国在人工牧草灌溉理论研究基础上，开展人工牧草节水灌溉技术研究，主要以牧草优质高产为目标，以土壤水分高效利用为核心，以调控土壤水分技术为关键，考虑农牧措施综合措施集成，而开展各种牧草节水灌溉技术的研究。其中节水灌溉技术主要包括滴灌、喷灌和管灌等工程节水措施，通常这些工程措施在牧区草地灌溉中都有程度不同的运用，并且随着监测技术、通信技术、自动控制技术的发展，节水灌溉系统逐步向自动灌溉系统方向发展。近年来，节水灌溉研究正从工程节水转向如何提高土壤水分利用效率的研究上，包括草地植物的耗水规律，草地植物生理水分代谢、水分特征、水分运移规律，水分利用效率的影响因子，水分利用效率的时间和空间变化规律，提高水分利用效率的措施等。在此基础上，结合生物节水向非充分灌溉方面发展。在非充分灌溉条件下，从牧草抗旱和水分高效利用的生物学基础入手，研究牧草在水分亏缺条件下，牧草有效的抗逆反应机制，不同产量水平下的作物水分生产函数及田间耗水量等，提出牧草高效用水的生理调控措施。

总之，我国在草地节水灌溉研究方面，经过多年的发展，特别是在饲草料作物水分胁迫诊断技术、优质牧草需水规律、水草畜系统平衡与优化配置建模等领域的研究，已取得较大进展。

国外，这一研究领域属于农学范畴，经济发达国家已从单一的依靠天然牧场放牧，转换到种养结合的现代畜牧业，饲草料种植乃至灌溉面积占耕地面积的30%～40%，甚至更多，其节水灌溉水平以以色列等国家最为先进，微滴灌技术广泛应用在生产中，设施草业也在形成与发展之中。上述研究成果是针对某一地区的人工牧草进行研究的，而在锡林河流域关于人工牧草的研究处于空白，因此，在该区域开展人工牧草的高效用水技术研究是十分必要的。

1.2.2 区域用水效率

水分利用率是评价农业种植水平和灌溉管理水平的一个重要参数，其受作物品种、种植结构、土壤、光照、气温、降雨、蒸发、灌水方式和灌溉管理水平等多重因素的影响，目前常用的水分利用率指标主要有灌溉水利用率和水分生产率两类，其中水分生产率指标用简单和易于理解的方式表达了水的产出效率，被广泛应用于灌溉水管理。

水分生产率(Water use efficiency，简写为 WUE)是指单位水资源量在一定的生产和管理条件下所获得的产量，反映的是消耗单位水量所生产的作物产量，是衡量农业生产水平和农业用水科学性与合理性的一个综合指标。根据分析问题角度、范围及着眼点的不同，分为广义的水分生产率和狭义的水分生产率。广义的水分生产率是指区域尺度的水分生产率(WUE_a)，其既能反映田间用水的有效程度，又能反映整个灌溉系统的用水管理水平，是评价区域水分利用率最客观的指标之一；而狭义的水分生产率则是指田间小尺度的作物水分生产率(WUE_c)和灌溉水分生产率(WUE_i)，其中田间小尺度的作物水分生产率反映的是作物实际吸收水分形成产量的转化效率；灌溉水分生产率则可用于评价农田灌溉水分的转化效率，揭示农田水分投入的意义。

国内外众多学者围绕水分生产率计算方法和尺度问题进行了大量的相关研究，取得了许多重要的成果。国际水管理研究院 IWMI 提出了水分生产率可作为灌溉水利用效率的主要评价指标之一；陈皓锐等对灌溉用水效率尺度效应进行了评述，提出了现有尺度效应转换研究都是单独针对空间变异或回归水重复利用而进行，缺少对两者的综合，更缺乏成熟的尺度转换公式的问题；操信春等开展了中国灌溉水粮食生产率及其时空变异分析，从自然条件、农业生产特征、经济发展程度等方面宏观分析了水分生产率和广义水利用系数在空间差异的原因；

王勇等开展了喷灌条件下玉米地土壤水分动态与水分利用效率研究，得出了中心支轴式喷灌区土壤含水率在玉米全生育期内变化情况和水分生产率变化；李远华等进行了水分生产率计算方法及其应用研究，讨论了水分生产率的概念、计算方法和影响因素等；崔远来等进行了灌溉水利用效率指标进展研究，分析了现有灌溉水利用效率评价指标的不足，总结了其适用条件；郑捷等开展了中美主要农作物灌溉水分生产率分析，指出灌溉技术落后、节水灌溉面积小造成的灌区灌溉水利用系数低，是导致中国灌溉水分生产率低的主要原因。

上述已有水分生产率的相关研究主要集中在田间小尺度或国家与地区间水分生产率的对比分析上，而在更具实际应用意义的中尺度范围水分生产率研究较少。由于农田小尺度水分生产率与区域中尺度水分生产率在计算方法、参数测定手段等方面均有较大不同，再加上空间变异性，使得小尺度水分生产率不能完全反映宏观区域尺度上的水分利用状况。本研究在前述研究的基础上，以监测和调查数据为基础，分别从田间小尺度和区域中尺度对锡林河流域主要作物青贮玉米和马铃薯的水分生产率进行研究。

1.2.3 水资源优化配置

国外对水资源配置研究更多是在水资源系统模拟的框架下进行的，最早是美国人 Mases 对水库优化调度问题的研究。真正开展水资源优化配置研究始于 20 世纪 40 年代，美国科罗拉多几所大学的研究者，进行了如何估算未来需水量并满足其需水要求的研究，体现出了最初的水资源配置思想。20 世纪 70 年代以来，随着数学规划和计算机模拟技术的不断发展及其在水资源领域的应用，关于水资源优化配置的成果逐渐增多。20 世纪 80 年代以来，水资源配置中逐步引入系统工程理论和方法，促使水资源分配在研究范围和深度上都不断扩展。20 世纪 90 年代以来，由于水污染事件的增加，国外开始在水资源配置中考虑水质约束和生态环境效益等因素，以实现水资源的可持续利用。特别是模拟优化技术、决策支持系统等方法的引入，使水量水质联合调控的研究不断深入。2003 年 S. D. Gorantiwar 和 I. K. Smout 等在对缺水地区经过系列研究发现，如果能合理的配置有限的水资源，在很大程度上提高作物产量。随着“遗传算法”“粒子群算法”和“模拟退火算法”等优化算法的引入到优化配置中，极大地改进了优化计算方法。随着“3S”技术、可视化技术等新技术新方法的应用，水资源优化配置的研究结果更加客观、合理、可行，对促进水资源和社会经济的协调可持续发展具有重要意义。

我国的水资源优化配置研究是随着系统工程理论的发展、应用和经济社会发展对水资源的需求特点变化而展开的。我国 20 世纪 60 年代就开始了以水库优化调度为先导的水资源分配研究。80 年代初，华士乾采用系统工程方法对北京地区的水资源利用情况进行实践研究，该研究考虑分析了在经济社会发展中水资源的开发利用状况、水利工程建设的先后顺序、水资源利用效率的提高及区域内水量的分配等多种情况的影响作用，为我国水量合理分配奠定了基础。20 世纪 90 年代以来，我国水资源配置研究进入快速发展期，以模型的数学描述等方面取得了新的成果，主要体现在水资源合理配置的概念、供需管理、平衡分析、优化目标、决策机制等方面。随后，区域水资源配置研究逐渐成为水资源学科研究的热点。翁文斌等(1995)采用系统分析方法，将宏观经济理论引入到区域水资源规划中，建立了基于宏观经济的区域水资源规划分析系统。流域是具有独立水资源特性和功能的单元，在区域水资源配置研究发展的基础上，开始了从流域的角度进行水资源配置的研究，研究成果不断深入。秦大庸等(2003)针对黄淮海流域发展与经济社会不相适应及供需矛盾突出情况，第一次阐述了“三次平衡”的水资源配置思想,从国民经济用水和流域水循环转化两个层面进行了供需分析,提出了实现经济社会可持续发展及水资源可持续利用的流域水资源配置理论和方法。裴源生等(2005)从理论内涵、内容、科学基础、研究框架、配置系统、调控机制、供需平衡分析和后效性评价等方面全面探讨了广义水资源合理配置的理论技术体系,开发了能够实现全口径供需平衡分析的广义水资源合理配置模型。王浩等(2006)提出考虑水资源多种属性功能的全要素配置概念,在摸清水资源家底和已有相关规划的基础上,实现包括水资源各要素在生态环境与经济社会两大系统之间、地域和地域之间、城市与农村之间、不同国民经济用水主体之间、消耗性用水(如灌溉、工业、生活和河道外生态用水等)与非耗用性用水(如航运、发电、河道内生态用水等)行业之间的系统配置,率先提出了较完备的水资源全要素配置理论技术体系,为科学配置和高效利用宝贵的水资源奠定了坚实的理论基础。王浩等(2007)研制出一整套"流域及区域通用化水资源供需分析及配置模型分析系统"软件,核心模型是基于专家规则的水资源供需平衡分析模型、基于优化技术的水资源供需平衡分析模型。

随着水资源供需矛盾日益突出,水资源优化配置成为有效配置资源、高效利用水资源、缓解水资源供需矛盾和实现区域水资源-社会经济可持续发展的重要手段之一。本研究对典型牧区锡林浩特市进行水资源优化配置,实现典型牧区水资源高效利用模式,并最终确定灌溉人工草地适宜的建设规模与布局,结合灌溉人工草地高效用水技术、遥感 ET 估算、灌溉人工草地建设对流域水循环及草原生态格局影响等,综合提出典型牧区灌溉人工草地水资源高效利用模式。

1.2.4 区域草地蒸散发

20 世纪 60 年代,随着"3S"(RS、GIS、GPS)技术的不断发展,特别是多角度、多光谱、高分辨率遥感影像的应用,如地表反照率、地表温度等地表参数反演精度不断的提高,区域尺度上遥感 ET 反演模型也在逐步完善。特别是 RS(遥感)技术的发展,可以克服传统研究方法中定点观测难以推广到大尺度的局限性,利用其时空连续性和大跨度的特点,可将研究区域逐渐扩展到更大范围上。地面观测资料与 RS 技术的有机结合为从区域、流域等大尺度研究 ET 提供了可能。1973 年 Brown 和 Rosenberg 等建立 Brown-Rosenberg 公式,开辟了基于遥感技术反演区域 ET 的先河。之后区域 ET 反演模型不断涌现,如 Jackson 等建立的一次的热红外冠层空气-温度差与 ET 的统计模型,考虑土壤表面和植被冠层之间区别的双层(S-W)模型,Roerin 等基于能量平衡建立的 S-SEBI 模型,再到后来具有物理机制的土壤-植被-大气传输(Soil Vegetation Atmosphere Transfer)模型以及现在提出的以微分热惯量为基础的全遥感信息模型等。从最初的经验模型到具有物理机制模型的提出体现了研究者认识 ET 的一个过程。

经验统计模型:把地面观测数据与遥感技术相结合,利用已有的观测数据拟合热通量与下垫面参数(一般是地表温度和植被指数)的关系,进而反演区域上的潜热通量。比较有代表性的是 1977 年 Jackson 等建立的统计模型与 Rivas 和 Caselles 提出的一种地表温度与参考作物蒸散发的统计模型。

能量余项模型:不考虑由平流引起的水平能量传输和生物体内需水情况,下垫面单位面积的地表净辐射量分配形式主要包括水在物态转换时所需的潜热通量,影响大气温度变化的显热通量,影响地表温度变化的土壤热通量,还有一部分消耗于植被光合作用、新陈代谢活动引起的能量转换和植物组织内部及植冠空间的热量贮存。由于遥感所接收到的影像数据是通过能量的形式反映地表的变化,因此,随着遥感技术的不断发展,促使了很多基于地表能量平衡的遥感 ET 反演模型出现。

SEBS(The surface energy balance system)模型:该模型建立了一个物理模型来描述地表能量中关键参数——热传输粗糙度长度。该处理方法优于其他遥感通量估算模型中多采用固定值的做法。因而近几年在国内外都获得了较广泛应用。

遥感数值模型:土壤-植被-大气传输模型,简称 SVAT 模型。SVAT 模型是陆面过程中考虑水分在土壤-植被-大气系统各界面之间物质传输和能量交换过程中重要作用的物理-化学-生物联合模型,该模型是通过遥感技术将陆面过程参数化,建立计算 ET 的物理模型。

全遥感信息模型:是由张仁华等 2002 年首次提出的一种计算区域 ET 的方法。以往的遥感反演模型不论是基于物理意义的模型,还是经验模型,都需要遥感手段所获取的地表参数、植被指数以及气温、风速等气象数据,进行动力学反馈的空间内插。模型仍然不能脱离气温、风速等这些非遥感参数。全遥感信息模型的建立是选在干旱、植被覆盖度低的地区,这制约了模型应用的推广。但全遥感信息的这种观点为研究遥感反演提供了一种新的思路,在水文与水资源等学科中将有极大的应用前景。

ET 的研究经过两百多年的发展和完善,计算方法已从基于单个点、物理意义不明确的经验公式发展到宏观尺度范围且具有明确物理意义的遥感反演模型。其中模型的精度是反映模型模拟现实物理过程准确与否最重要的尺度,现在遥感反演模型的精度已提高到 70%~85%。模型精度受原始影像数据的分辨率、地表参数的反演方法的选取、时空尺度的扩展、模型计算结果的验证等方面的影响,这些影响因素随着遥感技术的进步不断地得到解决和优化,遥感技术将成为现代水利领域重要的应用工具。本项目借助遥感技术手段,研究草地的耗水规律和用水效率,为牧区灌溉人工草地的规划和牧区水资源的高效利用提供技术支撑。

1.2.5 分布式水文模型

分布式水文模型考虑了自然过程及其影响因素的空间异质性,将流域分割为足够多的不嵌套单元,以考虑降雨等因子输入和下垫面条件所客观存在的空间分异性,这种假设与流域产汇流高度非线性的特征相符,因此揭示的水文循环过程更接近客观世界,从而能够相对真实地模拟水循环过程,是流域水文过程模拟模型发展的必然趋势。

分布式水文模型的研究可以认为起始于 1969 年 Freeze 和 Harlan 发表的《一个具有物理基础数值模拟的水文响应模型的蓝图》文章。但是由于模型对资料的要求较高,并限于当时的计算机水平,关于分布式水文模型的实践较少,发展较为缓慢。1980 年之后,随着对于水文循环规律随时空尺度变化等问题认识的深入,计算机计算能力的不断提高,以及数字高程模型(DEM)、地理信息系统(GIS)和遥感(RS)等技术的引入,使得分布式水文模型得到了快速发展,在考虑降水等因子和下垫面的空间分异性,描述流域水文循环过程的时空变化过程等方面有了极大的改进。作为真实和科学地揭示水文变化规律的有力工具,分布式水文模型已逐步发展成为现代水文模拟技术研究的热点,代表了水文模型的最新发展方向。目前应用较多的分布式水文模型有 SHE、SWAT、VIC(Liang et al.,1994)、DHSVM(Wigmosta et al.,1994)等。

我国在流域水文模型开发研究方面相对滞后,仅有新安江模型等少数几个具有国际影响的水文模型。在分布式水文模型的研制方面同样起步较晚,从 1997 年我国才开始深入开展分布式水文模型的研究,但是在国际上具有相当影响或者得到国际上普遍认可的分布式水文模型还不多,有待进一步研究开发。

目前,分布式水文模型主要有两种建模思路和计算方法。第一种是应用数值分析来建立相邻网格单元之间的时空关系,如各种版本的 SHE 模型、IHDM 模型等。该类模型以质量、能量和动量方程描述自然系统,并考虑各变量参数的空间差异性。参数原则上具有明确的物理意义,可以通过实测资料估计获取,但其结构复杂,计算过程繁琐,当前还很难应用于较大尺度的流域。第二种建模思路是在每一个网格单元(或子流域)上应用传统的概念性水文模型来推求净雨,再进行汇流演算,从而求得出口断面流量,如 SWAT 模型等。该类模型结构与计算过程比较简单,适用于较大的流域。

关于分布式水文模型输入数据和参数问题,由于水文循环过程的高度非线性和复杂性,导致分布式水文模型需要大量的观测数据和水文过程参数,不仅包括气象水文、DEM、土壤、植被等自然环境要素数据,而且需要复杂的人工取用水、水库径流调节、农业灌溉等人类活动资料,从而导致在某些区域(流域)建模所需的与水文过程尺度相匹配的观测数据很难满足分布式水文模拟的需求。Seyfried 和 Wilco(1995)认为,物理基础模型的缺点之一是较集总式模型需要更多的输入资料,从而导致参数化和检验的工作量大大加大。理论上,分布式水文模型的参数可以通过实测或者其他方式直接获取。但在实际建模过程中,大量参数并不能由实测物理量确定,这就需要利用实测流量等数据率定网格或者子流域尺度上的有效参数值,由之得出合理的流域尺度上的模拟结果。但是参数率定过程复杂,并且水文模拟和预测的参数估计都是点估计,结合拟合程度检验模型,并不能够降低不确定性的区间预测。因此,近年来水文模拟中的不确定性问题越来越受到重视,主要研究方法有 SUFI-2、GLUE、BaRE、ParaSol 等。今后的发展趋势是采用多目标全局优化技术,从而降低参数估计的不确定性。

总之,从 20 世纪 80 年代开始,随着计算机技术的发展和水文循环规律随时空尺度变化等问题认识的深入,分布式水文模型得到了快速发展,是流域水文过程模拟模型发展的必然趋势。本研究利用分布式水文模型——SWAT 模型对锡林河流域水文循环进行模拟,分析不同灌溉人工草地开发情景对流域水循环影响。

1.2.6 草原生态格局

国外学者对景观格局的研究主要集中在下面几个问题上:景观格局理论问题,如 Naveh、Lieberman、Forman 和 Gordon 等为景观格局研究提供基础概念;景观格局尺度问题,如 O'Neill、Krummel 和 Tunner 等对生态过程、不同尺度和景观格局指数的关系进行研究,讨论不同尺度上如何选取适宜的指数来描述当前景观格局和生态过程的问题;对新的研究手段与技术的应用研究,如 Shannon 和 Turner 为代表的应用空间统计学方法研究和 Milne 等代表的遥感和地理信息系统的研究。对建立空间模型方法的研究,如 Robert 和 H. Gardner 建立了神经网络模型来研究景观格局对物种丰富度的影响,R. D. Swetraam 等运用 GIS 建模分析功能建立生态模型,对景观格局的变化过程进行模拟等都一定程度上扩展了景观格局的研究领域。国内学者对景观格局研究主要包括:景观格局的时空变化规律、景观格局的驱动力分析、景观格局生态功能的指标量度等方面,主要体现在景观格局的时间异质性和空间异质性问题上。如高启晨等(2005)从不同角度选取不同景观指数对不同尺度景观格局时空变化进行深入研究并探讨人为干扰等驱动因子。王根绪(1999)和肖笃宁等(2006)研究了干旱区景观结构特点与景观生态过程的基本特征,对干旱区生态环境建设研究提供理论、方法以及策略。此外，近几年我国加强保护环境、生态安全建设和建设可持续景观的迫切要求下，流域系统的研究变为我国景观生态学研究的热点。如白军红等(2003)，以霍林河流域为研究区，研究了自然湿地和人工湿地土地利用/土地覆被类型的转换过程。张芸香等(2005)对文峪河流域景观空间总体分布、景观组成结构进行研究。窦燕等(2008)通过对新疆和田河流域近40年来土地利用 /覆被变化特点及其生态环境效应进行分析。李琴等(2009)应用RS和GIS技术与景观指数分析软件相结合，以叶尔羌河流域景观格局时空变化进行分析，从水资源和生态环境效应方面，考虑其景观格局变化的发展趋势。戚晓明等(2010)应用遥感和GIS技术对黄泥庄流域景观格局时空异质性研究。

总之，自20世纪80年代以来景观格局的研究越来越深入，景观过程、研究方法和研究尺度都是越来越受到重视，从未来的发展方向看，景观格局和景观过程的研究继续成为热点，特别是国内外生态环境变化具有挑战意义。本项目拟研究锡林河流域景观格局的变化影响因素分析。

1.3 研究区概况

研究区选择内蒙古锡林河流域典型草原区作为研究对象。锡林河流域现已探明的煤炭储量1 393亿t，居内蒙古自治区第二，已展现国家能源基地雏形。工业经济近几年发展速度较快，年均增长24%以上，财政收入大幅增长。但是，该区域水资源十分紧缺，工业用水的快速增长加剧了水资源供需矛盾，水资源已成为制约该区域社会经济健康发展的主要因素。随着内蒙古自治区“四个一千万亩”节水灌溉工程实施，流域内灌溉饲草料地规模逐年在增加，但缺乏高效用水灌溉制度，运行管理方式粗放，灌溉人工草地的高效用水技术研究迫在眉睫。流域内生态环境呈现局部好转、整体恶化的态势。

1.3.1 自然概况

1. 地理位置

锡林河流域位于内蒙古自治区中东部，流域范围主要包括锡林郭勒盟锡林浩特市和赤峰市克什克腾旗的12个乡(苏木)(撤乡并镇以前行政区划)，包括锡林浩特市的伊利勒特苏木，巴彦宝拉格苏木、图古日格苏木、锡林郭勒牧场、锡林浩特市、达布希勒特苏木、阿尔善宝拉格苏木，阿巴嘎旗的罕乌拉苏木，西乌珠穆沁旗的巴彦高勒苏木、杰仁苏木和赤峰市克什克腾旗的达来诺日镇、阿其乌拉苏木等，地理坐标：E115°31′37″～117°14′53″，N43°24′34″～44°37′55″之间，东西宽144 km，南北宽约135 km。流域面积11 185.2 km^2，流域主体分布在锡林浩特市的范围内，约占整个锡林河流域的90%。

2. 地形地貌

锡林河流域位于内蒙古高原东部，属于内蒙古高平原中部的锡林郭勒平原与丘陵部分，东比邻大兴安岭山麓，南接赤峰市高原玄武岩高原，地势东南高西北低，致锡林河下游处最低为903 m，全流域相对高差约430 m。地貌主要有波状高平原、侵蚀剥蚀高丘陵、干燥剥蚀低丘陵、侵蚀剥蚀低丘陵、侵蚀剥蚀波状丘陵、干燥剥蚀高台地、侵蚀剥蚀高台地、干燥剥蚀低台地、侵蚀剥蚀低台地、干燥剥蚀层状高平原、干燥剥蚀波状高平原、洪积山前倾斜平原、冲积河谷平原、冲积河湖平原、湖积湖沼平原、风蚀风积流动沙丘、风蚀风积半流动沙丘、风蚀风积固定丘，以干燥剥蚀层状高平原、洪积山前倾斜平原和侵蚀剥蚀低台地台地为主，分别占流域面积的14.2%、15.6%和14.0%。

3. 气象

流域气候属大陆性温带半干旱气候，季节变化显著，冬季寒冷干燥，夏季较为温暖。年平均气温0 ℃左右，最冷月（1月）平均气温约－23 ℃，最热月（7月）19 ℃左右，不低于10 ℃积温大约1 600 ℃。多年平均降水量约312 mm，其中有70%以上集中于6～8月，并且年际变率极大。多年平均蒸发量约为1 903.5 mm，空间分布趋势由东南向西北递增，春旱、夏旱时有发生。

由于受地形和降水的影响，在地理分布上自东南向西北表现出热量逐渐升高，湿度逐渐递减。在季节分配上，由于昼夜长短的变化，表现出夏季日照时数最长，冬季较短。

降水和径流作为反映流域地表水资源多寡的重要参数，其多年变化趋势对指导地区水资源合理配置及利用等工作具有一定的帮助。利用Mann-Kendall法、线性回归法等，对锡林河流域四十多年降水、径流的变化趋势和特征进行了研究分析。降水数据来源于流域内锡林浩特市气象站1971～2012年逐日实测数据；径流为锡林河水文站1971～2011年逐日实测数据。锡林河流域年降水量变化如图1-1所示。

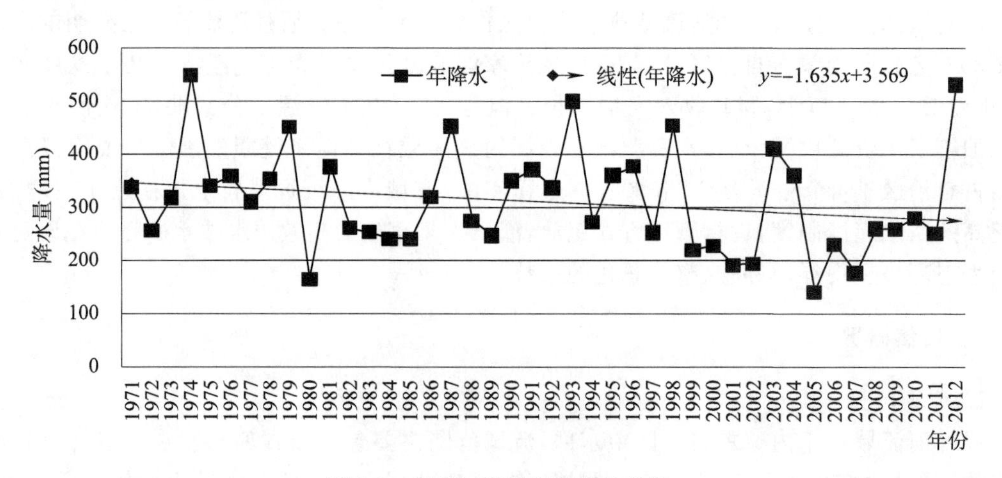

图1-1　锡林河流域年降水量变化

从降水年际变化曲线（图1-1）来看，典型草原降水呈现平稳波动的特点。利用Mann-Kendall法计算降水量统计值$|Z|$为1.35，小于显著水平$\alpha=0.10$对应的临界值1.64，统计结果显示，这种减少趋势不显著；利用线性回归法得到降水量倾向率为－1.64 mm/a，并求得回归系数b对应的$|t|$值为1.09，小于显著水平$\alpha=0.10$对应的临界值＝1.68（自由度n为40），结果显示降水减少的趋势亦不显著。以上两种检验结果共同表明，流域内降水随时间变化有减少趋势，但这种趋势不显著。

4. 土壤植被

土壤有草甸土、风沙土、黑钙土、灰色森林土、栗钙土、盐土，其中栗钙土面积最大，占总面积的73.8%。土壤类型面积见表1-1。

表 1-1 土壤类型面积统计

土壤类型	面积(km^2)	占流域面积比例
栗钙土	8 252.0	73.8%
黑钙土	242.7	2.2%
草甸土	1 515.0	13.5%
盐土	87.7	0.8%
灰色森林土	74.4	0.7%
风沙土	1 013.2	9.1%
合计	11 185.0	100.0%

锡林河流域植被隶属于欧亚草原区亚州中部亚区，草原植被以抗低温的旱生草本植物区系为主导成分，由于流域地形和地势引起气候分异，决定植被类型的分化和分布，锡林河上游丘陵区及南部三级熔岩台地地区发育了草甸草原，植被类型以旱生禾草为主，夹杂着丰富的中生杂草类；中游地区分布典型草原，植被主要以旱生丛生禾草、中旱生或旱生杂草类为主；下游地区分布着干草原，植被以旱生丛生禾草与小半灌木为主。

5. 河流水系

锡林河流域主要河流为锡林河，属于内陆河乌拉盖水系，发源于赤峰市克什克腾旗的敖伦诺尔和呼伦诺尔，海拔高度为 1 334 m，河流从东向西流经赤峰市的克什克腾旗、锡林郭勒盟的阿巴嘎旗，在贝尔克牧场转向西北流经锡林浩特市，最后流入查干诺尔沼泽地自然消失。锡林河全长约 175 km，流域面积 11 185.2 km^2，全流域有上游的霍斯态、中游的好来图郭勒和好来郭勒三条较大的支流，整个流域水系呈不对称分布，研究区河流水系如图 1-2 所示。锡林河及其支流水量主要由泉水补给，水量补给比较稳定。

图 1-2 锡林河流域水系图

根据锡林河水文测站 41 年(1971～2011 年)径流统计资料,流域多年平均径流量为0.53 m^3/s(表 1-2)。

表 1-2　锡林河径流年内分配

月　　份	1	2	3	4	5	6	7	8	9	10	11	12	平均
径流量(m^3/s)	0.00	0.00	0.21	2.27	0.88	0.63	0.73	0.77	0.34	0.40	0.18	0.00	0.53

1.3.2　草原生态状况

锡林郭勒草原是防止中亚草原和我国西部沙尘东侵的重要生态屏障。对于维护华北地区生态平衡乃至全国的生态安全有着不可替代的作用。总体上流域的草原自然景观保存基本完整,但局部地区退化沙化严重。草原作为牧区人民重要的生产资料,草原生态环境的恶化以及雪、旱、虫等自然灾害给流域内国民经济和社会发展造成了严重损失。为了改善草原生态环境,锡林郭勒盟各级党委、政府虽然出台了一系列政策,采取了多种措施,保护草原生态环境取得了一定的成绩,但建设速度赶不上退化、沙化速度,边建设边破坏的现象仍然存在,草原生态环境存在局部好转整体恶化的趋势。

1.3.3　水资源条件

1. 地表水

流域内水系不发育,仅锡林河为常年性河流,多年平均径流量为 1 938 万m^3/a,地表水可利用量为 1 244.8 万m^3。年内径流量 4～10 月份较大,其中以 4 月份(解冻期)的春汛流量为最大,每年 12 月至次年 2 月常因冻结而断流。锡林河径流特征值见表 1-3。

表 1-3　锡林河河流特征

河流长度(km)	年径流量(万m^3)					年径流深(mm)	变异系数 C_v	偏态系数/变异系数 C_s/C_v	年输沙量(万t)	地表水可利用量(万m^3)
	多年平均	20%	50%	75%	95%					
175	1 938	2 550	1 862	1 543	1 192	5	0.38	2.8	0.27	1 244.8

2. 地下水

锡林河流域主要位于大兴安岭西坡丘陵水文地质单元,全流域 70%以上为低山丘陵熔岩台地,其余 30%为河谷平原断陷盆地。熔岩台地和基岩丘陵区的地下水以地下径流方式向锡林河河谷汇集,河谷洼地是区域径流汇集区,锡林河及其支流是流域内地表水与地下水的排泄通道。区域地下水水资源分布极不均匀,大部分缺水区主要位于低山丘陵隆起带。以低山丘陵基岩裂隙水区、高原红层碎屑岩孔隙裂隙水区、熔岩台地孔洞裂隙水区三种类型为主。锡林河河谷平原及盆地区是水资源相对较丰富的地区。

流域地下水资源总量 18 746.93 万m^3/a,其中山丘区 4 507.07 万m^3/a,占地下水总量的 24%;河谷平原补给量为 14 239.86 万m^3/a,占总量的 76%。地下水可开采量为 11 917.91 万m^3/a。

1.3.4　灌溉人工草地建设现状

以流域为单元统计灌溉人工草地现状种植面较困难,锡林河流域 90%以上面积位于锡林浩特市境内，以锡林浩特市的苏木行政单位为统计单元说明锡林河流域灌溉人工草地发展现状。

截至2010年底，锡林浩特市共有耕地面积37.4万亩，灌溉面积13.83万亩，其中灌溉人工草地面积8.2万亩，约占灌溉面积的59.3%，目前灌溉人工草地主要种植作物为青贮玉米和少量的紫花苜蓿、谷草等，全部具备节水灌溉措施，主要灌溉形式为中心支轴式喷灌，个别存在小规模的卷盘式喷灌和低压管灌。结合水资源公报及现状调查结果，灌溉人工草地灌溉定额约375 m^3/亩，高于节水灌溉定额标准，主要是现状节水灌溉工程管理落后，农牧民对灌溉设备操作不当等原因造成节水灌溉工程节水效果较差。

灌溉人工草地经营管理模式：家庭牧场、牧业合作社和企业化经营3种。

(1)家庭牧场

一般以牧户为单元开发建设，实行“谁建、谁有、谁用”的管理形式。牧民在自家牧场打一眼井，配一套灌溉设施、一套农牧业机具，种一片优质牧草，营造一处防风林，建一块50～100亩的节水灌溉人工草地，一处100 m^2 的舍饲暖棚，一个20～40 m^3 的青贮窖。这种管理方式责、权、利明确，经营管理效果较好。

(2)牧业合作社

由两户或多个牧户合作开发同一块土地，统一作物种类、耕作、施肥、灌溉、病虫草害综合防治、机械收获的六统一作业方式。该模式受益群众能够自行管理使用，运行和维护费用由受益牧户分摊，水利部门提供技术指导服务。白音锡勒牧场是做得比较成功的牧业合作社。

(3)企业化经营

企业化经营是把人工草地的运行管理承包给有经济实力的公司，公司每年给项目区牧民提供一定数量的人工草，公司经营所得一部分费用用于工程维护，一部分用于公司正常运转，公司的经营管理活动接受当地水利部门监督。在锡林郭勒盟企业化经营典型是锡林浩特市沃原奶牛场。

1.3.5　存在的问题

(1)水资源短缺，用水矛盾突出

锡林河流域水资源短缺，地表水系不发达，仅有一条常年性河流——锡林河，农业生产用水基本以开采地下水为主。锡林河流域的煤炭储量居内蒙古自治区第二，工业经济近几年发展速度较快，工业用水的快速增长加剧了水资源供需不平衡的矛盾。未来随着工业快速发展和国民经济发展的用水需求，水资源将成为制约该区域社会经济健康发展的主要因素。

(2)草原生态环境脆弱

近年来，随着自然气候变化和严重的超载过牧，导致草地水土流失和草原荒漠化加速，生产能力下降，草畜矛盾日益尖锐，生物多样性逐渐减少，草原退化面积已达90%以上，重度沙化草地约占60%。草原生态退化已成为制约牧区经济发展及生活环境改善的重要原因之一。

(3)现状灌溉人工草地发展滞后，难以满足现有牲畜饲养需求

锡林浩特市现有灌溉人工草地8.2万亩，难以满足现有牲畜对饲草料的需求，在优质饲草料供应不足的情况下，过度采食天然草原，造成天然草原退化、沙化。现有灌溉人工草地管理落后，灌溉人工草地基本具备节水灌溉措施，但因设备操作不当，农牧民对灌溉模式缺乏理论知识，造成现状亩均用水定额偏高，用水效率低下，节水灌溉工程效益难以发挥。另外仍有部

分灌溉人工草地节水灌溉工程建成后，存在私自改变灌溉人工草地用途，种植马铃薯等粮食作物现象，导致饲草料作物种植面积变小，使牧区草畜矛盾状况难以缓解。

(4)灌溉人工草地发展规模与布局对天然草原生态影响不明

灌溉人工草地建设对天然草原生态影响存在颇多争议，前人多以水资源、牲畜饲养需求、土地利用情况及地下水位变化等为着手点对灌溉人工草地规模与布局进行研究，很少从灌溉人工草地建设对天然草原植被、生态状况进行研究，缺乏灌溉人工草地建设规模与布局对天然草原生态影响定量的研究。

灌溉人工草地建设与高效用水方面存在以下五个方面的科学问题亟待研究解决：①主要种植的灌溉人工牧草需水规律和灌溉制度；②中大尺度的灌溉人工草地用水效率问题；③灌溉人工草地建设对地下水消耗与流域水循环过程的影响问题；④灌溉人工草地建设对草原生态环境的影响问题；⑤灌溉人工草地的建设规模与合理布局问题。

1.4 研究目标

针对典型牧区灌溉人工草地高效用水和布局合理性问题，采用田间试验、区域遥感监测和模型模拟相结合的方法，研究主要灌溉人工牧草需水规律和灌溉制度，监测分析典型区用水效率与节水潜力及灌溉人工草地建设对草原植被和土壤环境的影响；同时借助遥感技术手段和分布式水文模型，模拟研究灌溉人工草地建设对区域水循环过程的影响，对区域草原生态格局演变规律进行分析；选择典型区域——锡林浩特市进行经济社会发展用水需求预测和水资源优化配置研究，在此基础上，提出灌溉人工草地建设规模与优化布局方案及灌溉人工草地高效用水技术，成果将为提高牧区综合生产能力，保护草原生态，促进牧区经济社会可持续发展提供科学依据。

1.5 研究内容

1.5.1 灌溉人工草地高效用水技术研究

(1)灌溉人工牧草耗水规律和灌溉制度研究。

(2)灌溉人工草地用水效率与节水潜力分析。

1.5.2 典型牧区水资源高效利用配置研究

(1)典型牧区产业结构优化研究。

(2)典型牧区水资源供需水预测。

(3)典型牧区水资源高效利用配置研究。

1.5.3 灌溉人工草地建设对水资源和草原生态的影响研究

(1)灌溉人工草地建设对地下水资源消耗量的影响。

(2)灌溉人工草地建设对流域水循环过程的变化影响。

(3)灌溉人工草地建设对草原天然植被和土壤环境的影响。

(4)草地生态格局变化的影响因素。

(5)灌溉人工草地发展规模与合理布局。

1.6 技术路线

项目研究技术路线如图 1-3 所示。

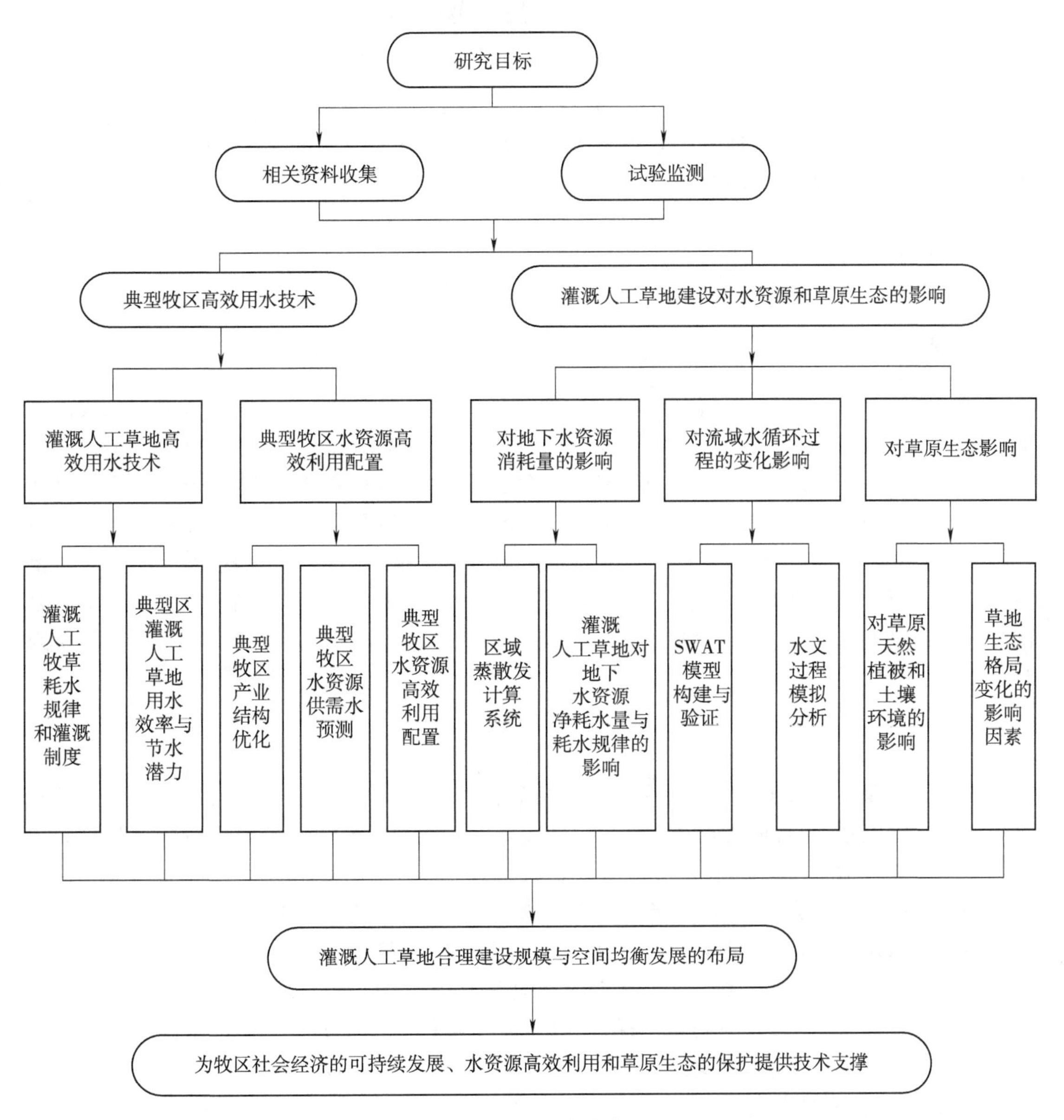

图 1-3 研究技术路线图

第2章　灌溉人工草地需水规律与灌溉制度研究

锡林河流域人工牧草的需水规律和灌溉制度研究较少，考虑未来灌溉人工草地的建设和水资源短缺因素的影响，本研究针对滴灌条件下人工牧草的灌溉制度进行了研究，为该流域灌溉人工草地的建设提供理论指导。

2.1　试验设计与研究方法

2.1.1　试验区概况

试验区位于锡林郭勒牧草灌溉试验站，北纬 44°00′56.5″，东经 116°06′55.4″。海拔高度 978 m，距锡林浩特市区 6 km。多年平均气象状况：降水量 268.6 mm，蒸发量 1 862.9 mm (20 cm蒸发皿)；平均气温 2.3 ℃，极端最高气温 39.2 ℃，极端最低气温 −42.4 ℃；风速 3.4 m/s，最大风速 29 m/s，最大冻土深度 2.89 m。由于受季风的影响，降水量年内分配极不均衡，7～8 月降水量占全年降水总量的 70%，而且多以阵雨的形式出现。土壤类型主要以栗钙土为主，土壤钾素含量相对较高，而氮和磷含量较低，有机质含量在 2%～3%之间，全氮含量低于 10%。土壤 0～100 cm 平均容重为 1.66 g/cm^3，田间持水量 θ_f 为 14.3%(占干土重)。

2.1.2　试验处理

青贮玉米是当地人工牧草主要种植的牧草品种，而被誉为“牧草之王”的紫花苜蓿近几年种植面积在逐渐增加，将成为未来主要种植的牧草之一，因此，试验区选择种植牧草品种为青贮玉米和紫花苜蓿。

根据以前的研究成果，青贮玉米在拔节和抽雄期对水分敏感，设 4 个灌水水平，其余两个阶段设 2 个灌水水平，试验设 9 个处理；紫花苜蓿在分枝和现蕾期对水分敏感，设 4 个灌水水平，其余两个阶段设 2 个灌水水平，试验设 9 个处理，试验共计 18 个处理，每个处理重复 2 次，见表 2-1、表 2-2。灌溉方式为滴灌，采用控制土壤含水率下限的方法进行灌溉，每个处理安装水表严格控制灌水量。每个处理的试验区面积均为 19 m×15 m，每个试验区设保护区隔离，以避免相互影响，除灌水外，各处理农业技术措施保持一致。本研究需水量的计算采用水量平衡原理，其中地下水埋深为 25 m，不考虑地下水的补给量。

表 2-1　青贮玉米土壤含水率下限控制指标(占田间持水率)

处理代号	生育阶段			
	播种—苗期	苗期—拔节	拔节—抽雄	抽雄—收割
Q1	70%	70%	70%	70%
Q2	40%	70%	70%	70%
Q3	70%	60%	70%	70%
Q4	70%	50%	70%	70%
Q5	70%	40%	70%	70%
Q6	70%	70%	60%	70%
Q7	70%	70%	50%	70%
Q8	70%	70%	70%	40%
Q9	自然生长			

表 2-2　紫花苜蓿控制土壤含水率下限指标(占田间持水率)

处理代号	生育阶段			
	返青—拔节	拔节—分枝	分枝—现蕾	现蕾—开花
M1	70%	70%	70%	70%
M2	40%	70%	70%	70%
M3	70%	60%	70%	70%
M4	70%	50%	70%	70%
M5	70%	40%	70%	70%
M6	70%	70%	60%	70%
M7	70%	70%	50%	70%
M8	70%	70%	70%	40%
M9	自然生长			

2.1.3　试验区布置

试验区布置如图 2-1 所示。

2.1.4　试验观测内容与方法

1. 气象数据

气象资料来源于田间气象站。气象数据包括温度、蒸发、日照、2 m 高处风速、相对湿度、降雨量和辐射等。

2. 土壤含水率的测定

试验区南北向长为 120 m,东西向宽为 76 m;研究对象为青贮玉米。试验观测从 2011 年 5 月至 2012 年 10 月,采用 PR2 和烘干法测定土壤含水率,测定土壤层次为 0～10 cm、10～20 cm、20～30 cm、30～40 cm、40～60 cm 和 60～100 cm,设 2 次重复。

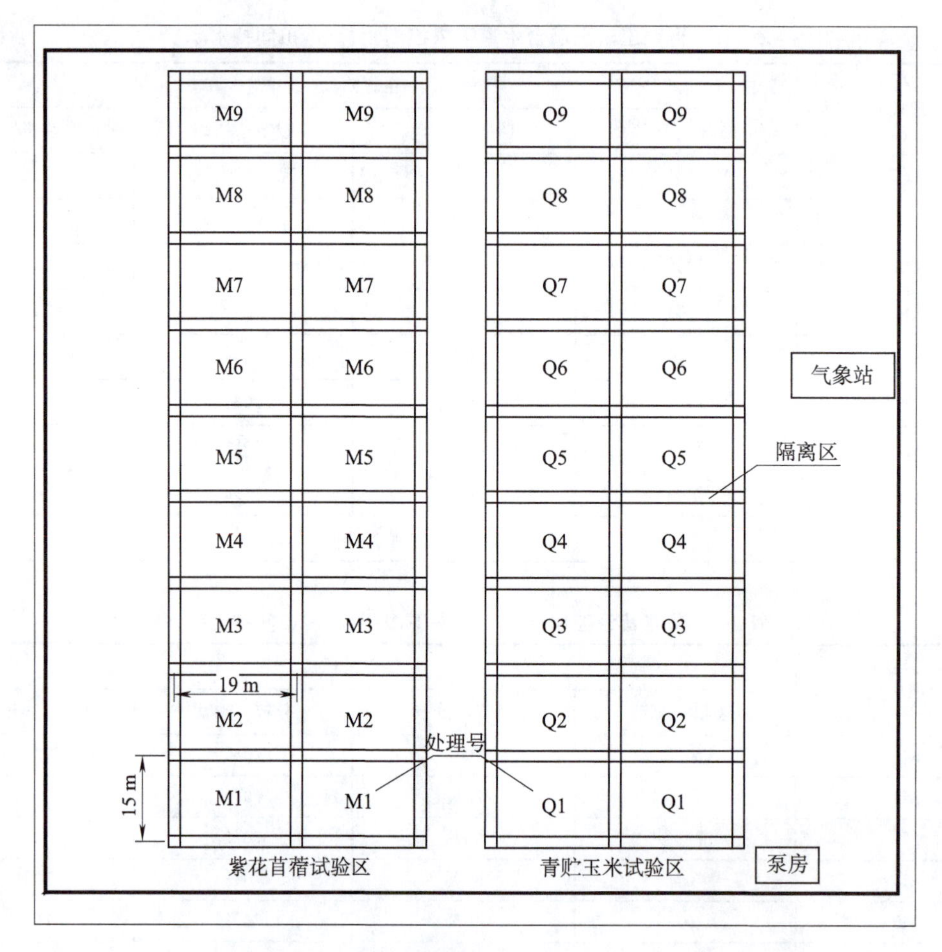

(a)试验小区布置

(b)试验区现场

图 2-1 试验区布置

3. 株高的测定

株高采用米尺测定，在每个生育阶段每个处理取不同高度的 10 株进行测量，然后取其平均值即为每个处理的株高。

4. 产量的测定

产量采用样方法测定，样方面积为 1.5 m×1.5 m，每个处理重复 3 次，取其平均值，然后计算得出不同处理每公顷的产量。试验监测点如图 2-2 所示。

图 2-2　试验监测点

2.1.5　人工牧草生育阶段划分

青贮玉米生育阶段划分为播种—苗期、苗期—拔节、拔节—抽雄和抽雄—收割四个阶段，每个阶段时间见表 2-3。

表 2-3　青贮玉米生育阶段划分时间

2011 年		2012 年	
生育阶段	起止时间	生育阶段	起止时间
播种—苗期	6 月 5 日～6 月 25 日	播种—苗期	6 月 6 日～6 月 28 日
苗期—拔节	6 月 26 日～7 月 18 日	苗期—拔节	6 月 29 日～7 月 19 日
拔节—抽雄	7 月 19 日～8 月 15 日	拔节—抽雄	7 月 20 日～8 月 12 日
抽雄—收割	8 月 16 日～9 月 7 日	抽雄—收割	8 月 13 日～8 月 29 日

紫花苜蓿生育阶段划分为返青—拔节、拔节—分枝、分枝—现蕾、现蕾—开花四个阶段，每个阶段时间见表 2-4。

表 2-4　紫花苜蓿不同生育阶段划分时间

2011 年			2012 年		
生育阶段	起止时间(第一茬)	起止时间(第二茬)	生育阶段	起止时间(第一茬)	起止时间(第二茬)
返青—拔节	5 月 23 日～6 月 6 日	7 月 13 日～7 月 21 日	返青—拔节	5 月 10 日～5 月 25 日	7 月 5 日～7 月 12 日
拔节—分枝	6 月 7 日～6 月 20 日	7 月 22 日～8 月 6 日	拔节—分枝	5 月 26 日～6 月 12 日	7 月 13 日～8 月 1 日
分枝—现蕾	6 月 21 日～7 月 3 日	8 月 7 日～8 月 19 日	分枝—现蕾	6 月 13 日～6 月 25 日	8 月 2 日～8 月 14 日
现蕾—开花	7 月 4 日～7 月 12 日	8 月 20 日～8 月 31 日	现蕾—开花	6 月 26 日～7 月 4 日	8 月 15 日～8 月 21 日

2.2　灌溉对人工牧草株高的影响

株高是反映人工牧草生长的一个有效指标，在试验中对人工牧草的每个生育期的株高进行观测，采用其平均值分析人工牧草株高随时间的变化过程。

1. 青贮玉米

根据 2012 年试验观测资料，得到不同灌溉水平下青贮玉米的株高随时间的变化，如图 2-3 所示。

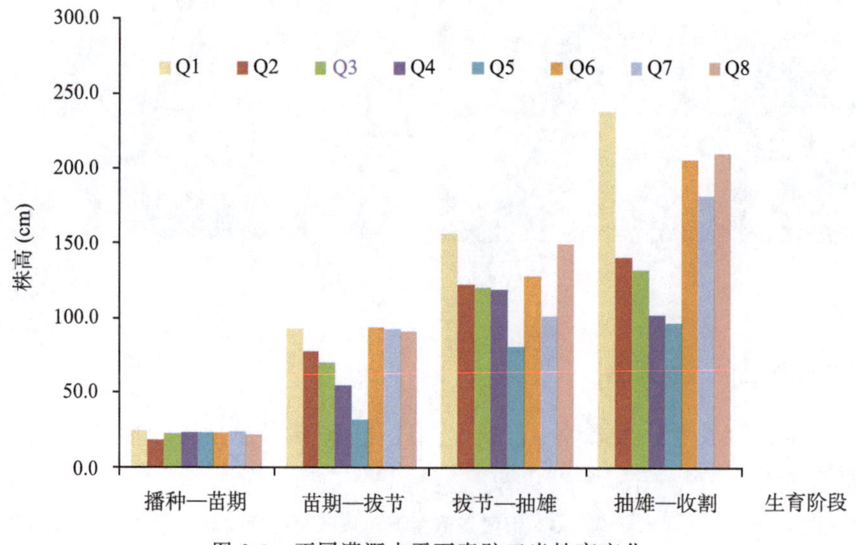

图 2-3　不同灌溉水平下青贮玉米株高变化

从图 2-3 中可以看出：青贮玉米各个处理的株高在每个生育阶段的变化趋势基本一致，均呈现逐渐增长趋势。播种—苗期各个处理的增长率差距不大，增长率在 1.0 cm/d 左右；苗期—拔节期，增长率在 0.8～2.2 cm/d；拔节—抽雄期株高增长率最大，Q1 增长速率最大可达 4.1 cm/d，Q5 处理增长速率最小为 2.8 cm/d，与 Q1 处理相差 1.3 cm/d，说明拔节期少灌水影响体现在抽雄期，该阶段缺水对株高影响较大；抽雄—收割期则生长缓慢，此时由营养生长开始转向生殖生长，用于株高和叶片的同化物自然减少，使其生长速率下降。此时，Q1 处理增长速率最大为 2.8 cm/d，其次 Q8 处理生长速率为 2.2 cm/d，与 Q1 处理相差 0.6 cm/d，说明该阶段缺水对株高影响不大。

2. 紫花苜蓿

根据 2012 年试验观测资料，得到不同灌溉水平下紫花苜蓿的株高随时间的变化，如图 2-4 所示。

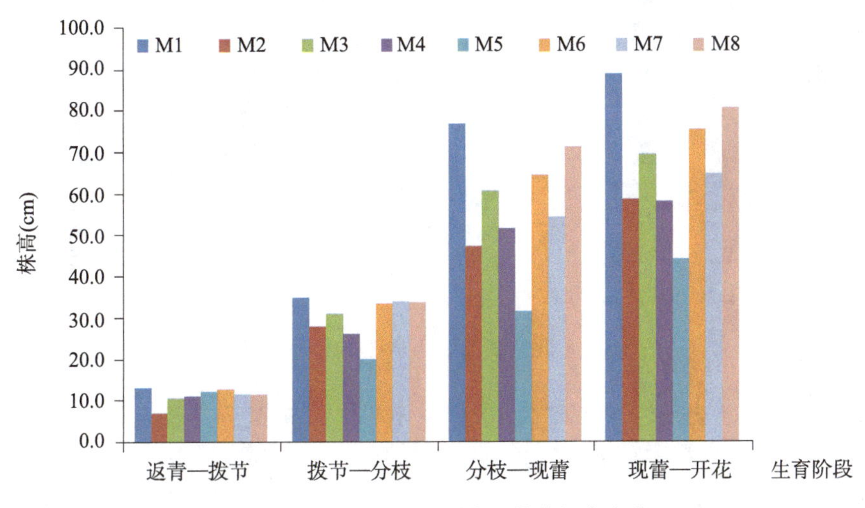

图 2-4　不同灌溉水平下紫花苜蓿株高变化

从图 2-4 中可以看出：不同灌溉水平下紫花苜蓿生长总体趋势都是一样的，分枝期生长较快，后期生长较慢，但紫花苜蓿 M1 处理的株高要明显高于其他 7 个处理。从返青—拔节期增长速率为 1.3 cm/d 左右；从拔节到现蕾期生长速度较快，M1 处理的株高平均增长速率最大为 3.0 cm/d，M5 处理的株高平均增长速率最小为 0.8 cm/d，与 M1 处理相差 2.2 cm/d，说明拔节期少灌水影响体现在现蕾期，该阶段缺水对株高影响较大；从现蕾期到刈割期增长速率开始变缓，M1 处理增长速率为 1.2 cm/d，与其他 7 个处理比较差距不大。可以看出，M1 处理在前一阶段平均增长速率较后一阶段平均增长速率下降，紫花苜蓿由营养生长转向生殖生长，此时同化物优先分配给生殖器官，用于株高和叶片的同化物自然减少，使其生长速率下降，以减少与生殖器官对同化物利用量的竞争。

2.3　灌溉对人工牧草产量的影响

水分亏缺对牧草生态性状和生理活动的影响最终反映在产量影响上，其生长发育的不同时期发生水分胁迫时，对产量的影响机理是不同的。对不同灌溉水平条件下牧草的产量进行分析。

青贮玉米生长发育的各个阶段，水分胁迫均会引起一系列的不良后果，其中最明显的影响是植株的大小、叶面积和作物产量下降。不同灌溉处理对青贮玉米产量的影响如图 2-5 所示。

从图 2-5 中可知：Q1 对照处理产量最大为 4 332 kg/亩，其次是苗期受旱(Q2)处理为 3 851 kg/亩，减产率为 11.1%；苗期—拔节期受旱(Q5)处理产量最小为 2 547 kg/亩，比对照处理减产 1 785 kg/亩，减产率为 41.2%；拔节—抽雄期受旱(Q7)处理产量最小为 2 522 kg/亩，比对照处理减产 1 809 kg/亩，减产率为 41.7%；抽雄—收割受旱(Q8)处理产量为 3 070 kg/亩，

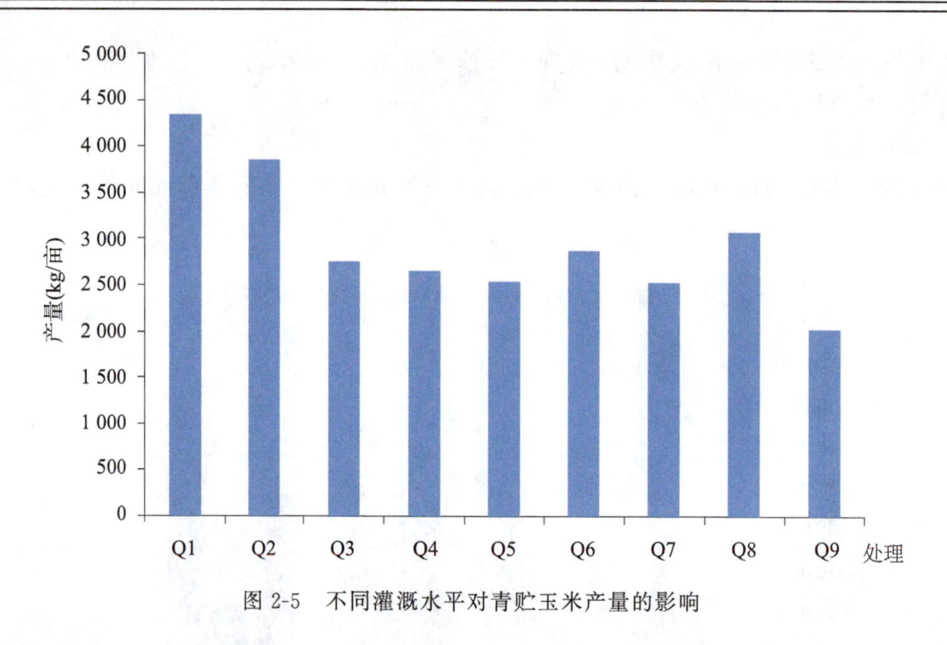

图 2-5　不同灌溉水平对青贮玉米产量的影响

比对照处理减产 1 261 kg/亩,减产率为 29.1%;不灌水(Q9)处理产量为 2 021 kg/亩,比对照处理减产 2 311 kg/亩,减产率最大为 53.4%。

通过以上分析可知:青贮玉米苗期受旱处理减产率最小为 11.1%,应进行灌溉补墒;进入拔节—抽雄期植株生长旺盛,是青贮玉米株体形成的重要时期,土壤水分供应充足,有利于植株健壮生长,积累更多的干物质,为后期的生殖生长奠定良好基础,该阶段受旱,减产率最大达到 41.7%,可见该阶段缺水对产量影响较大,为青贮玉米需水的关键期;抽雄—收割期,青贮玉米由营养生长向生殖生长过渡,叶面积指数和蒸腾均达到其一生中的最高值,生殖生长和体内新陈代谢旺盛,同时进入开花和授粉阶段,为青贮玉米生产效率最高期,该阶段受旱,减产率达到 29.1%。

不同灌溉水平条件下紫花苜蓿(第一、二茬)各处理灌水量对产量的影响如图 2-6 所示。

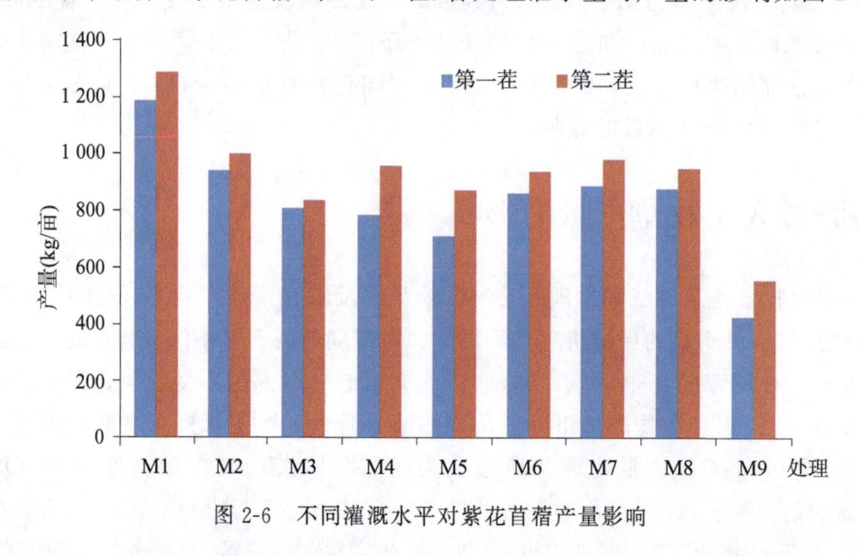

图 2-6　不同灌溉水平对紫花苜蓿产量影响

从图 2-6 中可以看出:紫花苜蓿各阶段对水分的需求不同,它的产量不仅与生长期总的需水量有关，最主要还和它在不同的生长阶段的需水量和缺水程度有关。M1 对照处理产量最大为 1 193 kg/亩和 1 288 kg/亩，其次是返青期受旱(M2)处理为 944 kg/亩和 1 001 kg/亩，减产率为 20.8%和 22.3%；拔节—分枝期受旱(M3)处理产量最小为 812 kg/亩和 837 kg/亩，比对照处理减产 381 kg/亩和 451 kg/亩，减产率为 31.9%和 35.0%；分枝—现蕾期受旱(M6)处理产量最小为 865 kg/亩和 939 kg/亩，比对照处理减产 327 kg/亩和 349 kg/亩，减产率为 27.5%和 27.1%；现蕾—开花期受旱(M8)处理产量为 881 kg/亩和 950 kg/亩，比对照处理减产 312 kg/亩和 327 kg/亩，减产率为 26.1%和 26.2%；不灌水(M9)处理产量为 425 kg/亩和 528 kg/亩，比对照处理减产 768 kg/亩和 730 kg/亩，减产率最大为 64.4%和 56.7%。

通过以上分析可知：紫花苜蓿返青期受旱处理减产率最小，应进行灌溉补墒；进入分枝期后植株生长旺盛，茎叶繁茂，叶面积指数达到最大值，营养生长和生殖生长都很旺盛，消耗养分和水分较多，该阶段对水分的利用率最高，该阶段受旱，对产量影响最大，减产率亦达到最大，为紫花苜蓿需水的关键期。

2.4　人工牧草需水规律

2.4.1　需水量计算

人工牧草需水量计算根据水量平衡原理计算，见式(2-1)。

$$ET_a = M + P_0 + W_r + K + \Delta W \tag{2-1}$$

式中　ET_a——生育阶段需水量(mm)；

M——生育阶段灌溉水量(mm)；

P_0——生育阶段有效降雨量(mm)；

W_r——生育阶段由于计划湿润层增加而增加的水量(mm)，生育阶段无变化，故 $W_r=0$；

K——地下水补给量(mm)，由于地下水埋深为 25 m，故 $K=0$；

ΔW——生育阶段土壤计划湿润层内的储水量(mm)。

1. 灌水量

根据试验灌水记录，青贮玉米 2011 年和 2012 年灌水量见表 2-5。

表 2-5　青贮玉米不同处理灌水量　(单位：mm)

年　份	处理号							
	Q1	Q2	Q3	Q4	Q5	Q6	Q7	Q8
2011	260	209	173	145	119	98	74	58
2012	135	120	103	75	55	95	87	90

根据试验灌水记录，紫花苜蓿 2011 年和 2012 年灌水量见表 2-6。

表 2-6　紫花苜蓿不同处理灌水量　(单位：mm)

年　份	处理号							
	M1	M2	M3	M4	M5	M6	M7	M8
2011	314	216	179	171	151	102	101	72
2012	185	182	170	155	109	88	85	137

2. 降水量

根据《水工设计手册》(第8卷)和于婵(2004)博士论文,有效降雨量采用下面式(2-2)计算:

$$P_e = \alpha P \quad (2\text{-}2)$$

式中 P_e——有效降雨量(mm);

α——有效降雨系数;

P——一次降雨量(mm);

当 $P \leqslant 5$ mm 时,$\alpha = 0$;当 $5 < P \leqslant 30$ mm 时,$\alpha = 1.0$;当 30 mm $< P \leqslant 50$ mm 时,$\alpha = 0.8$;当 50 mm $< P \leqslant 100$ mm 时,$\alpha = 0.7$;当 $P > 100$ mm 时,$\alpha = 0.6$。

青贮玉米2011年和2012年不同生育阶段有效降水量见表2-7。

表2-7 青贮玉米不同生育阶段有效降水量 (单位:mm)

2011年		2012年	
生育阶段	有效降水量	生育阶段	有效降水量
6月5日~6月25日	39.8	6月6日~6月28日	74.1
6月26日~7月18日	26.7	6月29日~7月19日	32.9
7月19日~8月15日	48.8	7月20日~8月12日	109.4
8月16日~9月7日	12.0	8月13日~8月29日	43.8
合 计	127.3	合 计	260.2

紫花苜蓿2011年和2012年不同生育阶段有效降水量见表2-8。

表2-8 紫花苜蓿不同生育阶段有效降水量 (单位:mm)

2011年				2012年			
生育阶段	第一茬	生育阶段	第二茬	生育阶段	第一茬	生育阶段	第二茬
5月23日~6月6日	0	7月13日~7月21日	9.3	5月10日~5月25日	14.5	7月5日~7月12日	13.6
6月7日~6月20日	5.2	7月22日~8月6日	39.5	5月26日~6月12日	18.8	7月13日~8月1日	128.7
6月21日~7月3日	61.3	8月7日~8月19日	0	6月13日~6月25日	26.1	8月2日~8月14日	20.9
7月4日~7月12日	0	8月20日~8月31日	12	6月26日~7月4日	40.5	8月15日~8月21日	0
合 计	66.5	合 计	60.8	合 计	99.9	合 计	163.2

3. 土壤储水量

根据土壤水分监测资料计算,青贮玉米2011年和2012年不同生育阶段土壤储水量见表2-9。

表2-9 青贮玉米不同生育阶段土壤储水量 (单位:mm)

年份	生育阶段	处理号							
		Q1	Q2	Q3	Q4	Q5	Q6	Q7	Q8
2011	播种—苗期	8.3	6.6	5.1	3.9	6.1	4.4	4.0	3.9
	苗期—拔节	−19.3	−18.9	−23.8	−22.8	−19.2	−26.1	−24.1	−11.4
	拔节—抽雄	13.1	15.8	28.7	22.2	12.6	15.6	7.7	−4.0
	抽雄—收割	−3.0	−1.3	−10.8	−13.4	−12.7	−10.8	−14.2	−6.5
2012	播种—苗期	3.4	9.0	6.7	7.6	7.2	7.9	7.3	6.2
	苗期—拔节	−16.4	−20.7	−17.3	−5.1	0.4	−6.1	−17.8	−14.8
	拔节—抽雄	3.7	3.8	3.3	4.1	1.4	4.3	3.4	2.8
	抽雄—收割	2.3	1.1	2.1	4.0	1.9	2.3	1.8	2.0

根据土壤水分监测资料计算，紫花苜蓿2011年和2012年不同生育阶段土壤储水量见表2-10。

表2-10　紫花苜蓿不同生育阶段土壤储水量　（单位：mm）

年　份	生育阶段	处　理　号							
		M1	M2	M3	M4	M5	M6	M7	M8
2011 第一茬	返青—拔节	12.9	11.1	9.4	10.5	9.1	6.9	9.6	8.1
	拔节—分枝	−4.8	−5.3	−7.5	−8.1	−7.7	−9.9	−6.2	−6.8
	分枝—现蕾	17.8	10.5	15.7	9.1	11.5	16.6	9.3	12.4
	现蕾—开花	−1.1	−1.7	−3.2	−1.4	−3.2	−6.5	−2.7	−4.4
2011 第二茬	返青—拔节	12.4	11.1	11.8	10.8	9.9	8.7	11.1	9.9
	拔节—分枝	−12.2	−15.3	−19.2	−19.3	−16.4	−17.2	−15.8	−18.1
	分枝—现蕾	16.5	11.4	10.2	13.7	12.0	12.8	14.4	15.7
	现蕾—开花	−2.5	−5.1	−2.7	−3.2	−4.2	−3.7	−6.3	−3.3
2012 第一茬	返青—拔节	11.1	8.5	9.3	10.4	5.5	10.4	7.0	5.8
	拔节—分枝	−2.8	−6.6	−18.3	−12.7	−10.6	−15.3	−19.6	−20.6
	分枝—现蕾	−14.1	−16.2	−21.3	−22.9	−20.5	−15.9	−19.4	−21.9
	现蕾—开花	0.8	2.2	3.2	1.8	3.0	1.0	2.4	10.1
2012 第二茬	返青—拔节	−14.5	−11.6	−15.2	−15.3	−15.6	−15.9	−14.7	−16.2
	拔节—分枝	20.8	19.3	15.1	17.2	14.2	15.4	12.6	9.7
	分枝—现蕾	−6.4	−11.3	−9.9	−9.0	−7.6	−9.7	−7.2	−10.7
	现蕾—开花	9.1	8.5	9.2	5.9	9.2	8.4	7.4	4.1

4. 需水量

(1)根据上述各分量，依据水量平衡原理计算得到青贮玉米全生育期内需水强度，见表2-11。

表2-11　青贮玉米不同处理各生育期需水强度　（单位：mm/d）

年　份	生育阶段	处　理　号							
		Q1	Q2	Q3	Q4	Q5	Q6	Q7	Q8
2011	播种—苗期	3.29	2.58	3.18	3.14	2.94	3.16	2.78	2.56
	苗期—拔节	4.01	3.65	3.10	3.55	3.09	3.44	3.22	2.71
	拔节—抽雄	5.77	5.13	4.18	3.57	3.18	2.46	2.19	2.30
	抽雄—收割	3.43	3.37	2.92	2.46	2.32	2.00	1.89	1.27
	平　均	4.22	3.77	3.39	3.20	2.90	2.74	2.50	2.21
2012	播种—苗期	3.22	2.89	3.21	3.17	3.18	3.15	3.18	3.24
	苗期—拔节	4.37	4.23	3.76	3.40	3.06	4.06	4.18	4.14
	拔节—抽雄	5.90	5.78	5.42	5.05	4.80	5.16	4.93	5.48
	抽雄—收割	3.49	3.45	3.41	3.26	2.97	3.25	3.07	2.52
	平　均	4.31	4.16	4.00	3.76	3.54	3.96	3.89	3.91

从表2-11中可知：青贮玉米每个处理的需水强度趋势一致，都是先由低到高，然后再由高到低变化。苗期植株幼小，地面覆盖度低，其水分消耗以地面蒸发为主，因此该阶段的需水强度较低，处于2.56～3.29 mm/d，进入拔节期以后，营养生长加快，植株蒸腾速率增加较快，需

水强度快速增大，需水强度较高，在2.71～4.37 mm/d。拔节—抽雄阶段，青贮玉米的株高和叶面积均达到最大，同时恰好处在一年中气温最高的季节，需水强度也处于最高阶段，多处于2.19～5.77 mm/d，是青贮玉米需水关键期。抽雄—收割阶段，由于气温逐渐降低，叶片蒸腾活力降低，需水强度逐渐减小。而Q6、Q7和Q8三个处理，在拔节—抽雄阶段，需水强度比苗期的小，这是由于灌水原因所致。从上面分析可知，青贮玉米的需水敏感期为拔节—抽雄期，因此，在拔节—抽雄期灌水，对确保青贮玉米需水和获得较高的产量尤为重要。

(2)根据上述各分量，依据水量平衡原理计算得到紫花苜蓿全生育期内需水量，见表2-12。

从表2-12中可知：2次刈割的紫花苜蓿，其需水强度不同，但是需水强度趋势都是一致的，由小到大，然后又变小。返青—拔节，气温较低，降雨少，植株生长速度较缓慢，个体小叶面积指数小，需水强度为1.56～4.51 mm/d，随着气温的升高和生长速度加快，生理和生态需水相应增多，在分枝—现蕾期达到最大，其需水强度为5.63 mm/d。需水强度由小—大—小的这种变化过程，是自身生理需水与生态环境条件长期相适应的结果。此外还与土壤水分的高低密切相关，一般在某个阶段灌水量大、降雨多，则阶段耗水量大，需水强度也大；反之在某个阶段灌水量少、降雨较少，则阶段耗水量一般就小，需水强度也小。因此，不同水分处理之间，紫花苜蓿在阶段耗水量与需水强度的大小相应的有所变化。

表2-12 紫花苜蓿不同处理各生育期日需水强度 (单位：mm/d)

年 份	生育阶段	处 理 号							
		M1	M2	M3	M4	M5	M6	M7	M8
2011 第一茬	返青—拔节	1.99	1.87	1.74	1.82	1.72	1.56	1.76	1.65
	拔节—分枝	2.68	2.65	2.50	2.46	2.49	2.34	2.59	2.55
	分枝—现蕾	5.75	5.71	5.63	5.68	5.59	5.38	5.48	5.64
	现蕾—开花	3.22	3.15	2.98	3.18	2.98	2.62	3.03	2.85
	平 均	3.27	3.20	3.07	3.13	3.06	2.85	3.08	3.04
2011 第二茬	返青—拔节	3.41	2.60	3.35	3.23	3.30	2.00	2.27	2.13
	拔节—分枝	4.67	4.30	3.91	3.24	2.87	2.85	2.96	2.39
	分枝—现蕾	6.27	6.10	5.86	5.87	5.66	4.26	3.66	3.47
	现蕾—开花	4.13	3.69	3.56	3.24	2.66	2.36	1.70	1.49
	平 均	4.74	4.33	4.25	3.95	3.66	2.96	2.73	2.43
2012 第一茬	返青—拔节	2.92	2.49	2.86	2.69	2.72	2.57	2.60	2.09
	拔节—分枝	3.72	3.59	3.24	2.91	2.44	3.30	3.44	2.85
	分枝—现蕾	5.40	5.39	5.18	5.16	4.53	3.29	2.54	2.68
	现蕾—开花	5.07	4.86	4.15	4.25	3.96	3.17	3.05	2.90
	平 均	4.10	3.90	3.73	3.58	3.25	3.07	2.93	2.60
2012 第二茬	返青—拔节	4.51	4.02	4.48	4.39	4.42	4.45	4.33	4.48
	拔节—分枝	4.64	4.60	4.48	3.99	3.65	4.61	4.51	4.66
	分枝—现蕾	5.63	5.46	5.42	5.32	4.78	4.93	4.31	5.43
	现蕾—开花	3.09	2.75	2.68	2.41	2.28	2.16	1.96	1.59
	平 均	4.87	4.63	4.66	4.39	4.09	4.44	4.16	4.49

2.4.2　需水强度变化规律

1. 青贮玉米

根据试验资料，通过计算绘制了水分适宜条件下青贮玉米整个生育期的需水强度变化过程，如图 2-7 所示。

从图 2-7 中可以看出：青贮玉米苗期气温较低，降雨少，植株生长速度较缓慢，个体小叶面积指数小，需水强度较小，其需水强度为 3.29 mm/d；拔节—抽雄期随着气温的升高，生理和生态需水相应增多，生长与生殖生长并进，根、茎、叶生长迅速，光合作用强烈，需水强度达到最大，其需水强度为 5.77 mm/d，因为这个阶段是青贮玉米一生生长最旺的生长时期，需水强度也达到峰值，对水分的反映特别敏感，是青贮玉米需水关键期。此后随着气温逐渐降低需水强度也逐渐减小，到成熟期其值降到最低为 3.43 mm/d，整个生育期平均需水强度为 4.22 mm/d。

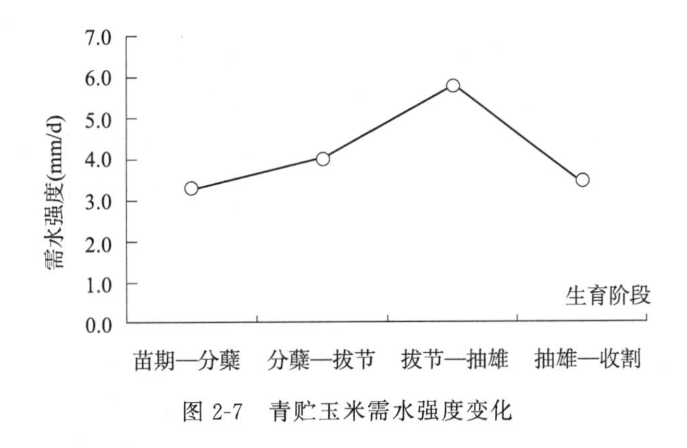

图 2-7　青贮玉米需水强度变化

2. 紫花苜蓿

根据试验资料，绘制了水分适宜条件下紫花苜蓿整个生育期的需水强度变化过程，如图 2-8 所示。

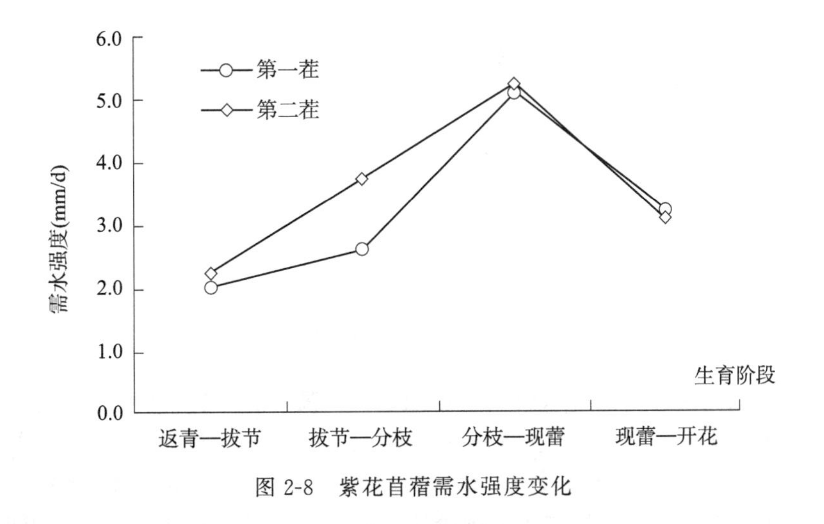

图 2-8　紫花苜蓿需水强度变化

从图 2-8 中可以看出：2 次刈割的紫花苜蓿，其需水强度不同。第一茬苜蓿需水强度趋势：由小到大，然后又变小，返青—拔节期，气温较低，降雨少，植株生长速度缓慢，个体小叶面积指数小，需水强度变幅不大，为 1.99～2.68 mm/d。随着气温升高和生长速度加快，生理和生态需水量增大，且在分枝－现蕾期达到最大，为 5.75 mm/d，然后逐渐降低，到刈割期降低至 3.22 mm/d，整个生育期平均需水强度为 3.27 mm/d；第二茬苜蓿需水强度趋势：由小到大，然后又变小，返青—拔节期，需水强度为 3.41 mm/d，在现蕾期达到最大，为 6.27 mm/d，此后气温逐渐降低，其需水强度也逐渐降低，到刈割期降低至 4.13 mm/d，整个生育期平均需水强度为 4.74 mm/d。

通过分析各环境因素对两种人工牧草需水强度的影响，得出如下 3 条规律：

(1)在水分适宜条件下，人工牧草需水强度主要随气象条件而改变，气温高、蒸发能力强，则需水强度大。

(2)在水分适宜条件下，人工牧草需水强度还受自身因素的影响，其中最明显的是叶面积指数和蒸腾速率。

(3)土壤水分是影响人工牧草需水强度的一个比较重要的因素。苗期人工牧草叶面积指数较低，田间水分消耗以棵间土壤蒸发为主，表层土壤水分越高，棵间蒸发在总蒸发蒸腾中所占的比例越大，人工牧草的需水强度也就越高。此后随着地面覆盖度的增加，田间耗水转化为以叶面蒸腾失水为主，此时的土壤水分状况主要影响植株的株高和叶面积的发育，进而间接影响到作物的需水强度。

2.4.3 需水模系数

需水模系数作为作物各生育阶段需水量占总需水量的权重，它不仅反映了作物各生育阶段的需水特性与要求，也反映出不同生育阶段对水分的敏感程度和灌溉的重要性。

根据需水量资料，绘制了青贮玉米各生育阶段需水模系数，如图 2-9 所示。

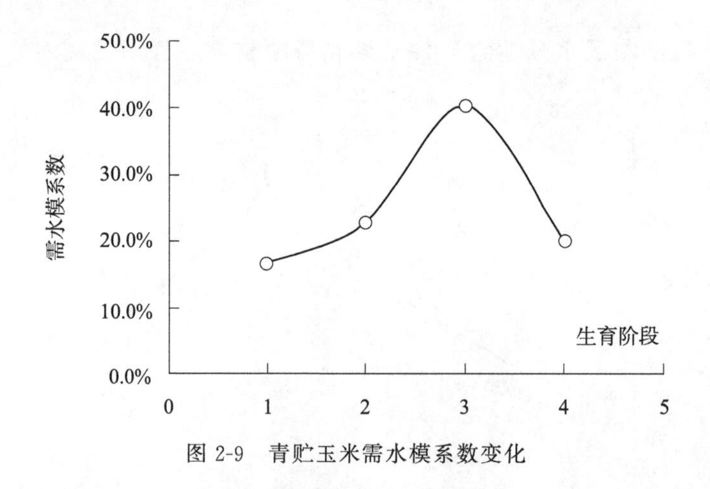

图 2-9 青贮玉米需水模系数变化

从图 2-9 中可以看出：阶段需水模系数是先由低到高，然后再由高到低变化。苗期植株幼小，地面覆盖度低，其水分消耗以地面蒸发为主，因此该阶段的需水模系数较低，其值为 17.8%；进入拔节期以后，营养生长加快，植株蒸腾速率增加较快，需水强度快速增大，阶段需水模系数较高，其值为 22.7%；拔节—抽雄阶段，青贮玉米的株高和叶面积均达到最大，同时恰好处在一年中气温最高的季节，需水模系数也处于最高阶段，其值为 40.1%，是青贮玉米需水关键期。此后又逐渐降低，其值为 19.4%。从上面分析可知，青贮玉米的需水敏感期为拔节—抽雄期，因此，在拔节—抽雄期灌水，对确保青贮玉米需水和获得较高的产量尤为重要。

根据需水量资料，绘制了紫花苜蓿各生育阶段需水模系数，如图 2-10 所示。

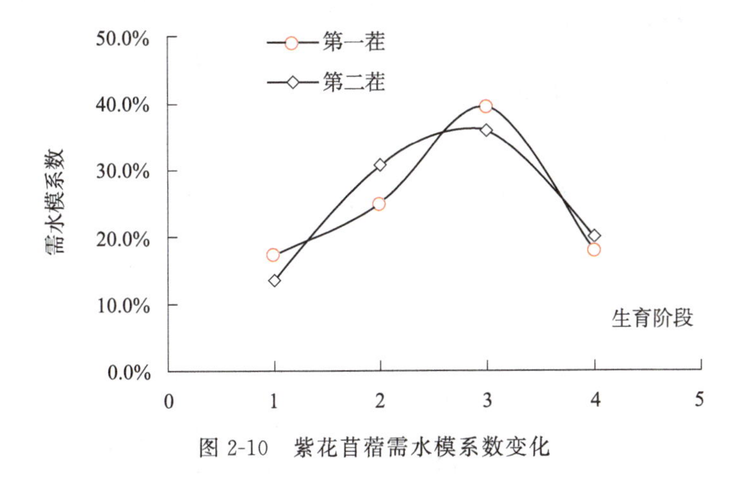

图 2-10 紫花苜蓿需水模系数变化

从图 2-10 可以看出：两茬需水量模系数均为由小—大—小的变化过程，是自身生理需水与生态环境条件长期相适应的结果。返青—拔节、拔节—分枝期两茬需水模系数差距较大，第一茬需水模系数为 17.4%～25.1%，第二茬需水模系数为 11.4%～32.1%，主要因为气温原因所致。分枝—现蕾期达到最大，模系数分别为 39.5%和 35.8%，到现蕾—开花期需水量逐渐降低，模系数分别为 18.1%和 20.0%。阶段需水量和模系数这种由小—大—小的变化过程，是自身生理需水与生态环境条件长期相适应的结果。此外还与土壤水分的高低密切相关，一般在某个阶段灌水量大、降雨多，则阶段需水量大，模系数也大；反之在某个阶段灌水量少、降雨较少，则阶段需水量一般就小，模系数也小。

2.5 人工牧草作物-水模型

水分是影响作物生长的重要环境因素之一，而作物-水模型是合理调控水分使之有利于作物生长的重要依据。本研究从研究饲草料作物产量与全生育期总腾发量和阶段腾发量的关系出发，推求紫花苜蓿和青贮玉米不同生育阶段的敏感指数，确认适合当地的作物-水模型。其建模是在其他因素一定的条件下确立作物产量水分供应数量之间的数学关系。作物水分响应模型主要有两类：一是全生育期作物水分响应模型；二是各生育阶段作物水分响应模型。

2.5.1 全生育期水分生产函数模型

Stewart(1977)通过分析棉花、豌豆、苜蓿和玉米灌溉资料得出产量和腾发量之间的关系可以较好地用一条直线表达，从而提出了以腾发量表达的全生育期的线性作物水分响应模型——Stewart(1977)模型：

$$1-\frac{Y_{a}}{Y_{m}}=\beta\left(1-\frac{ET_{a}}{ET_{m}}\right) \tag{2-3}$$

式中 Y_a——作物实际产量；

Y_m——作物最大产量；

ET_a——全生育期实际腾发量；

ET_m——全生育期最大腾发量；

β——经验系数(又称减产系数)。

2.5.2 生育阶段水分生产函数模型

不同生育阶段缺水受旱对产量的影响是不同的。Hiler 和 Clark(1971)、Stewart(1972)、Barrentt(1980)等人通过实验发现水分亏缺的时期比水分亏缺量对作物产量的影响更大。在生育阶段水分生产函数的模型中，又有乘法模型和加法模型两类。典型的乘法模型有：

Jensen(1968)模型：

$$\frac{Y_a}{Y_m}=\prod_{i=1}^{n}\left(\frac{ET_a}{ET_m}\right)_i^{\lambda_i} \tag{2-4}$$

Minhas(1974)模型：

$$\frac{Y_a}{Y_m}=a_0\prod_{i=1}^{n}\left[1-\left(1-\frac{ET_a}{ET_m}\right)_i^{b_0}\right]^{\lambda_i} \tag{2-5}$$

Rao(1988)模型：

$$\frac{Y_a}{Y_m}=\prod_{i=1}^{n}\left[1-K_i\left(1-\frac{ET_a}{ET_m}\right)_i\right] \tag{2-6}$$

式中 λ_i——生育阶段 i 作物对水分亏缺的敏感因子；

a_0——实际亏水量以外的其他因素对 Y_a/Y_m 的订正系数，$a_0\leqslant 1.0$；

b_0——自变量的幂指数(常数)，$b_0=2$；

K_i——作物不同生育阶段缺水对产量的敏感系数；

n——生育阶段数。

加法模型将各生育阶段缺水对产量的影响进行简单的迭加，没有考虑连旱的情况，根据这一建模假定即使在某一阶段由于受旱致使作物死亡的情况下仍能算出产量。因此，该模型较适合半干旱和半湿润地区的籽实产量计算，也适合干旱地区牧草和饲料作物的生物学产量计算。代表性的加法模型有：

Blank 等(1975)模型：

$$\frac{Y_a}{Y_m}=\sum_{i=1}^{n}K_i\left(\frac{ET_a}{ET_m}\right)_i \tag{2-7}$$

Stewart(1976)模型：

$$\frac{Y_a}{Y_m}=1-\sum_{i=1}^{n}K_i\left(1-\frac{ET_a}{ET_m}\right) \tag{2-8}$$

Singh(1987)模型：

$$\frac{Y_a}{Y_m}=\sum_{i=1}^{n}K_i\left[1-\left(1-\frac{ET_a}{ET_m}\right)_i^{b_0}\right] \tag{2-9}$$

式中 ET_a，ET_m——作物 i 生育阶段的实际腾发量和最大腾发量。

其他符号意义同前。

2.5.3　人工牧草产量与全生育期总腾发量的关系

根据 2011 年的实测资料，点绘产量与全生育期耗水量的关系图如图 2-11 和图 2-12 所示），发现两者之间呈现出良好的二次抛物线关系，相关程度较高，其回归方程分别为：

$$紫花苜蓿：Y = -0.042ET^2 + 15.56ET - 181.4(R^2 = 0.942\ 0) \quad (2\text{-}10)$$

$$青贮玉米：Y = -0.260ET^2 + 145.0ET - 14\ 229(R^2 = 0.956\ 0) \quad (2\text{-}11)$$

由图中可以看出，两种牧草的产量都是随着腾发量的增加而增加，当腾发量到达一定程度时，产量增加缓慢，开始呈现出“报酬递减”现象。

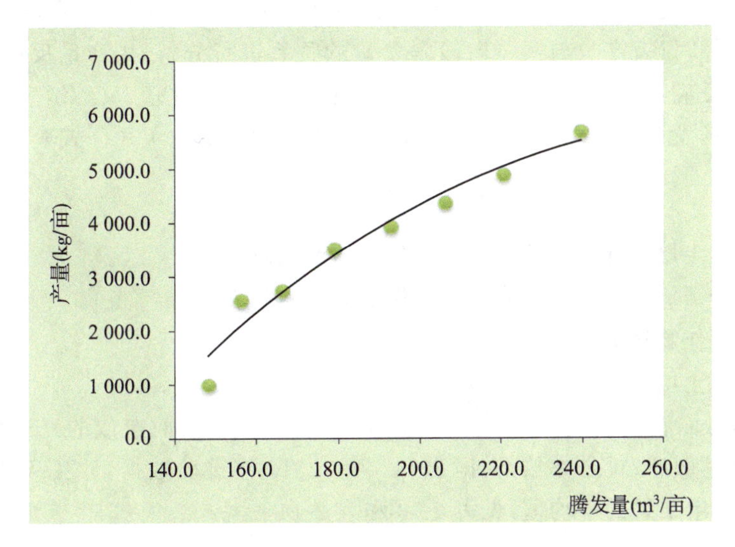

图 2-11　青贮玉米产量和腾发量之间的关系

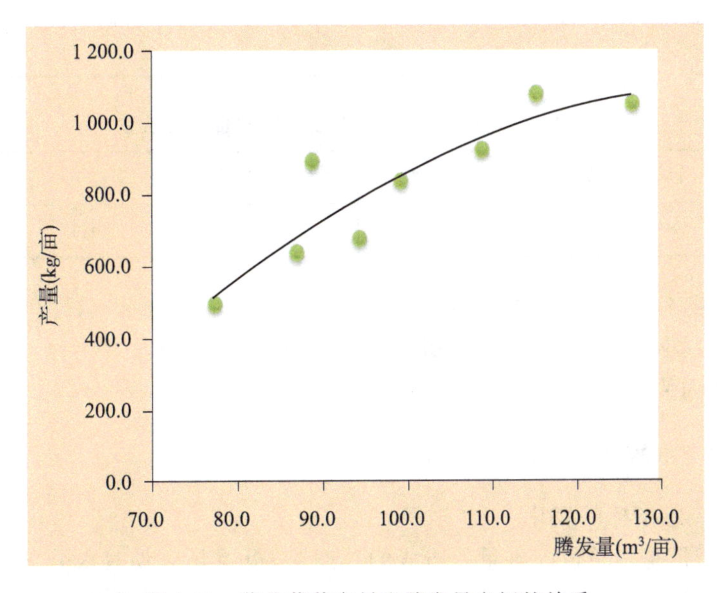

图 2-12　紫花苜蓿产量和腾发量之间的关系

2.5.4 人工牧草产量与阶段腾发量的关系

描述作物产量与整个生育期腾发量关系的数学模型，一般可用于研究多种作物间优化配水，或由边际分析原理确定某作物的经济水分投入量，但它只能评价水分投入总量对产量的影响，而不能确定水量在作物生育期内分配对产量的影响。从国内外的大量研究结果来看，灌水时间与灌水总量对产量的影响几乎同等重要。即灌水量相同，如果其在生育期内的分配不同，产量亦会有较大的差异。而且，在某些关键阶段，由于灌水时间不同造成的产量损失，很难由后期的水分补偿而得到恢复。

反映产量与阶段腾发量关系的方法有两种：一种是在确保作物其他阶段需水量基本上都能得到满足的条件，仅就产量与某一阶段腾发量的关系进行分析，用产量反应系数(K_y)表示产量对供水量的反应，即相对亏水量为单位数值时的相对减产比值，又称敏感系数。可以用实际腾发量和最大腾发量(ET_m)之比表示缺水程度，某个阶段缺水可用下式表示：

$$1-\frac{Y_i}{Y_m}=K_{yi}\left(1-\frac{ET_i}{ET_{mi}}\right) \tag{2-12}$$

式中 ET_{mi}——土壤水充足时作物在第 i 阶段的最大腾发量(m^3/亩)；

ET_i——第 i 阶段土壤水分不足时作物的实际腾发量(m^3/亩)；

Y_i——作物第 i 阶段受旱时的产量(kg/hm^2)；

Y_m——土壤供水充足时作物产量(kg/hm^2)。

由式(2-12)可以看出，K_{yi} 值越大，表明该阶段因水分亏缺而造成的减产值也越大，作物对水分亏缺也就越敏感；反之亦然，根据 2011 年和 2012 年试验数据，计算两种人工牧草的产量反应系数(取两年结果的平均值)见表 2-13 和表 2-14。

表 2-13 青贮玉米不同生育阶段的产量反应系数

生育阶段	播种—苗期	苗期—拔节	拔节—抽雄	抽雄—收割	全生育期
K_y	0.83	1.11	1.42	0.76	1.07

表 2-14 紫花苜蓿不同生育阶段的产量反应系数

生育阶段	返青—拔节	拔节—分枝	分枝—现蕾	现蕾—开花	全生育期
K_y	0.74	0.89	0.96	0.52	0.81

从表 2-13 和表 2-14 中可以看出：青贮玉米和紫花苜蓿的产量反应系数 K_y 在生育期内的变化规律，都是前后期小，中间两个生育期大，说明这两个阶段缺水对两种人工牧草产量影响较大，是灌水增产的关键时期。

2.5.5 不同阶段缺水敏感指标及变化规律

1. 作物缺水敏感指标的变化

作物敏感性指标是指单位缺水量所造成的减产量，也就是作物对水分亏缺敏感性程度指标。作物敏感性指标的大小代表不同阶段缺水对作物产量的影响程度，且因环境条件改变而改变。不同作物对水分亏缺的敏感性不同，即使同一作物，不同生育期对水分的敏感性也不同。敏感性指标越大的作物，单位缺水量造成的减产量也就越大，在有限灌溉中，应尽可能地满足这种作物的需水量，使总减产量最小。不同地区、不同气象条件，运用不同的作物-水模型会得到不同的作物敏感性指标，但计算出作物的敏感性指标的大小顺序是一致的。

阶段缺水敏感指标，反映了各阶段因缺水而影响产量的敏感程度。愈大表示该阶段缺水作物减产越大，反之越小。随不同作物及作物的不同生育阶段而变化。

2. 作物缺水敏感指标的推求原理

敏感指标是作物水模型的关键参数。尽管作物-水模型的结构形式不同，但均需首先确定相应的敏感指标。根据非充分灌溉田间试验所得到的不同水分处理的作物产量和相应各阶段的腾发量，以作物水模型为回归方程，采用多元线性回归方法推求敏感指标。全生育期模型和加法模型可直接用一元和多元线性回归方法求解敏感指标；而乘法模型需先取对数变换为线性方程，而后用多元线性回归方法求解敏感指标。

对阶段缺水的模型进行上述数学变换，并引入新符号，将式(2-4)、式(2-5)和式(2-7)～式(2-9)，各模型可统一用如下线性方程式表示：

$$Z=\sum_{i=1}^{n}C_iE_i \tag{2-13}$$

式中 Z 、E 和 C 的表达式根据作物水分响应模型而定，见表 2-15。

表 2-15　Z、E_i 和 C_i 的表达式

模型名称	Z	E_i	C_i
Jensen	$\ln\frac{Y_a}{Y_m}$	$\ln\left(\frac{ET_a}{ET_m}\right)_i$	λ_i
Minhas	$\ln\frac{Y_a}{Y_m}$	$\ln\left[1-\left(1-\frac{ET_a}{ET_m}\right)^{b_0}\right]_i$	λ_i
Blank	$\frac{Y_a}{Y_m}$	$\left(\frac{ET_a}{ET_m}\right)_i$	K_i
Stewart	$1-\frac{Y_a}{Y_m}$	$\left(1-\frac{ET_a}{ET_m}\right)_i$	K_i
Singh	$\frac{Y_a}{Y_m}$	$\left[1-\left(1-\frac{ET_a}{ET_m}\right)^{b_0}\right]_i$	K_i

3. 作物缺水敏感指标的推求过程

在前面已经对蒸发蒸腾量与产量进行了分析，为进一步量化分析，确定不同时期受旱对产量的影响程度，依据试验资料，对模型进行敏感指标分析。根据试验数据采用最小二乘法求解满足下式要求的 C_i 值：

$$\min Q=\sum_{j=1}^{m}\left(Z_j-\sum_{i=1}^{n}C_iE_{ij}\right)^2 \tag{2-14}$$

要使上式取最小值令 $\frac{\partial Q}{\partial C_i}=0$ ，可得具有 n 个 n 元线性方程的正规方程组：

$$\sum_{j=1}^{m}\left(Z_j-\sum_{i=1}^{n}C_iE_{ij}\right)E_{ij}=0 \tag{2-15}$$

把上式转化成方程组，通过 Matlab 求解，青贮玉米采用 2011 年试验数据，紫花苜蓿采用 2011 年(第二茬)和 2012 年(第一、二茬)试验数据，计算结果见表 2-16 和表 2-17。

表 2-16 青贮玉米各生育阶段的敏感指标

模　　型	播种—苗期	苗期—拔节	拔节—抽雄	抽雄—收割
Jensen	0.261 0	0.482 3	0.651 5	0.358 5
Minhas	2.962 2	1.447 0	0.522 5	1.730 9
Blank	−0.187 9	0.061 2	0.688 5	0.426 3
Stewart	−0.208 6	0.072 2	0.733 7	0.402 5
Singh	−8.376 2	9.408 1	−0.287 4	0.058 4

从表 2-16 可知，对于青贮玉米，Blank 模型、Stewart 模型和 Singh 模型出现负值，说明缺水处理后不仅对产量没有形成减产作用，反而具有一定的增产效果，这与当地作物的丰产经验出现矛盾；Minhas 模型虽然敏感指数均为正数，但其反应的敏感性与实际不符；而 Jensen 模型所揭示的敏感指标的分布规律与实际相符，并且与表 2-13 中所反应的各生育阶段对水分的敏感程度是基本一致的。

表 2-17 紫花苜蓿各生育阶段的敏感指标

模　　型	返青—拔节	拔节—分枝	分枝—现蕾	现蕾—开花
Jensen	0.458 1	0.601 1	0.914 8	0.229 3
Minhas	−0.703 9	3.195 1	−6.823 0	2.637 3
Blank	−0.117 6	0.107 1	0.909 7	−0.010 4
Stewart	−0.019 9	−1.179 1	1.469 0	0.471 5
Singh	2.961 6	0.705 2	1.761 7	1.242 1

从表 2-17 可知，对于紫花苜蓿，Minhas 模型、Blank 模型和 Stewart 模型出现负值，说明缺水处理后不仅对产量没有形成减产作用，反而具有一定的增产效果，这与当地作物的丰产经验出现矛盾；Singh 模型虽然敏感指数均为正数，但是其反应的敏感性与实际不符；而 Jensen 模型所揭示的敏感指标的分布规律与实际相符，并且与表 2-14 中所反应的各生育阶段对水分的敏感程度是基本一致的。

4. 作物-水模型的检验

为了检验模型的可靠性，分别对两种人工牧草作物-水模型进行了检验。

(1)青贮玉米

将 2012 年青贮玉米不同处理的腾发量和产量的 8 组数据代入上述建立的 Jensen 模型进行检验，得到模拟相对产量及其相对误差计算结果见表 2-18。

表 2-18 青贮玉米模型检验

试验处理号	实测相对产量	预测相对产量	相对误差
Q1	1.000 0	1.000 0	0
Q2	0.727 6	0.760 0	−4.5%

续上表

试验处理号	实测相对产量	预测相对产量	相对误差
Q3	0.590 9	0.576 9	2.4%
Q4	0.610 3	0.649 2	−6.4%
Q5	0.587 9	0.694 5	−18.1%
Q6	0.628 6	0.713 5	−13.5%
Q7	0.615 8	0.574 2	6.8%
Q8	0.732 0	0.779 0	−6.4%

从表2-18可知：模型最大相对误差为−18.1%，平均相对误差为−5.0%，精度能够满足Jensen模型要求。

(2)紫花苜蓿

将2011年第一茬紫花苜蓿不同处理的腾发量和产量的8组数据代入上述建立的Jensen模型进行检验，得到模拟相对产量及其相对误差计算结果见表2-19。

表2-19 紫花苜蓿模型检验

试验处理号	实测相对产量	预测相对产量	相对误差
M1	1.000 0	1.000 0	0
M2	0.896 0	0.929 3	3.7%
M3	0.696 9	0.843 0	21.0%
M4	0.477 9	0.383 1	−19.8%
M5	0.796 4	0.831 5	4.4%
M6	0.696 9	0.697 2	0.1%
M7	0.896 0	0.868 6	−3.1%
M8	0.398 2	0.537 4	34.9%

从表2-19可知：模型最大相对误差为34.9%，平均相对误差为5.9%，精度能够满足Jensen模型要求。

2.6 灌溉人工牧草灌溉定额优化

通过灌溉增加作物产量，是资源投入与产品产出间的关系问题。对这一关系有3种指标描述：产量、生产效率和生产弹性系数。考虑经济因素，分析投入费用与产出效益间的关系，亦有与之相对应的3种指标。分别以追求3种指标的最大值，确定灌溉定额的3种优化目标。本研究根据人工牧草产量与灌溉定额间的关系，以追求单位面积产量、灌溉水生产效率和生产弹性系数最大为优化目标，确定3种优化目标下人工牧草的合理灌溉定额，为节水灌溉制度的制定提供科学依据。

2.6.1 优化目标的灌溉定额推求

水是作物生长的基础，是作物高产最基本的保证。大量试验成果表明，作物产量与灌水量相互影响，相互制约，在农技措施、气象条件、地理条件相同的情况下，随着灌水量的增加，产量增加；当灌水量增大到一定程度时，产量增加缓慢或者不增大；若再增大灌水量时，产量不仅不增加反而下降。这个关系一般可用二次抛物线表示：

$$Y = aM^2 + bM + c \tag{2-16}$$

式中 Y——作物产量；

M——作物生育期总灌水量；

a，b，c——回归系数；其中，$c>0$ 时，表示没有灌溉作物也有产量，即仅靠雨水作物亦有产量；$c<0$ 时表示没有灌溉作物就没有产量。

三种指标分别为：产量(Y)、灌水生产效率(Y/M)、灌水生产弹性系数［$(dY/dM)/(Y/M)$］。前二者的意义比较明确，对于灌水生产弹性系数可理解为产量变化率(dY/Y)与灌水投入变化率(dM/M)之比。由数学分析方法可求得3种指标的优化灌溉定额。

1. 产量

追求单位面积产量最大，由式(2-16)对 M 求导，取 $dY/dM=0$，解得：

$$M = -\frac{b}{2a} \tag{2-17}$$

追求单位面积净收入(A)最大，则：

$$A = P_y\left[aM^2 + \left(b - \frac{P_w}{P_y}\right)M + \left(c - \frac{F_c}{P_y}\right)\right] \tag{2-18}$$

与求产量最大的结果相似，有：

$$M = -\frac{b - \dfrac{P_w}{P_y}}{2a} \tag{2-19}$$

式中 A——净收入；

F_c——单位面积除灌水以外的其他费用投入；

P_y——作物产量的综合价格(籽粒及副产品等)；

P_w——灌溉水量的综合价格(水价及电费等)。

2. 生产效率

追求 Y/M 最大，由式(2-16)解得：

$$M = \sqrt{\frac{c}{a}} \quad (c < 0) \tag{2-20}$$

3. 生产弹性系数

追求$(dY/dM)/(Y/M)$最大，由式(2-17)解得：

$$M = -\frac{2c}{b} - \frac{\sqrt{ac(4ac - b^2)}}{ab} \quad (c > 0) \tag{2-21}$$

2.6.2 青贮玉米优化灌溉定额

根据锡林浩特市2011～2012年青贮玉米灌溉试验资料得出青贮玉米的灌水生产函数：

$Y=-0.112M^2+44.980M-524.400$，$n=8$，$R^2=0.9590$。由此可得：$a=-0.112$，$b=44.980$，$c=-524.400$。根据调查：$F_c=1\ 575$ 元/hm²，$P_y=0.18$ 元/kg，$P_w=3.25$ 元/(mm·hm²)，$F_c/P_y=8\ 750$。则 3 种目标下的优化灌溉定额根据式(2-19)～式(2-21)计算结果如下：

单位面积产量(Y)最高时，$M=2\ 009.0\ m^3/hm^2$；

单位面积净收入(A)最高时，$M=1\ 202.6\ m^3/hm^2$；

单位灌水定额产量(Y/M)最高时，$M=684.6\ m^3/hm^2$；

$(dY/dM)/(Y/M)$最大时，M 无解。

由上面可知：产量和生产效率类优化灌溉定额与弹性系数类优化灌溉定额不能同时存在。考虑 Y-M 关系时：当 $c>0$ 时，使生产弹性系数达到最大的灌溉定额才存在；当 $c<0$ 时，单位面积产量和灌水生产效率达到最大的灌溉定额才存在。

通过分析可知：青贮玉米的合理灌溉定额的上限为产量优化灌溉定额，下限为生产效率优化灌溉定额，合理灌溉定额为 $M=684.6\sim2\ 009.0\ m^3/hm^2$。

2.6.3　紫花苜蓿优化灌溉定额

根据锡林浩特市 2011～2012 年灌溉试验资料得出紫花苜蓿的灌水量与产量之间的关系：$Y=-0.070M^2+21.86M+310.30$，$n=8$，$R^2=0.9120$。由此可得：$a=-0.070$，$b=21.86$，$c=310.30$。根据调查：$F_c=1\ 080$ 元/hm²，$P_y=0.50$ 元/kg，$P_w=3.25$ 元/(mm·hm²)，$F_c/P_y=2\ 160$。则 3 种目标下的优化灌溉定额根据式(2-19)～式(2-21)计算结果如下：

单位面积产量(Y)最高时，$M=2\ 342.0\ m^3/hm^2$；

单位面积净收入(A)最高时，$M=1\ 646\ m^3/hm^2$；

单位灌水定额产量(Y/M)最高时，M 无解；

$(dY/dM)/(Y/M)$最大时，$M=660.0\ m^3/hm^2$。

由上面可知：产量和生产效率类优化灌溉定额与弹性系数类优化灌溉定额不能同时存在。考虑 Y-M 关系时：当 $c>0$ 时，使生产弹性系数达到最大的灌溉定额存在；当 $c<0$ 时，单位面积产量和灌水生产效率达到最大的灌溉定额存在。

通过分析可知：紫花苜蓿的合理灌溉定额的上限为产量优化灌溉定额，下限为生产弹性系数优化灌溉定额，合理灌溉定额为 $M=660.0\sim2\ 342.0\ m^3/hm^2$。

上述研究是针对资源投入与产品产出间的关系进行的 3 种优化目标下的灌溉定额优化研究，无法得出人工牧草的灌溉制度，研究成果为 2.7 节中灌溉制度的制定提供参考。下面采用 WIN ISAREG 模型对两种人工牧草的灌溉制度的制定进行研究。

2.7　基于 WIN ISAREG 模型的人工牧草灌溉制度优化

WIN ISAREG 模型是葡萄牙里斯本科技大学农学院开发的灌溉模型，具有概念明确、模拟精度高、易于操作且功能多的特点，能够评价现有灌溉制度，并且能制定优化灌溉制度。

WIN ISAREG 模型以水量平衡原理为基础，采用的水量平衡方程为：

$$\theta_i=\theta_{i-1}+\frac{P_i+I_{ni}-ET_{ai}-DP_i+GW_i}{1\ 000z_{ri}} \tag{2-22}$$

式中　θ_i，θ_{i-1}——第 i、$i-1$ 天根系层的土壤含水率；

P_i——第 i 天的有效降雨量(mm);

I_{ni}——第 i 天的净灌水量(mm);

ET_{ai}——第 i 天的作物实际腾发量(mm);

DP_i——第 i 天的深层渗漏量(mm);

GW_i——第 i 天的地下水补给量(mm);

z_{ri}——第 i 天的根系层深度(m)。

本研究利用 WIN ISAREG 模型制定优化灌溉制度,对 2011 年与 2012 年两年的灌溉制度进行评价,研究分析评价结果,结合前面的合理灌溉定额的确定最终制定出适合当地高效节水的最优灌溉制度。

2.7.1 模型数据

WIN ISAREG 模型进行模拟所要的数据较多,主要可以分为以下 5 大类:

(1)作物数据

作物生育期划分、土壤水消耗比率 P、计划湿润层深度、产量反应系数、作物系数等。

(2)土壤数据

土壤分层情况、每层的田间持水率、凋萎系数、土壤表层蒸发的最大的总水深度 TEW 和表层易蒸发水量 REW。

(3)气象数据

参考作物蒸发蒸腾量、有效降雨量、风速、日最高温度、日最低温度、最低相对湿度等。

(4)灌水资料

灌水方案的选择以及供水限制,灌水时间间隔的设置、地下水埋深、地下水补给量或渗漏量。

(5)田间实测含水率的验证

通过模型模拟的含水率与田间实测含水率进行对比率定参数。

2.7.2 模型参数的计算

1. 土壤水消耗比率 P

土壤水消耗比率为发生水分胁迫之前能从根系层中消耗的水量与土壤总有效水量的比值,其表达式为:

$$P = RAW/TAW \tag{2-23}$$

式中 P——土壤水消耗比率;

RAW——根系层易被吸收的有效水量(mm);

TAW——根系层中的总有效水量(mm)。

$$TAW = 1\,000(\theta_{fc} - \theta_{wp})Z_r \tag{2-24}$$

式中 θ_{fc}——田间持水量(m^3/m^3);

θ_{wp}——凋萎点水量(m^3/m^3);

Z_r——变化的根系层深度(m),推荐值为 0.15 m。

土壤水消耗比率 P 是大气蒸发能力的函数。腾发率低时,其值较大;相反腾发率高时,其值较小。FAO-56 根据腾发 ET_c 对 P 值进行修正:

$$P = P_{推荐值} + 0.04 \times (5 - ET_c) \tag{2-25}$$

$P_{推荐值}$由 FAO-56 查得。根据当地气象资料修正计算得到 2011 年、2012 年青贮玉米和紫花苜蓿各个阶段的 P 值变化,如图 2-13 和图 2-14 所示。

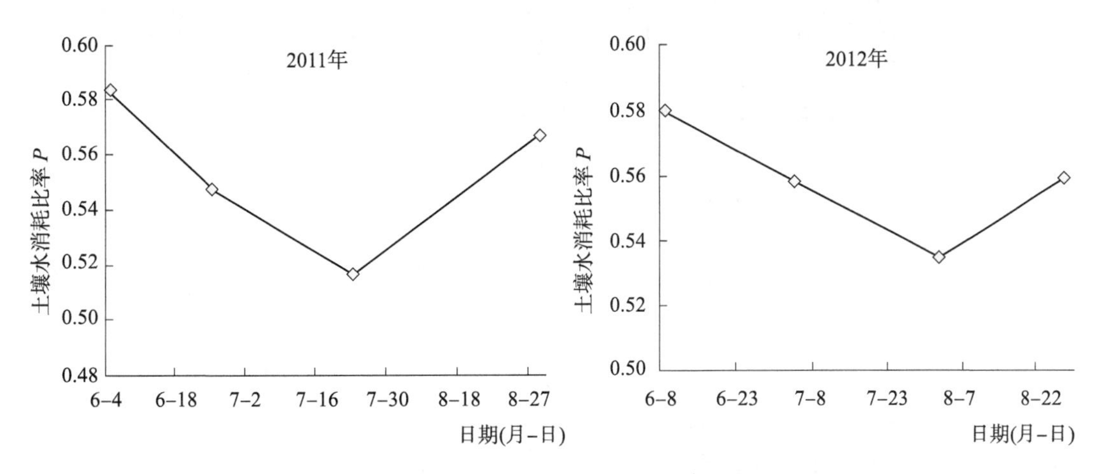

图 2-13　青贮玉米土壤水消耗比率变化

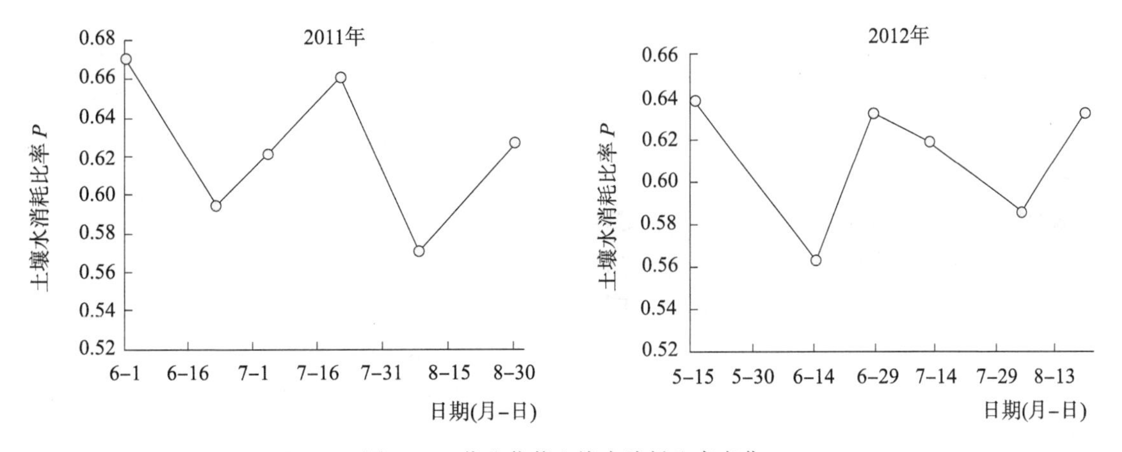

图 2-14　紫花苜蓿土壤水消耗比率变化

2. 作物系数 K_c

作物系数是作物本身生理学特性的反应,主要受土壤、气候、作物生长状况和管理方式等诸多因素影响。其生育期分为四个生长阶段,分别为初期(K_{cini})、生长发育和中期(K_{cmid})、后期(K_{cend}),这四个阶段描述了作物的生物气候特性或生物发育过程,确定各生长阶段的 K_c 值。

单作物采用 FAO-56 推荐的分段单值平均法计算作物系数,根据 FAO 给出了标准条件下青贮玉米和紫花苜蓿不同生长阶段的作物系数,结合当地气候、土壤条件调整各生育阶段的作物系数。由于生长初期土面蒸发占总腾发量的比例较大,调整应考虑土面的影响。影响因素包括灌溉或降雨的时间间隔及土壤结构。计算公式如下:

$$K_{cini} = E_{so}/ET_0 \quad t_w \leqslant t_1 \tag{2-26}$$

$$K_{cini} = \frac{TEW - (TEW - REW)e^{\frac{-(t_w - t_1)E_{so}\left(1+\frac{REW}{TEW-REW}\right)}{TEW}}}{t_w ET_0} \quad t_w > t_1 \tag{2-27}$$

式中 E_{so}——潜在蒸发速率(mm/d);

t_w——湿润过程间的平均间隔(d);

t_1——完成第一阶段干燥过程所需要的时间长度($t_1 = REW/E_{so}$)(d);

REW——土壤表层蒸发的最大的总水深度(mm);

TEW——表层易蒸发水量(mm),主要跟试验区的土壤结构有关。

$$REW = 20 - 0.15S_a \quad S_a \geqslant 80\% \tag{2-28}$$

$$REW = 11 - 0.06CL \quad CL > 50\% \tag{2-29}$$

$$REW = 8 + 0.08CL \quad S_a < 80\% \text{ 且 } CL < 50\% \tag{2-30}$$

式中 S_a,CL——蒸发层土壤中砂粒和黏粒的含量(%)。

TEW 的计算公式如下:

$$TEW = 1\,000\, Z_e(\theta_{fc} - 0.5\theta_{wp}) \quad ET_0 \geqslant 5\ \text{mm/d} \tag{2-31}$$

$$TEW = 1\,000\, Z_e(\theta_{fc} - 0.5\theta_{wp})(ET_0/5)^{\frac{1}{2}} \quad ET_0 < 5\ \text{mm/d} \tag{2-32}$$

式中 Z_e——由于蒸发而变干的土壤表层深度(0.10~0.15 m)。

根据当地的气候条件以及作物生长状况调节 K_{cmid} 和 K_{cend} 值,具体校正方法为:

$$K_{cmid} = K_{cmid(表)} + [0.04(u_2 - 2) - 0.004(RH_{min} - 45)](h/3)^{0.3} \tag{2-33}$$

$$K_{cend} = K_{cend(表)} + [0.04(u_2 - 2) - 0.004(RH_{min} - 45)](h/3)^{0.3} \quad K_{cend(表)} \geqslant 0.45 \tag{2-34}$$

$$K_{cend} = K_{cend(表)} \quad K_{cend(表)} < 0.45 \tag{2-35}$$

式中 u_2——该生育阶段 2 m 高度处的日平均风速(m/s);

RH_{min}——该生育阶段日最小相对湿度的平均值(%);

h——该生育阶段作物高度的平均值(m)。

当没有观测资料时,RH_{min} 可用下式估算:

$$RH_{min} = 100e^0(T_{min})/e^0(T_{max}) \tag{2-36}$$

$$e^0(T) = 0.610\,8e^{\frac{17.27T}{T+237.3}} \tag{2-37}$$

式中 T——气温(℃);

T_{min}——最低气温(℃);

T_{max}——最高气温(℃)。

根据试验资料,通过上面公式计算青贮玉米和紫花苜蓿的 K_c 值见表 2-20。

表 2-20 人工牧草各生长阶段基本作物系数

牧草品种	K_{cini}	K_{cmid}	K_{cend}
青贮玉米	0.58	1.23	0.96
紫花苜蓿	0.74	1.30	0.85

3. 产量反应系数 K_y

产量反应系数计算见 2.5.4 节部分,青贮玉米产量反应系数为 1.07;紫花苜蓿产量反应系数为 0.81。

4. 参考作物蒸发蒸腾量

为使计算公式统一化、标准化，研究采用修正的 Penman-Monteith 公式作为计算参考作物腾发量：

$$ET_0 = \frac{0.408\Delta(R_n - G) + \gamma \frac{900}{T+273} u_2 (e_s - e_a)}{\Delta + \gamma(1 + 0.34u_2)} \tag{2-38}$$

式中 ET_0——参考作物蒸散速率($mm \cdot d^{-1}$)；

R_n——净辐射($MJ \cdot m^{-2} \cdot d^{-1}$)；

G——土壤热通量($MJ \cdot m^{-2} \cdot d^{-1}$)；

u_2——2 m高度处风速($m \cdot s^{-1}$)；

e_s——平均饱和水气压(kPa)；

e_a——实际水汽压(kPa)；

Δ——饱和水汽压曲线斜率($kPa \cdot ℃^{-1}$)；

γ——湿度计常数($kPa \cdot ℃^{-1}$)。

(1)净辐射

1)太阳净长波辐射的 Stefan-Boltzman 公式。

$$R_{nl} = \sigma\left(\frac{T_{max,K}^4 + T_{min,K}^4}{4}\right)(0.34 - 0.14\sqrt{e_a})\left(1.35\frac{R_s}{R_{so}} - 0.35\right) \tag{2-39}$$

式中 σ——Stefan-Boltzman 常数，4.903×10^{-9} $MJ \cdot K^{-4} \cdot m^{-2} \cdot d^{-1}$；

$T_{max,K}$——绝对最大温度(K)；

$T_{min,K}$——绝对最小温度(K)；

R_s/R_{so}——相对短波辐射；

R_{so}——晴天太阳短波辐射($n=N$)($MJ \cdot m^{-2} \cdot d^{-1}$)；

R_s——太阳辐射($MJ \cdot m^{-2} \cdot d^{-1}$)。

2)水汽压。

实际水汽压 e_a 的计算公式见式(2-40)，温度 T 时的饱和水汽压计算公式见式(2-41)，平均饱和水汽压的计算公式见式(2-42)。

$$e_a = \frac{e^0(T_{min})\frac{RH_{max}}{100} + e^0(T_{max})\frac{RH_{min}}{100}}{2} \tag{2-40}$$

$$e^0(T) = 0.6108e^{\frac{17.27T}{T+237.3}} \tag{2-41}$$

$$e_s = \frac{e^0(T_{max}) + e^0(T_{min})}{2} \tag{2-42}$$

3)太阳辐射 R_s。

利用 Angstrom 公式计算：

$$R_s = (a_s + b_s n/N)R_a \tag{2-43}$$

式中 n——实际日照持续时间(h)，通过实际观测获得；

N——最大可能的日照持续时间或日照时数(h)；

n/N——相对日照持续时间；

R_a——极地(地外)辐射($MJ \cdot m^{-2} \cdot d^{-1}$)；

a_s——多云天气极地辐射到达地面部分的参数；

a_s+b_s——晴天($N=n$)极地辐射到达地面部分的参数。

Angstorm 公式中 a_s和 b_s的值随不同气象条件(湿度、尘埃)和太阳赤纬角(纬度、月份)而变化，因此最好根据试验区实际情况确定。建议值为 $a_s=0.25$，$b_s=0.50$。

①最大可能的日照持续时间：

$$N=\frac{24}{\pi}\omega_s \tag{2-44}$$

式中 ω_s——太阳时角(rad)。

太阳时角是真太阳时角的简称，太阳连续两次通过子午圈的时间间隔为一个真太阳日，把真太阳日分 24 等分，每一等份为真太阳时一小时，时与分的关系同赤纬角。

②太阳时角：

$$\omega_s=\arccos(-\tan\varphi\tan\delta) \tag{2-45}$$

4)太阳极地辐射 R_a。

假如以日为时段计算太阳辐射，极地辐射(R_a)的计算式为：

$$R_a=\frac{24(60)}{\pi}G_{sc}d_r(\omega_s\sin\varphi\sin\delta+\cos\varphi\cos\delta\sin\omega_s) \tag{2-46}$$

式中 G_{sc}——太阳常数，0.082 0 $MJ \cdot m^{-2} \cdot d^{-1}$；

d_r——日地间相对距离的倒数；

φ——地理纬度(rad)；

δ——太阳赤纬角(rad)。

对式(2-46)中的有关参数说明如下：

①日地间相对距离的计算公式：

$$d_r=1+0.033\cos\left(\frac{2\pi}{365}J\right) \tag{2-47}$$

式中 J——年内某天的日序数。

②地理纬度 φ 单位转换。

由于式(2-45)、式(2-46)中的地理纬度 φ 用弧度表示，因此将用十进制表示的地理纬度 φ 用式(2-48)转换成用弧度表示的地理纬度：

$$[\text{弧度}]=\frac{\pi}{180}[\text{十进制度数}] \tag{2-48}$$

纬度 φ 在北半球为正，南半球为负。

③太阳赤纬角 δ。

它是太阳在天球坐标系上的两个球面坐标之一，是太阳的赤纬圈和天赤道之间的角度，从天赤道起沿通过太阳的赤经圈来量度，在天赤道以北为正，天赤道以南为负。在天文学中，测量角度经常采用时、分、秒作单位，它们和度、分、秒的关系是 24 时=360°，1 时=15°，1 分=15′，1 秒=15″。

$$\delta=0.409\sin\left(\frac{2\pi}{365}J-1.39\right) \tag{2-49}$$

5)晴天太阳短波辐射 R_{so}：

$$R_{so}=(a_s+b_s)R_a \tag{2-50}$$

6)太阳净短波辐射 R_{ns}：

$$R_{ns} = (1-\alpha)R_s \tag{2-51}$$

式中　α——反射系数，α 的取值范围如下：一般草场，$\alpha=0.20$；死湿草，$\alpha=0.2$；死干草，$\alpha=0.3$；谷类，$\alpha=0.25$；棉花，$\alpha=0.2$；暗色有机质土壤，$\alpha=0.1$；黏土，$\alpha=0.2$；浅色砂土 $\alpha=0.3$；假想的参考面，$\alpha=0.23$(Penman-Monteith 公式)。

7)太阳净辐射。

$$R_n = R_{ns} - R_{nl} \tag{2-52}$$

式中　R_n——太阳净辐射(MJ·m^{-2}·d^{-1})；

R_{ns}——太阳净短波辐射(MJ·m^{-2}·d^{-1})；

R_{nl}——太阳净长波辐射(MJ·m^{-2}·d^{-1})。

(2)饱和水汽压曲线斜率

饱和水汽压曲线斜率计算公式见式(2-53)：

$$\Delta = \frac{17.27 \times 237.3 \times 0.6108 e^{\frac{17.27T_a}{T_a+237.3}}}{(T_a+237.3)^2} \tag{2-53}$$

(3)研究区参考作物腾发量的计算

根据式(2-38)～式(2-53)，利用气象数据以日为计算时段模拟了研究区种植的人工牧草在全生育期(2011 年 5 月 23 日～9 月 7 日，2012 年 5 月 10 日～8 月 29 日)内的参考作物蒸散量，如图 2-15 所示。

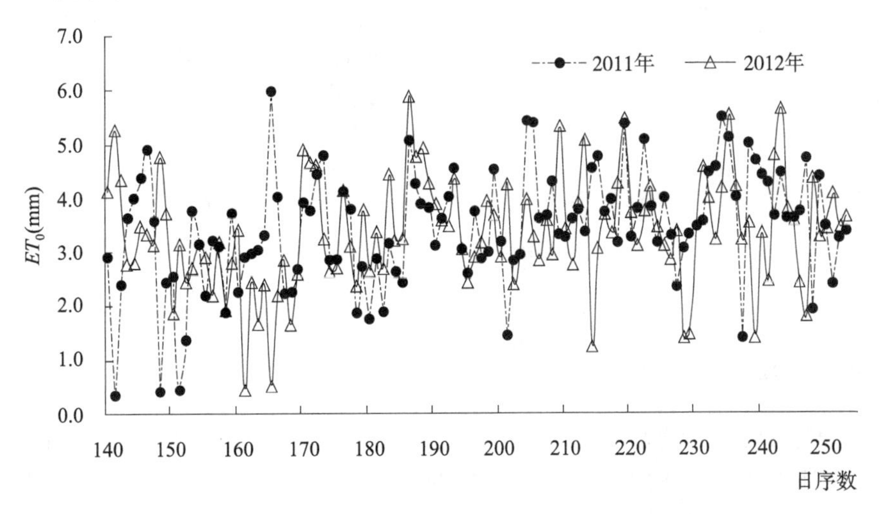

图 2-15　人工牧草全生育期内的参考作物蒸散量

2.7.3　模型参数率定

为了检验模型参数的可靠性，需对模型参数进行验证。将通过田间 TDR 和取土法测得的实测含水率值与 WIN ISAREG 模型模拟的土壤含水率值进行对比。采用 2011 年紫花苜蓿 M1 处理，2011 年青贮玉米 Q1 处理的实测资料进行参数率定，土壤模拟含水率与实测含水率的比较如图 2-16 和图 2-17 所示(图中 *FC* 为土壤田间持水率；*OYT* 为土壤适宜含水率下限；*WP* 为土壤凋萎点)。

2011 年、2012 年 2 个处理各项指标均达到比较理想的结果，证明取得的数据较为精确可靠，因此这些参数可以用于评价和优化灌溉制度。

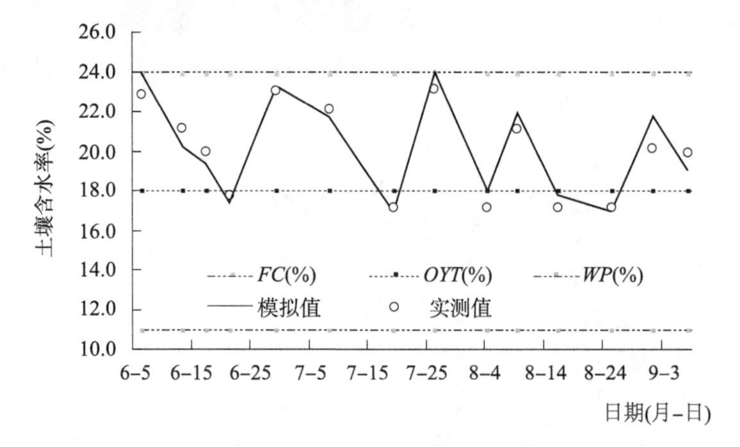

图 2-16　2011 年青贮玉米实测含水率与模拟含水率对比

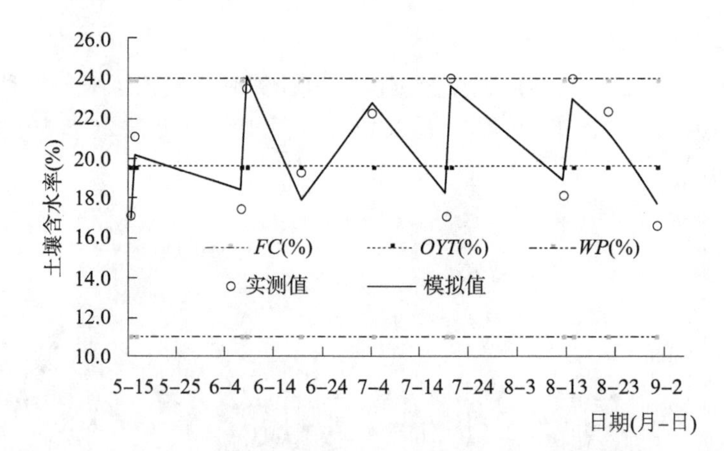

图 2-17　2011 年紫花苜蓿实测含水率与模拟含水率对比

2.7.4　灌溉制度评价

对 2011 年、2012 年的青贮玉米和 2011 年第二茬紫花苜蓿和 2012 年第一茬紫花苜蓿进行了灌溉制度评价，输出的结果主要有灌水量、深层渗漏量、灌水效率、实际腾发量、产量下降率等。青贮玉米灌溉制度评价结果见表 2-21。

表 2-21　青贮玉米灌溉制度各项指标评价结果

年　份	生育阶段	处理号							
		Q1	Q2	Q3	Q4	Q5	Q6	Q7	Q8
2011	灌水量(mm)	260	209	173	145	119	98	74	58
	深层渗漏量(mm)	9.4	4.4	0	0	0	0	0	0
	灌水效率(%)	96.4	97.9	100	100	100	100	100	100
	ET_a(mm)	378	332	310	294	268	253	232	204
	产量下降率(%)	1.2	7.1	11.9	12.7	14.8	16.9	19.7	21.5

续上表

年　份	生育阶段	处理号							
		Q1	Q2	Q3	Q4	Q5	Q6	Q7	Q8
2012	灌水量(mm)	135	120	103	75	55	95	87	90
	深层渗漏量(mm)	3.2	2.1	0	0	0	0	0	0
	灌水效率(%)	97.6	98.2	100	100	100	100	100	100
	ET_a(mm)	392	378	367	341	323	362	357	367
	产量下降率(%)	1.7	2.7	4.2	22.6	25.3	19.9	20.3	19.2

由表 2-21 分析得出，青贮玉米产量下降率随灌水量的减少而逐渐增加。2011 年，各处理中 Q1 的灌水量最大为 260 mm，其深层渗漏量为 9.4 mm；灌水效率在各处理中处于最低，为 96.4%；产量下降率为 1.2%。Q2 处理灌水量较 Q1 处理减少了 51 mm，深层渗漏量减少了 5.0 mm，产量下降率增加了 5.9%。其余 6 个处理虽然灌水效率达到 100%，但产量下降率较大，最大达到 21.5%。

2012 年，各处理中 Q1 的灌水量最大为 135 mm，但其深层渗漏量为 3.2 mm；灌水效率在各处理中处于最低，为 97.6%；产量下降率为 1.7%。其原因主要是因为在生育阶段后期土壤含水率低于适宜含水量下限所致的产量下降；而深层渗漏是在 7 月中下旬灌水和降水导致的。Q3～Q8 6 个处理虽然灌水效率达到 100%，但产量下降率较大，最大达到 25.3%。

紫花苜蓿灌溉制度评价结果见表 2-22。

表 2-22　紫花苜蓿灌溉制度各项指标评价结果

年　份	生育阶段	处理号							
		M1	M2	M3	M4	M5	M6	M7	M8
2011 第二茬	灌水量(mm)	201	175	148	128	113	76	62	34
	深层渗漏量(mm)	29.8	18.1	5.9	0	0	0	0	0
	灌水效率(%)	85.2	89.5	96.0	100	100	100	100	100
	ET_a(mm)	232	217	203	192	181	144	133	115
	产量下降率(%)	6.7	10.3	13.5	16.2	17.4	23.6	25.7	31.3
2012 第一茬	灌水量(mm)	135	124	114	106	87	72	62	38
	深层渗漏量(mm)	3.9	0	0	0	0	0	0	0
	灌水效率(%)	99.7	100	100	100	100	100	100	100
	ET_a(mm)	231	218	207	201	186	173	164	145
	产量下降率(%)	3.3	8.5	10.6	11.4	16.2	18.3	20.9	29.7

注：2011 年第一茬紫花苜蓿灌溉设施安装推迟，2012 年第二茬紫花苜蓿正值雨季，这两茬紫花苜蓿各处理差异不明显。因此，均未进行灌溉制度评价。

由表 2-22 分析得出，紫花苜蓿产量下降率随灌水量的减少而逐渐增加。2011 年第二茬紫花苜蓿，各处理中 M1 的灌水量最大为 201 mm，灌水产生了深层渗漏，最大渗漏量达到 29.8 mm；灌水效率在各处理中处于最低，为 85.2%；产量下降率为 6.7%。M2 的灌水量为 175 mm，灌水产生了深层渗漏，渗漏量为 18.1 mm；灌水效率为 89.5%；产量下降率为

10.3%。M3 的灌水量为 148 mm，灌水产生了深层渗漏，渗漏量为 5.9 mm；灌水效率为 96.0%；产量下降率为 13.5%。M4～M8 5 个处理虽然灌水效率达到 100%，但产量下降率较大，最大达到 31.3%，为 M1 的 4.7 倍。

2012 年第一茬紫花苜蓿，M1 的灌水量最大为 135 mm，灌水产生了深层渗漏，渗漏量为 3.9 mm；灌水效率为 99.7%；产量下降率为 3.3%。其余各处理灌水效率均为 100%，但产量下降率均有不同程度的下降。M8 的灌水量最小为 38 mm，产量下降率为 29.7%，为 M1 的 9 倍。

2.7.5 灌溉制度模拟优化

为了得到合理的灌溉制度，用 WIN ISAREG 模型对青贮玉米和紫花苜蓿进行灌溉制度优化。在适宜灌水量条件下，使作物产量下降最小，灌水效率最高。

1. 灌溉制度方案设计

(1)青贮玉米

根据对已有灌溉制度的评价结果制定青贮玉米的灌溉制度方案，见表 2-23。

表 2-23 青贮玉米灌溉制度方案设计

方案设计	灌水日期	灌水次数	灌水定额
方案 1	优化	优化	θ_{OYT} 至 θ_{FC} 所需水量
方案 2	优化	优化	θ_{OYT} 至 85% θ_{FC} 所需水量
方案 3	优化	优化	θ_{OYT} 至 70% θ_{FC} 所需水量
方案 4	优化	优化	均为 25 mm

方案 1：以产量最大为目标。灌水时间、灌水定额、灌水次数由模型优化给出，当根系层土壤平均含水率降至适宜含水率下限时即实施灌溉，灌水量为补充根系层土壤水分至田间持水率所需要的水量。

方案 2：灌水时间、灌水定额、灌水次数由模型优化给出，当根系层土壤平均含水率降至适宜含水率下限时即实施灌溉，灌水量为补充根系层土壤水分至田间持水率所需要水量的 85%。

方案 3：灌水时间、灌水定额、灌水次数由模型优化给出，当根系层土壤平均含水率降至适宜含水率下限时即实施灌溉，灌水量为补充根系层土壤水分至田间持水率所需要水量的 70%。

方案 4：灌水时间和灌水次数由模型优化给出，每次的灌水定额根据土壤适宜含水率下限和土壤田间持水率确定为 25 mm。

(2)紫花苜蓿

根据对已有灌溉制度的评价结果制定紫花苜蓿的灌溉制度方案，见表 2-24。

方案 1：以产量最大为目标。灌水时间、灌水定额、灌水次数由模型优化给出，当根系层土壤平均含水率降至适宜含水率下限时即实施灌溉，灌水量为补充根系层土壤水分至田间持水率所需要的水量。

方案 2：灌水时间、灌水定额、灌水次数由模型优化给出，当根系层土壤平均含水率降至适宜含水率下限时即实施灌溉，灌水量为补充根系层土壤水分至田间持水率所需要水量的 85%。

方案 3：灌水时间、灌水定额、灌水次数由模型优化给出，当根系层土壤平均含水率降至适宜含水率下限时即实施灌溉，灌水量为补充根系层土壤水分至田间持水率所需要水量的 70%。

方案 4：灌水时间和灌水次数由模型优化给出，每次的灌水定额根据土壤适宜含水率下限和土壤田间持水率确定为 25 mm。

表 2-24　紫花苜蓿灌溉制度方案设计

方案设计	灌水日期	灌水次数	灌水定额
方案 1	优化	优化	θ_{OYT} 至 θ_{FC} 所需水量
方案 2	优化	优化	θ_{OYT} 至 85% θ_{FC} 所需水量
方案 3	优化	优化	θ_{OYT} 至 70% θ_{FC} 所需水量
方案 4	优化	优化	均为 25 mm

2. 灌溉制度模拟

(1)青贮玉米

制定方案时，供水约束条件为 9 月 5 日以后不再灌水。青贮玉米灌溉制度模拟结果见表2-25。

根据模拟结果分析可知：

方案 1：青贮玉米整个生育期灌水 9 次，灌水量为 223.4 mm，全生育期不受水分胁迫，不存在受旱减产，该方案在水资源量十分充足条件下为最佳方案。

方案 2：青贮玉米整个生育期灌水 8 次，灌水量为 190.6 mm，与方案 1 比较，总灌水量减少 32.8 mm，实际腾发量值降低，产量下降，减产率为 9.8%，该方案在水资源量短缺条件下为最佳方案。

方案 3：青贮玉米整个生育期灌水 8 次，灌水量为 158.2 mm，与方案 1 比较，总灌水量减少 65.2 mm，实际腾发量值降低，产量下降，减产率为 12.3%，不推荐该方案。

方案 4：青贮玉米整个生育期灌水 8 次，灌水量为 200.0 mm，与方案 1 比较，总灌水量减少 23.4 mm，实际腾发量值降低，产量下降，减产率为 5.6%，灌水定额在实际中容易操作，推荐该方案为最优方案。

表 2-25　青贮玉米灌溉制度模拟结果

方案	灌水定额(mm)/灌水日期(月-日)									灌水量(mm)	渗漏量(mm)	灌水效率	ET_a(mm)	产量下降率
	1	2	3	4	5	6	7	8	9					
方案 1	25.0	24.9	24.8	24.8	24.8	24.6	24.8	25.0	24.7	223.4	0	100%	389.1	0
	6-5	6-14	7-8	7-16	7-31	8-8	8-16	8-24	9-1					
方案 2	24.5	24.0	23.5	23.5	24.4	23.3	24.1	23.3		190.6	0	100%	356.3	9.8%
	6-5	6-15	7-7	7-18	7-29	8-9	8-20	8-31						

续上表

方案	灌水定额(mm)/灌水日期(月-日)									灌水量(mm)	渗漏量(mm)	灌水效率	ET_a(mm)	产量下降率
	1	2	3	4	5	6	7	8	9					
方案3	21.0	19.3	20.5	19.3	19.4	20.1	19.0	19.6		158.2	0	100%	323.9	12.3%
	6-5	6-16	6-29	7-11	7-28	8-9	8-21	9-2						
方案4	25.0	25.0	25.0	25.0	25.0	25.0	25.0	25.0		200.0	0	100%	365.2	5.6%
	6-5	6-15	7-7	7-19	7-28	8-7	8-17	8-27						

(2)紫花苜蓿

制定方案时,供水约束条件为8月30日以后不再灌水。紫花苜蓿灌溉制度模拟结果见表2-26和表2-27。

根据模拟结果分析可知:

方案1:紫花苜蓿整个生育期灌水12次,灌水量为267.6 mm,全生育期不受水分胁迫,不存在受旱减产,该方案在水资源量十分充足条件下为最佳方案。

方案2:紫花苜蓿整个生育期灌水10次,灌水量为227.4 mm,与方案1比较,总灌水量减少40.2 mm,实际腾发量值降低,产量下降,减产率分别为9.2%和7.6%,该方案在水资源量短缺条件下为最佳方案。

方案3:紫花苜蓿整个生育期灌水10次,灌水量为187.3 mm,与方案1比较,总灌水量减少80.3 mm,实际腾发量值降低,产量出现下降,减产率分别为14.3%和12.9%,该方案产量下降较大,减产率达到27.2%(两茬合计),不推荐该方案。

方案4:紫花苜蓿整个生育期灌水10次,灌水量为250.0 mm,与方案1比较,总灌水量减少17.6 mm,实际腾发量值降低,产量出现下降,减产率分别为3.7%和2.3%。该方案虽然产量下降(减产率为6.0%),但灌水定额在实际中容易操作,推荐该方案为最优方案。

表2-26 紫花苜蓿(第一茬)灌溉制度模拟结果

方案	灌水定额(mm)/灌水日期(月-日)							灌水量(mm)	渗漏量(mm)	灌水效率	ET_a(mm)	产量下降率
	1	2	3	4	5	6	7					
方案1	23.5	23.1	22.0	22.3	23.8	22.6		137.3	0	100%	213.0	0
	5-10	5-19	5-26	6-6	6-18	6-27						
方案2	23.8	22.5	23.6	23.2	23.6			116.7	0	100%	192.4	9.2%
	5-10	5-26	6-5	6-15	6-26							
方案3	20.8	18.7	19.4	18.2	19.0			96.1	0	100%	171.8	14.3%
	5-10	5-26	6-4	6-13	6-22							
方案4	25.0	25.0	25.0	25.0	25.0			125.0	0	86.6%	167.9	3.7%
	5-10	5-18	6-3	6-12	6-26							

表 2-27　紫花苜蓿(第二茬)灌溉制度模拟结果

方案	灌水定额(mm)/灌水日期(月-日)							灌水量(mm)	渗漏量(mm)	灌水效率	ET_a(mm)	产量下降率
	1	2	3	4	5	6	7					
方案 1	22.4	20.8	21.8	21.5	22.1	21.7		130.3	0	100%	220.3	0
	7-5	7-13	7-31	8-8	8-18	8-27						
方案 2	23.5	21.2	21.9	22.5	21.6			110.7	0	100%	200.7	7.6%
	7-5	7-21	7-30	8-15	8-24							
方案 3	20.4	17.2	17.8	18.3	17.5			91.2	0	100%	181.2	12.9%
	7-5	7-13	7-28	8-6	8-25							
方案 4	25.0	25.0	25.0	25.0	25.0			125.0	0	91.9%	171.3	2.3%
	7-5	7-14	7-25	8-11	8-22							

2.7.6　灌溉制度优选结果

1. 灌溉制度方案选择

(1)青贮玉米

根据对青贮玉米灌溉制度方案模拟结果中灌水量、灌水效率、灌水次数和产量下降率等方面进行分析,得出适合当地的青贮玉米优选灌溉制度为方案 1、方案 4,见表 2-28。

表 2-28　青贮玉米灌溉制度

方案	灌水次序	1	2	3	4	5	6	7	8	9
方案 1	灌水日期(月-日)	6-5	6-14	7-8	7-16	7-31	8-8	8-16	8-24	9-1
	灌水定额(mm)	25.0	24.9	24.8	24.8	24.8	24.6	24.8	25.0	24.7
	灌溉定额(mm)	223.4								
方案 4	灌水日期(月-日)	6-5	6-15	7-7	7-19	7-28	8-7	8-17	8-27	
	灌水定额(mm)	25.0	25.0	25.0	25.0	25.0	25.0	25.0	25.0	
	灌溉定额(mm)	200.0								

(2)紫花苜蓿

根据对紫花苜蓿灌溉制度方案模拟结果中灌水量、灌水效率、灌水次数和产量下降率等方面进行分析,得出适合当地的紫花苜蓿优选灌溉制度为方案 1、方案 4,见表 2-29 和表 2-30。

表 2-29　紫花苜蓿(第一茬)灌溉制度

方案	灌水次序	1	2	3	4	5	6
方案 1	灌水日期(月-日)	5-10	5-19	5-26	6-6	6-18	6-27
	灌水定额(mm)	23.5	23.1	22.0	22.3	23.8	22.6
	灌溉定额(mm)	137.3					
方案 4	灌水日期(月-日)	5-10	5-18	6-3	6-12	6-26	
	灌水定额(mm)	25.0	25.0	25.0	25.0	25.0	
	灌溉定额(mm)	125.0					

表 2-30 紫花苜蓿(第二茬)灌溉制度

方案	灌水次序	1	2	3	4	5	6
方案 1	灌水日期(月-日)	7-5	7-13	7-31	8-8	8-18	8-27
	灌水定额(mm)	22.4	20.8	21.8	21.5	22.1	21.7
	灌溉定额(mm)	130.3					
方案 4	灌水日期(月-日)	7-5	7-14	7-25	8-11	8-22	
	灌水定额(mm)	25.0	25.0	25.0	25.0	25.0	
	灌溉定额(mm)	125.0					

2. 优选结果分析

方案 1:在水资源丰富地区,青贮玉米和紫花苜蓿灌溉制度推荐使用该方案。

方案 4:在生产实际中容易操作,在水资源短缺地区青贮玉米和紫花苜蓿灌溉制度推荐使用该方案。

2.8 小 结

(1)青贮玉米苗期受旱处理减产率比其他阶段小,进入拔节—抽雄期植株生长旺盛,是青贮玉米株体形成的重要时期,该阶段受旱,减产率最大达到 41.7%,可见该阶段缺水对产量影响较大,为青贮玉米需水的关键期;抽雄—收割期受旱,减产率达到 29.1%。

(2)紫花苜蓿返青期受旱处理减产率最小,应进行灌溉补墒;进入分枝期后植株生长旺盛,紫花苜蓿茎叶繁茂,叶面积指数达到最大值,营养生长和生殖生长都很旺盛,消耗养分和水分较多,该阶段对水分的利用率最高,该阶段受旱,对产量影响最大,减产率亦达到最大为 31.9%(第一茬)和 35.0%(第二茬),为紫花苜蓿需水的关键期。

(3)适宜水分条件下,青贮玉米需水强度由小到大,然后又变小,最小为 3.29 mm/d,最大为 5.77 mm/d,在抽雄期达到最高,该时期是需水关键期,保证该阶段供水,对确保青贮玉米获得较高的产量是非常重要。

(4)适宜水分条件下,锡林河流域二茬紫花苜蓿需水强度变化均由小到大,然后又变小:第一茬需水强度在返青—拔节期最小,为 1.98 mm/d,在分枝—现蕾期达到最大,为 5.73 mm/d,此后逐渐降低,整个生育期平均需水强度为 3.20 mm/d。第二茬需水强度在返青—拔节期最小,为 3.41 mm/d,在分枝—现蕾期达到最大,为 6.27 mm/d,此后也逐渐降低,整个生育期平均需水强度为 4.74 mm/d。二茬紫花苜蓿需水强度最大和最小差距 4.29 mm/d,主要是由于温度、土壤水分和自身的生理特性等影响;并且均在分枝—现蕾期达到最大,该时期是需水关键期,保证该阶段供水,对确保紫花苜蓿较高的产量是非常重要的。

(5)青贮玉米需水模系数是先由低到高,然后再由高到低变化。苗期需水模系数较低,其值为 17.8%;进入拔节期以后需水强度快速增大,阶段需水模系数较高为 22.7%;抽雄期需水模系数处于最高阶段,为 40.1%,是青贮玉米需水关键期。此后又逐渐降低,其值为 19.4%。

(6)紫花苜蓿二茬需水模系数均为由小—大—小的变化过程,是自身生理需水与生态环境条件长期相适应的结果。返青一拔节期和拔节—分枝期二茬需水模系数差距较大,第一茬需水量模系数 17.4%～25.1%，第二茬需水量模系数 11.4%～32.1%，主要因为气温原因所致。分枝—现蕾期明显增加，模系数分别为 39.5%和 35.8%；到现蕾—开花期需水量逐渐降低，模系数分别为 18.1%和 20.0%，阶段需水量和模系数这种由小—大—小的变化过程，是自身生理需水与生态环境条件长期相适应的结果，此外还与土壤水分、降雨量和灌水量密切相关。

(7)通过非充分灌溉试验处理数据分析得出：青贮玉米的敏感指数播种—苗期为 0.261 0，苗期—拔节期为 0.482 3，拔节—抽雄期为 0.651 5 和抽雄—收割期为 0.358 5；作物-水模型为 Jensen 模型，与实际是相符的，它所揭示的敏感指标的分布规律是：$\lambda_3 > \lambda_2 > \lambda_4 > \lambda_1$；紫花苜蓿的敏感指数返青—拔节期为 0.458 1，拔节—分枝期为 0.601 1，分枝—现蕾期为 0.914 8，现蕾—开花期为 0.229 3；作物-水模型为 Jensen 模型所揭示的敏感指标的分布规律与实际是相符，它所揭示的敏感指标的分布规律是：$\lambda_3 > \lambda_2 > \lambda_1 > \lambda_4$。

(8)研究结果表明：产量优化灌溉定额、生产效率优化灌溉定额和弹性系数优化灌溉定额三者不能同时存在。当 $c>0$ 时，使生产弹性系数达到最大的灌溉定额才存在；当 $c<0$ 时，单位面积产量和灌水生产效率达到最大的灌溉定额存在。青贮玉米的合理灌溉定额的上限为产量优化灌溉定额，下限为生产效率优化灌溉定额，合理灌溉定额为 684.6～2 009.0 m^3/hm^2；紫花苜蓿的合理灌溉定额的上限为产量优化灌溉定额，下限为生产弹性系数优化灌溉定额，合理灌溉定额为 660.0～2 342.0 m^3/hm^2。

(9)利用 WIN ISAREG 模型对青贮玉米和紫花苜蓿的灌溉制度进行优化，结合追求 3 种目标下的优化灌溉定额确定最终制定出在生产实际中易于操作的高效节水的最优灌溉制度：青贮玉米全生育期灌水 8 次，灌水量为 200 mm；紫花苜蓿全生育期灌水 10 次，灌水量为 250 mm。

第3章 区域作物用水效率与节水潜力分析

3.1 区域作物用水效率分析

3.1.1 监测区概况

本研究对锡林河流域主要节水灌溉基地包括大型农牧场、农牧民合作社、牧户节水灌溉基地等进行监测和调查，共设监测区8处。其中大型农牧场设监测区4处，分别为锡林浩特市沃原奶牛场、毛登牧场小孤山科技园、毛登牧场鑫泰公司和白音锡勒牧场桃林塔拉分场宏源雪川节水灌溉基地；农牧民合作社设监测区2处，分别为白音锡勒牧场合众种植牧民专业合作社和阿尔善宝拉格镇巴彦淖尔合作社节水灌溉基地；牧户设监测区2处，分别为阿尔善宝拉格镇巴彦淖尔牧户(旭日嘎)和宝力根苏木牧户(哈那乌拉)。各监测区在锡林河流域的分布状况如图3-1所示。

根据实测和调查数据，8个监测区的地下水埋深均在3.0 m以上；约70%的区域0～40 cm土层以砂壤土为主，40～60 cm土层土壤为白浆土；主要种植作物为青贮玉米和马铃薯。项目各监测区的灌水方式、种植结构见表3-1。

表3-1 监测区灌水方式和种植结构

编号	监测区	灌水方式	青贮玉米面积(hm^2)	马铃薯面积(hm^2)	总面积(hm^2)
XL1	沃原奶牛场节水灌溉基地	中心支轴式喷灌	360.0	480.0	840.0
XL2	毛登牧场小孤山科技园	中心支轴式喷灌	129.3	230.7	360.0
XL3	毛登牧场鑫泰公司节水灌溉基地	中心支轴式喷灌	113.3	153.4	266.7
XL4	白音锡勒牧场宏源雪川节水基地	中心支轴式喷灌	466.7	386.7	853.3
XL5	白音锡勒牧场合众牧民合作社	中心支轴式喷灌	73.3	213.3	286.7
XL6	阿尔善宝拉格镇巴彦淖尔合作社	中心支轴式喷灌	53.3	0	53.3
XL7	阿尔善宝拉格镇旭日嘎牧户	低压管道	8.0	0	8.0
XL8	宝力根苏木哈那乌拉牧户	半固定喷灌	10.0	0	10.0

1. 锡林浩特市沃原奶牛场监测区

沃原奶牛场位于锡林浩特市北郊5 km处，现状种植面积2万余亩，基地建设十多年来，紧紧围绕国家退耕还林、还草和京津风沙源治理以及全盟“两转双赢”和农牧业产业化战略的方针政策，通过不断总结分析经验、探索发展模式、改善生产经营方式，采取了灵活机动的基地与牧户的订单供销方式，基地为城镇周边及附近县旗每年提供近亿斤饲草料，为奶牛养殖户提供了可靠的饲草料保障，降低了养殖业成本，对当地的饲草料市场的价格起到了有效的调节作用，尤其是基地经种植产业的调整，引种北京辛普劳公司麦当劳专用薯，创造了自身利润新的增长点和新的跨越式发展，拓展了基地发展的新思路，马铃薯与青贮玉米实行轮作种植可有效改善土壤有机成分，提高地力保护生态。

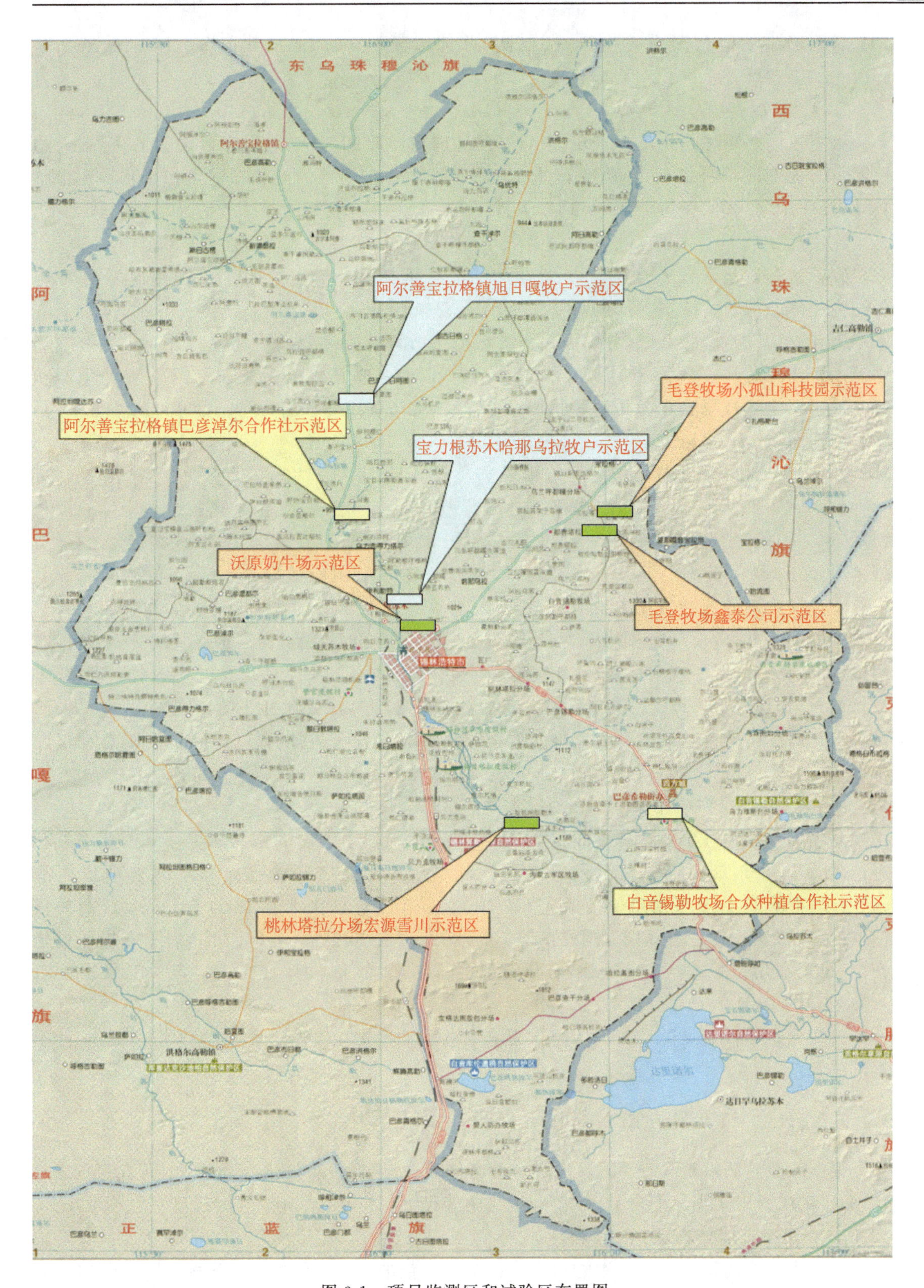

图 3-1　项目监测区和试验区布置图

沃原奶牛场监测区设在生产一、二队，总种植面积 840 hm^2，其中青贮玉米种植面积 360 hm^2，马铃薯种植面积 480 hm^2。

2. 毛登牧场监测区

毛登牧场距锡林浩特市 36 km，东部与西乌珠穆沁旗相邻，南与白音锡勒牧场交界，北边是图古日格苏木，西靠伊利勒特苏木，地理坐标为：东经 116°18′15″～116°19′50″，北纬 43°42′31″～43°43′27″。现有牧户 466 户，共计 1 622 人。毛登牧场牧业总产值为 1 538.36 万元，人均纯收入为 12 000 元。全牧场总牲畜 20 111 头(只)，其中大畜 6 691 头，小畜 13 420 只。毛登牧场建有设备配套齐全的 120 t 冷库一座，内有集屠宰、肉类分割加工、牛羊分存冷冻(藏)为一体的综合系统，并建有饲草料综合加工基地。

毛登牧场设监测区 2 处，分别为毛登牧场小孤山科技园和毛登牧场鑫泰公司。毛登牧场小孤山科技园总种植面积 360.0 hm^2，其中青贮玉米种植面积 129.3 hm^2，马铃薯种植面积 230.7 hm^2；毛登牧场鑫泰公司总种植面积 266.7 hm^2，其中青贮玉米种植面积 113.3 hm^2，马铃薯种植面积 153.4 hm^2。

3. 白音锡勒牧场桃林塔拉分场监测区

白音锡勒牧场桃林塔拉分场位于锡林浩特市东南部 70 km 处，桃林塔拉分场土地总面积 78 万亩，其中可利用草地 72 万亩，占土地总面积 92%，地形以丘陵为主，草地类形 65%为典型草原，20%为草甸草原，其余 15%为林地和沙地。全分场共有牧户 372 户，人口 1 119 人，其中有本分场户口的牧户 357 户，1 079 人。人均承包草地 375 亩，户均草场面积多在 600～1 500亩之间，围栏草场 230 处，40 万亩，全分场共有打草场 7 万亩，高产饲草基地 1 200 亩，农用拖拉机 202 台，捆草机 1 台，牧业年度分场存栏牲畜 31 549 头(只)，其中牛 1 665 只，绵羊 27 290 只，山羊 2 594 只。已通电 300 户，网点用户 121 户，风光互补 2 户，风电 177 户。

白音锡勒牧场桃林塔拉分场监测区设在宏源雪川农牧业科技有限公司，监测区总种植面积 853.3 hm^2，其中青贮玉米种植面积 466.7 hm^2，马铃薯种植面积 386.6 hm^2。

4. 阿尔善宝拉格镇巴彦淖尔嘎查监测区

阿尔善宝拉格镇土地资源总面积 2 422.25 km^2，天然草地总面积 539.79 万亩，其中可利用草地面积 509.24 万亩，现有人口 3 057 人。阿尔善宝拉格镇巴彦淖尔嘎查草地面积 505 km^2，总户数 96 户、人口 358 人，劳动力 234 人，牲畜总头数 4.68 万头(只)，其中大畜 1 709 头(匹)，小畜 4.51 万只。围栏草地 20.72 万亩，人均纯收入 6 313 元。农牧业机械设施齐全，小型农用拖拉机 45 台，耕作配套农用机具 3 套，牧草收割机 34 台，青贮玉米点播机 4 台，捆草机 3 台。

巴彦淖尔嘎查监测区设在巴彦淖尔嘎查农牧业合作社，总种植面积 53.3 hm^2，全部种植青贮玉米。

3.1.2 水分生产率计算方法

根据一般灌溉水管理单元划分习惯，参考崔远来等人(2007)研究成果，本研究把 10^2～10^3 m区域视为田间小尺度，10^3～10^4 m 视为中等尺度，10^4～10^9 m 视为大尺度。

1. 农田小尺度作物水分生产率

农田小尺度作物水分生产率指作物消耗单位水量的产出，其值等于作物产量与作物净耗水量之比值，采用式(3-1)计算：

$$WUE_c = \frac{Y_c}{M_c + P_c + S_c - D_c - \Delta W_c} \tag{3-1}$$

式中　WUE_c——农田小尺度作物水分生产率($kg \cdot m^{-3}$)；

Y_c——单位面积作物产量($kg \cdot hm^{-2}$)；

M_c——作物全生育期灌水量($m^3 \cdot hm^{-2}$)；

P_c——作物全生育期有效降水量($m^3 \cdot hm^{-2}$)；

S_c——作物生育期计划湿润层补给水量($m^3 \cdot hm^{-2}$)；

D_c——作物生育期计划湿润层渗漏水量($m^3 \cdot hm^{-2}$)；

ΔW_c——作物生育期始末计划湿润层储水变化量($m^3 \cdot hm^{-2}$)。

2. 农田小尺度灌溉水分生产率

农田小尺度灌溉水分生产率指单位灌溉水量所能生产的作物的数量，采用式(3-2)计算：

$$WUE_i = \frac{Y_c}{M_c} \tag{3-2}$$

式中　WUE_i——农田小尺度灌溉水分生产率($kg \cdot m^{-3}$)。

3. 区域中尺度水分生产率

采用式(3-3)计算：

$$WUE_a = \frac{Y_a}{M_a + P_a + S_a - D_a - \Delta W_a} \tag{3-3}$$

式中　WUE_a——区域尺度水分生产率($kg \cdot m^{-3}$)；

Y_a——区域内作物总产量(万 kg)；

M_a——区域内作物总灌水量(万m^3)；

P_a——区域内总降水量(万m^3)；

S_a——区域内地下水补给量(万m^3)；

D_a——区域内流出水量(万m^3)；

ΔW_a——区域内储水变化量(万m^3)。

3.1.3　研究区监测内容

主要监测内容：灌水情况、土壤含水率、气象数据和作物产量等。

1. 灌水情况

记录各研究区每个监测点的灌水量、灌水时间、灌水次数和灌溉定额。

2. 土壤含水率

每次灌水和降雨前后测定土壤含水率，每个研究区设4～15个监测点，测定土壤层次为0～10 cm、10～20 cm、20～30 cm、30～40 cm、40～60 cm和60～100 cm，采用烘干法和PR2型TDR两种方法测定含水率。

3. 气象数据

采用农田微气象站测定该研究区的降水、气温、风速、湿度和太阳辐射等基本气象数据，采用HOBO农田气象站每1 h记录1次数据。

4. 作物产量

测定各研究区的作物总产量和各监测点的产量，总产量采用各研究区作物的实际产量，来源为各研究区的调查数据；各监测点的产量为样方测产的平均值，每个监测点选择 3 个样方。

3.1.4 水分生产率参数分析

1. 作物产量分析

根据试验观测和调查以及对主要监测点作物的测产，得出 8 个监测区主要作物的产量。

监测区中采用大型中心支轴式喷灌的有 6 个，半固定式喷灌的 1 个，低压管道 1 个。6 个大型中心支轴式喷灌监测区青贮玉米的产量均在 3 500～4 500 kg/亩，其中沃原奶牛场生产一、二队和阿尔善宝拉格镇巴彦淖尔合作社的青贮玉米的产量最高，均达到 4 500 kg/亩；毛登牧场的小孤山科技园和鑫泰公司青贮玉米产量相对较高，分别为 4 100 kg/亩和 4 000 kg/亩；白音锡勒牧场桃林塔拉分场宏源雪川农牧业科技有限公司和白音锡勒牧场合众种植牧民专业合作社青贮玉米产量相对较低，分别为 3 500 kg/亩和 3 800 kg/亩。各监测区青贮玉米产量如图 3-2 所示。从分布区域来看位于流域北部区的沃原奶牛场、阿尔善宝拉格镇和毛登牧场青贮玉米的产量较高，南部区的白音锡勒牧场产量较低。分析其原因，主要与南北区域≥10 ℃的积温、平均蒸发量、平均风速、无霜期、土壤类型、地下水位以及灌溉管理水平有关。

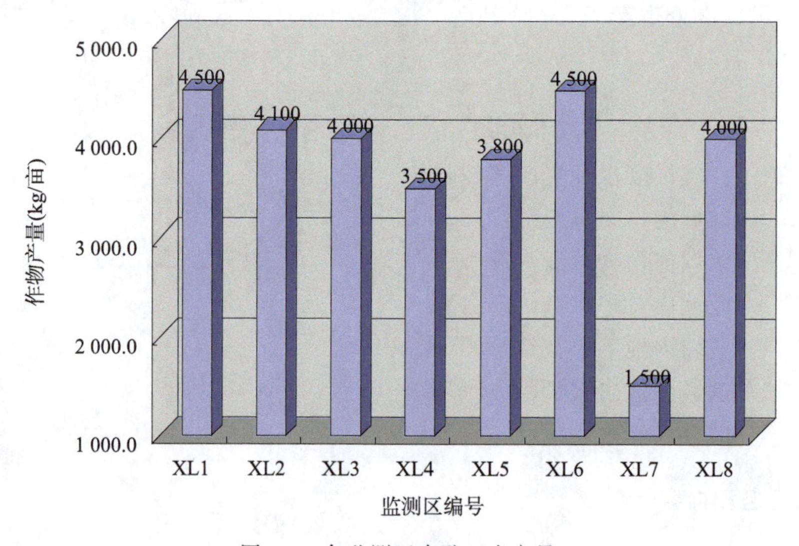

图 3-2 各监测区青贮玉米产量

5 个监测区有马铃薯种植，均采用大型中心支轴式喷灌，马铃薯产量均在 2 300～2 900 kg/亩。马铃薯产量高低在南北区域上差异性不明显，毛登牧场鑫泰公司的马铃薯产量最低，为 2 300 kg/亩，白音锡勒牧场桃林塔拉分场宏源雪川农牧业科技有限公司马铃薯产量最高，达到 2 900 kg/亩，如图 3-3 所示。

2. 作物各项灌水参数分析

根据试验观测和调查以及对主要监测点的灌水记录、含水率测定、气象监测等，得出 8 个监测区主要作物各项耗水参数，见表 3-2。

从表 3-2 中可以看出 6 个大型中心支轴式喷灌监测区青贮玉米的灌水次数均在 9～10 次，灌水定额分别为 25 m^3/亩和 30 m^3/亩。由于灌水定额和灌水次数的不同，使得各监测区的灌溉定额有较大差别，青贮玉米的灌溉定额在 225～300 m^3/亩。其中沃原奶牛场生产

一、二队和阿尔善宝拉格镇巴彦淖尔合作社的青贮玉米的灌溉定额最高，均为 300 m³/亩，对应的产量也最高，平均产量均达到 4 500 kg/亩；毛登牧场的小孤山科技园青贮玉米的灌溉定额最小，为 225 m³/亩，但其产量相对较高，为 4 100 kg/亩。半固定式喷灌青贮玉米监测区的灌水定额为 30 m³/亩，灌水次数 11 次，比中心支轴式喷灌多 1～2 次，灌溉定额也比中心支轴式喷灌大30～105 m³/亩，为 330 m³/亩。

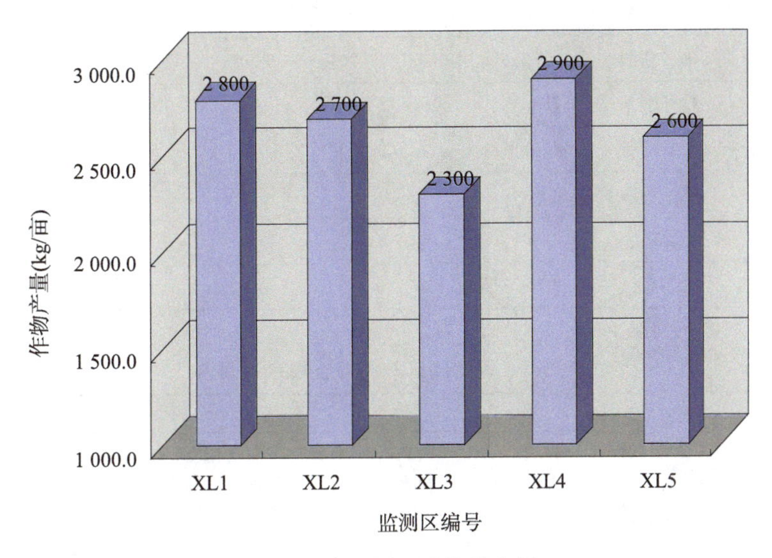

图 3-3　各监测区马铃薯产量

表 3-2　各监测区主要作物灌水情况

编　　号	灌溉方式	青贮玉米			马 铃 薯		
		灌水定额（m³/亩）	灌水次数（次）	灌水量 M（m³/亩）	灌水定额（m³/亩）	灌水次数（次）	灌水量 M（m³/亩）
XL1	中心支轴式喷灌	30.0	10	300.0	30.0	12	360.0
XL2	中心支轴式喷灌	25.0	9	225.0	30.0	10	300.0
XL3	中心支轴式喷灌	25.0	10	250.0	25.0	12	300.0
XL4	中心支轴式喷灌	30.0	9	270.0	30.0	13	390.0
XL5	中心支轴式喷灌	25.0	10	250.0	25.0	13	325.0
XL6	中心支轴式喷灌	30.0	10	300.0			
XL7	低压管道	30.0	2	60.0			
XL8	半固定喷灌	30.0	11	330.0			

5 个监测区有马铃薯种植，灌水次数在 10～13 次，灌水定额分别为 25 m³/亩和 30 m³/亩，灌溉定额在 300～390 m³/亩。

3. 作物各项土壤水利用量分析

根据作物种植前和收获时含水率的变化以及作物计划湿润层计算得出各监测区主要作物的土壤水利用量，见表 3-3 和表 3-4。

表 3-3 各监测区青贮玉米土壤水利用量

编号	灌溉方式	青贮玉米				
		种植前含水率	收获时含水率	计划湿润层深度(m)	土壤水利用量 ΔW(m³/亩)	土壤水利用量 ΔW(m³/hm²)
XL1	中心支轴式喷灌	7.39%	13.45%	0.4	−24.25	−363.78
XL2	中心支轴式喷灌	9.98%	10.86%	0.4	−3.52	−52.83
XL3	中心支轴式喷灌	8.86%	14.77%	0.4	−23.65	−354.78
XL4	中心支轴式喷灌	7.85%	13.45%	0.4	−22.41	−336.17
XL5	中心支轴式喷灌	8.01%	14.84%	0.4	−27.33	−410.00
XL6	中心支轴式喷灌	8.59%	9.87%	0.4	−5.12	−76.84
XL7	低压管道	7.92%	6.51%	0.4	5.64	84.64
XL8	半固定喷灌	9.98%	9.77%	0.4	0.84	12.61

表 3-4 各监测区马铃薯土壤水利用量

编号	灌溉方式	马铃薯				
		种植前含水率	收获时含水率	计划湿润层深度(m)	土壤水利用量 ΔW(m³/亩)	土壤水利用量 ΔW(m³/hm²)
XL1	中心支轴式喷灌	7.02%	12.78%	0.4	−19.20	−287.99
XL2	中心支轴式喷灌	9.48%	10.32%	0.4	−2.79	−41.82
XL3	中心支轴式喷灌	8.42%	14.03%	0.4	−18.72	−280.87
XL4	中心支轴式喷灌	7.46%	12.78%	0.4	−17.74	−266.13
XL5	中心支轴式喷灌	7.61%	14.10%	0.4	−21.64	−324.59

从表中可以看出监测区各项作物的土壤水利用量大多为负值，8 个监测区青贮玉米土壤水利用量在−27.33～5.64 m³/亩，其中有 6 项为负值；5 个监测区马铃薯土壤水利用量在−19.20～−2.79 m³/亩，全部为负值。这与该区域在作物播种期墒情较差有关，作物播种多在 5 月中旬至 6 月初，该季节降雨稀少，平均风速较大，蒸发强烈，使得土壤含水率很低；而作物收获期多在 8 月下旬至 9 月初，该季节降雨较多或灌溉较频繁，土壤含水率较高，最终造成该区域大多作物的土壤水利用率为负值，即造成了一定的灌溉水浪费。

4. 作物生育期有效降水量计算

有效降水量采用公式(2-2)计算，根据各监测区主要作物生育期，计算得出作物生育期有效降水量，见表 3-5。

表 3-5 各监测区青贮玉米和马铃薯有效降水量

编号	青贮玉米		马铃薯	
	生育期天数(d)	有效降水量(mm)	生育期天数(d)	有效降水量(mm)
XL1	103	147.9	115	153.4
XL2	98	141.8	113	153.4
XL3	98	141.8	113	153.4

续上表

编　　号	青贮玉米		马 铃 薯	
	生育期天数(d)	有效降水量(mm)	生育期天数(d)	有效降水量(mm)
XL4	92	135.0	110	153.4
XL5	92	135.0	110	153.4
XL6	98	141.8		
XL7	98	141.8		
XL8	98	141.8		

3.1.5　农田小尺度水分生产率计算结果分析

不同作物的自身特性、生长情况和利用目的不相同，使得其在水分生产率上具有较大差异；有的作物以籽实为最终收获物，如小麦和饲料玉米，有的以整个地上部分作为收获对象，如牧草和青贮作物。本研究研究对象为青贮玉米和马铃薯，其中青贮玉米以整个地上部分作为收获对象，其干物质产量按照鲜干比4∶1进行折算；马铃薯以籽实重量为最终收获物的产量。

根据8个研究区的种植结构和规模，每个研究区设4～15个监测点，通过对各监测点灌水情况、土壤含水率、产量和气象数据的监测，整理计算出各测点青贮玉米和马铃薯的产量、灌水量、各自生育期的有效降雨量和计划湿润层土壤的储水变化量等指标；然后计算各测点数据的平均值，表3-6即为8个不同研究区水分生产率计算参数的平均值。由于各研究区40～60 cm土层土壤为白浆土，其成土母质是第四纪河湖沉积物，质地黏重，透水性很差，该土层植物根系极少，因此作物各生育期计划湿润层的补给水量和渗漏量可不考虑。

表3-6　不同区域农田小尺度水分生产率计算参数

作　物	指　　标	XL1	XL2	XL3	XL4	XL5	XL6	XL7	XL8
青贮玉米	产量 Y_c(kg·hm^{-2})	16 875	15 375	15 000	13 125	14 250	16 875	5 625	15 000
	灌水量 M_c(m^3·hm^{-2})	4 500	3 375	3 750	4 050	3 750	4 500	900	4 950
	有效降雨量 P_c(m^3·hm^{-2})	1 479	1 418	1 418	1 350	1 350	1 418	1 418	1 418
	储水变化量 ΔW_c(m^3·hm^{-2})	364	53	355	336	410	77	−85	−13
马铃薯	产量 Y_c(kg·hm^{-2})	42 000	40 500	34 500	43 500	39 000			
	灌水量 M_c(m^3·hm^{-2})	5 400	4 500	4 500	5 850	4 875			
	有效降雨量 P_c(m^3·hm^{-2})	1 534	1 534	1 534	1 534	1 534			
	储水变化量 ΔW_c(m^3·hm^{-2})	288	42	281	266	325			

根据上述测定的各项参数，分别采用式(3-1)和式(3-2)计算作物水分生产率和灌溉水分生产率，8个研究区青贮玉米和马铃薯的作物水分生产率和灌溉水分生产率见表3-7。

表3-7　不同区域农田小尺度水分生产率结果

作　物	指　　标	XL1	XL2	XL3	XL4	XL5	XL6	XL7	XL8
青贮玉米	WUE_c(kg·m^{-3})	3.01	3.24	3.12	2.59	3.04	2.89	2.04	2.35
	WUE_i(kg·m^{-3})	3.75	4.56	4.00	3.24	3.80	3.75	2.94	3.03
马铃薯	WUE_c(kg·m^{-3})	6.32	6.76	6.00	6.11	6.41			
	WUE_i(kg·m^{-3})	7.78	9.00	7.67	7.44	8.00			

从表 3-7 和图 3-4 中可以看出：青贮玉米中心支轴式喷灌 6 个研究区 XL1～XL6 的作物水分生产率均在 2.6～3.3 $kg \cdot m^{-3}$；其中白音锡勒牧场宏源雪川节水基地（XL4）青贮玉米的作物水分生产率最低，为 2.59 $kg \cdot m^{-3}$；而毛登牧场小孤山科技园（XL2）在水利专业技术人员的指导下，严格执行了科学的灌溉管理制度，其青贮玉米的作物水分生产率最高，达到 3.24 $kg \cdot m^{-3}$，比 XL4 高 25.14%。阿尔善宝拉格镇旭日嘎（XL7）为独立牧户经营，采用的灌水方式为低压管道，其青贮玉米的作物水分生产率为 2.04 $kg \cdot m^{-3}$，比中心支轴式喷灌区低约 20.0%～40.0%；同为独立牧户经营的宝力根苏木的哈那乌拉，采用了卷盘式喷灌的灌水方式，其青贮玉米的作物水分生产率为 2.35 $kg \cdot m^{-3}$，虽然比 XL7 高 15.23%，但比中心支轴式喷灌区低 10.0%～30.0%。马铃薯中心支轴式喷灌 5 个研究区 XL1～XL5 的作物水分生产率均在 6.0～6.8 $kg \cdot m^{-3}$，约为青贮玉米水分生产率的 2 倍。与青贮玉米的作物水分生产率相似，毛登牧场小孤山科技园马铃薯的作物水分生产率最高，为 6.76 $kg \cdot m^{-3}$；而毛登牧场鑫泰公司节水灌溉基地（XL3）马铃薯的作物水分生产率最低，为 6.00 $kg \cdot m^{-3}$。

上述分析结果表明：灌水方式对作物水分生产率影响显著，中心支轴式喷灌条件下作物水分生产率比卷盘式喷灌和低压管道灌溉偏高 10.0%以上；相同灌水方式条件下，通过科学的灌溉管理，可大幅度提高作物水分生产率，小尺度作物水分生产率能较全面地反映某点作物对灌水、降雨和土壤水的利用效率；马铃薯作物水分生产率较高，约为青贮玉米作物水分生产率的 2 倍。

从表 3-7 青贮玉米中心支轴式喷灌 6 个研究区 XL1～XL6 的灌溉水分生产率结果来看，其值均在 3.2～4.6 $kg \cdot m^{-3}$，是对应青贮玉米作物水分生产率的 1.3～1.6 倍；而马铃薯中心支轴式喷灌 5 个研究区 XL1～XL5 的灌溉水分生产率（图 3-5）均在 7.4～9.0 $kg \cdot m^{-3}$，是对应马铃薯作物水分生产率的 1.2～1.5 倍，上述灌溉水分生产率结果直接地显示出了投入单位灌溉水量的农作物产出效果，综合反映了各区域的生产和灌溉管理水平。其中毛登牧场小孤山科技园（XL2）青贮玉米和马铃薯的灌溉水分生产率均最高，分别为 4.56 $kg \cdot m^{-3}$ 和 9.00 $kg \cdot m^{-3}$，表明该区域农业生产水平和灌溉管理水平较高；而白音锡勒牧场宏源雪川节水基地（XL4）青贮玉米和马铃薯中心支轴式喷灌条件下灌溉水分生产率均最低，分别为 3.24 $kg \cdot m^{-3}$ 和 7.44 $kg \cdot m^{-3}$；表明该区域农业生产和灌溉管理水平有待提高；而卷盘式喷灌和低压管道灌溉条件下青贮玉米的灌溉水分生产率均比中心支轴式喷灌偏低。

上述分析结果表明：各区域灌溉水分生产率和作物水分生产率相对大小表现出明显的一致性；灌溉水分生产率是作物水分生产率的 1.2～1.5 倍，说明灌溉对该地区农业生产具有重要意义；灌溉水分生产率可有效地把灌溉管理用水与农业生产相结合，实现灌溉用水的高效性，防止片面追求产量而大幅增加灌溉用水量的问题。

3.1.6 水分生产率空间分布结果分析

分别以沃原奶牛场节水灌溉基地（XL1）360.0 hm^2 青贮玉米种植区 10 个测点的数据和毛登牧场小孤山科技园（XL2）129.3 hm^2 青贮玉米种植区 8 个测点的数据为例，进行水分生产率空间分布变化分析，表 3-8 给出了 XL1 和 XL2 两个区域不同测点水分生产率统计分析结果。

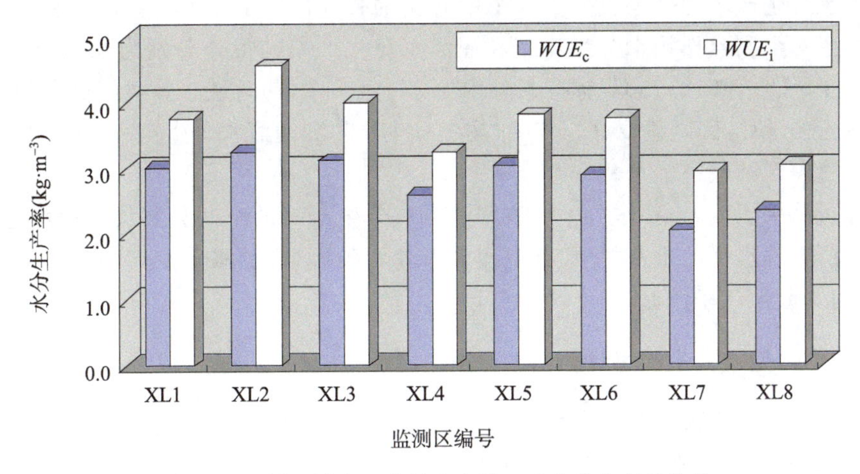

图 3-4　不同区域农田小尺度青贮玉米水分生产率结果

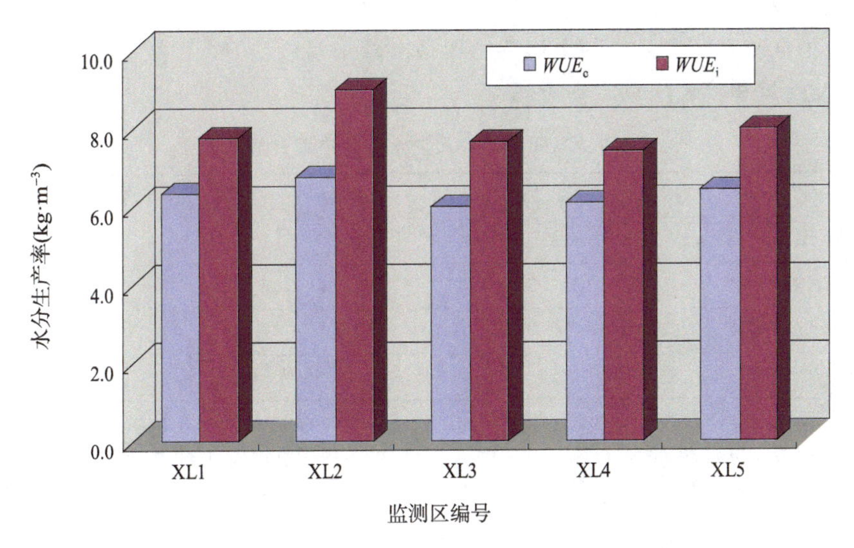

图 3-5　不同区域农田小尺度马铃薯水分生产率结果

表 3-8　区域不同测点水分生产率统计分析结果

区域编号	指　　标	测点数(个)	最大值	最小值	平均值	极　差	标准差
XL1	WUE_c(kg·m^{-3})	10	3.26	2.42	3.01	0.84	0.317
	WUE_i(kg·m^{-3})	10	4.31	2.98	3.75	1.33	0.429
XL2	WUE_c(kg·m^{-3})	8	3.43	2.95	3.24	0.48	0.144
	WUE_i(kg·m^{-3})	8	4.85	4.29	4.56	0.56	0.193

从表 3-8 中可以看出：XL1 青贮玉米种植区 10 个测点作物水分生产率和灌溉水分生产率的极差分别达到 0.84 和 1.33，为各自平均值的 27.91%和 35.47%，而标准差也较大，分别为 0.317 和 0.429；由此不管是作物水分生产率还是灌溉水分生产率均波动显著，说明其空间分布不均匀；反映出沃原奶牛场节水灌溉基地种植水平和灌溉管理水平不高，这与其作物水分生

产率和灌溉水分生产率的平均值处于 6 个中心支轴式喷灌区的中间水平相一致。而 XL2 青贮玉米种植区 8 个测点作物水分生产率和灌溉水分生产率的极差分别为 0.48 和 0.56，为各自平均值的 14.81%和 12.28%，标准差分别为 0.144 和 0.193；说明其空间分布相对较均匀，比 XL1 青贮玉米种植区明显要好，与其作物水分生产率和灌溉水分生产率的平均值处于 6 个中心支轴式喷灌区的较高水平相一致。

上述分析结果表明：作物水分生产率和灌溉水分生产率的空间分布均匀程度也是反映区域种植和灌溉管理水平的重要指标，其空间分布较均匀，对应的水分生产率较高；空间差异性较大，对应的水分生产率较低。

3.1.7 区域中尺度水分生产率计算结果分析

根据 8 个研究区灌水情况、土壤含水率、产量和气象数据的监测和调查，分析计算出各研究区作物的总产量、总灌水量、总降雨量和区域内总储水变化量等指标，见表 3-9；各研究区作物的总产量为青贮玉米按其干物质产量以鲜干比 4∶1 进行折算和马铃薯以籽实重量为最终收获物产量的总和；各区域内总储水变化量采用前述研究区内各测点储水变化量的加权平均值进行测算；根据研究区白浆土的土壤特性和每次降雨量较少、降雨强度较低的情况，各区域内的地下水补给量和流出水量可不考虑。

表 3-9 不同区域中尺度水分生产率计算参数

指　　标	XL1	XL2	XL3	XL4	XL5	XL6	XL7	XL8
总产量 Y_a(万 kg)	2 623.5	1 133.1	699.0	2 294.5	936.5	90.0	4.5	15.0
总灌水量 M_a(万m^3)	421.2	147.5	111.5	415.2	131.5	24.0	0.7	5.0
总降雨量 P_a(万m^3)	148.0	62.7	46.2	142.7	49.7	8.8	1.3	1.7
储水变化量 ΔW_a(万m^3)	26.9	1.6	8.3	26.0	9.9	0.4	−0.1	0

根据上述测定的各项参数，采用式(3-3)计算中尺度条件下各研究区的水分生产率，并与农田小尺度条件下水分生产率按青贮玉米和马铃薯种植面积的加权平均 WUE_c结果进行对比，见表 3-10。

表 3-10 不同区域水分生产率结果

指　　标	XL1	XL2	XL3	XL4	XL5	XL6	XL7	XL8
WUE_a(kg·m^{-3})	4.84	5.43	4.68	4.31	5.47	2.78	1.83	2.27
加权平均 WUE_c(kg·m^{-3})	4.90	5.50	4.77	4.19	5.55	2.89	2.04	2.35

从表 3-10 可以看出：8 个研究区中有 7 个区域中尺度上的水分生产率 WUE_a比农田小尺度条件下各测点加权平均作物水分生产率 WUE_c低，降低幅度在 1.0%～10.0%；仅有白音锡勒牧场宏源雪川节水基地(XL4)的 WUE_a比农田小尺度各测点加权平均 WUE_c高 2.86%，分析其原因可能是该研究区种植水平参差不齐、灌水较为混乱、产量也不均匀，对各测点水分生产率计算参数影响较大。在计算区域中尺度水分生产率时考虑了总降雨量和不同作物的总产量，而农田小尺度作物水分生产率则是采用有效降雨量和测点上对应作物的单位面积产量，从而造成了区域中尺度水分生产率 WUE_a与农田小尺度加权平均 WUE_c的差异。因此，农田小

尺度作物水分生产率不能完全反映整个区域尺度上的水分利用状况，由于计算方法和参数选取上的不同，一般情况下区域中尺度上的 WUE_a 比农田小尺度上加权平均 WUE_c 偏低。

锡林河流域近年来逐渐形成了饲料作物（青贮玉米）和经济作物（马铃薯）1～2 年进行倒茬种植的管理模式，其中青贮玉米的种植比例在 30.0%～60.0%，本研究选定的 XL1～XL5 区域基本采用了这种种植模式。从表 3-10 可以看出：锡林河流域中心支轴式喷灌条件下青贮玉米和马铃薯联合种植区（XL1～XL5）作物水分生产率 WUE_a 均在 4.19～5.55 kg/m^3，该水分生产率范围基本能反映该地区的水分利用率水平。

上述分析结果表明：一般情况下区域中尺度上水分生产率 WUE_a 比农田小尺度上加权平均作物水分生产率 WUE_c 偏低 1.0%～10.0%，区域尺度水分生产率 WUE_a 可较好地反映该地区的水分利用状况；锡林河流域中心支轴式喷灌条件下青贮玉米和马铃薯联合种植区域水分生产率 WUE_a 均在 4.19～5.55 kg/m^3，比灌溉制度优化后的水分生产率 6.13 kg/m^3 明显偏低，说明该区域的水分生产率总体水平不高，具有较大的节水潜力。

3.2　区域节水潜力分析

上述区域用水效率分析得出该区域的水分生产率总体水平不高，具有较大的节水潜力。通过优化灌水决策以减少作物耗水总量，对于缓解地区水资源短缺具有十分重要的现实意义。而节水潜力尤其是耗水节水潜力的分析，能进一步明晰区域节水重点，利于选取切合实际的灌水技术和灌溉制度，从而促进区域水资源的高效利用。节水潜力主要分为两类，即工程性节水潜力和资源型节水潜力，其中工程性节水量是现状源头取用水量与采取节水措施后源头取用水量间的差值；而资源型节水量是指通过农业节水作用，在农田及灌溉系统中腾发量及无效流失量的减少量。本研究以优化灌溉制度条件下的灌溉定额为标准，研究主要作物定额管理的节水潜力；通过对灌水方式和种植结构的调整，科学、高效利用区域水资源。研究成果有利于确定用水总量及资源型节水潜力，对于区域用水具有重要现实意义。

3.2.1　区域现状灌溉定额分析

1. 区域现状灌水方式

目前，锡林河流域作物的主要灌水方式为中心支轴式喷灌，有少量的卷盘式喷灌、低压管道和滴灌，2011 年灌溉饲草料地实际灌溉面积 8.20 万亩，其中中心支轴式喷灌占 99.02%；卷盘式喷灌 0.02 万亩，主要分布在宝力根苏木；阿尔善宝拉格镇约有 0.02 万亩采用低压管道灌溉；白银锡勒牧场滴灌灌溉面积 0.03 万亩，奶牛场滴灌灌溉面积 0.01 万亩，详见表 3-11。

表 3-11　区域现状灌水方式

分　区	乡　镇	现状面积（万亩）	面积（万亩）			
			中心支轴式喷灌	卷盘式喷灌	低压管道	滴　灌
敖优廷敦勒流域区	阿尔善宝拉格镇	0.60	0.58		0.02	
	朝克乌拉苏木	0.90	0.90			

续上表

分　　区	乡　　镇	现状面积（万亩）	面积（万亩）			
			中心支轴式喷灌	卷盘式喷灌	低压管道	滴　灌
锡林郭勒流域区	白音锡勒牧场	2.50	2.47			0.03
	毛登牧场	0.90	0.90			
	宝力根苏木	1.20	1.18	0.02		
	沃原奶牛场	1.20	1.19			0.01
浑善达克沙地闭流区	白银库伦牧场	0.90	0.90			
合　　计		8.20	8.12	0.02	0.02	0.04

2. 区域现状作物种植结构

由于受气候、土壤和养殖结构等的影响，锡林河流域灌溉饲草料地种植区的主要作物类型为青贮玉米和马铃薯，有少量的紫花苜蓿和谷草。锡林河流域近年来逐渐形成了青贮玉米和马铃薯1～2年进行倒茬种植的管理模式。2011年锡林河流域8.20万亩灌溉饲草料地中有3.27万亩青贮玉米，占总灌溉面积的39.88%；马铃薯种植面积最大，有4.59万亩，占总灌溉面积的55.98%；谷草种植面积0.31万亩，占总灌溉面积的3.78%；紫花苜蓿最少，种植面积0.03万亩，占总灌溉面积的0.37%，详见表3-12和表3-13。

表3-12　区域现状种植结构

分　　区	乡　　镇	现状面积（万亩）	面积（万亩）			
			青贮玉米（万亩）	马铃薯（万亩）	谷草（万亩）	紫花苜蓿（万亩）
敖优廷敦勒流域区	阿尔善宝拉格镇	0.60	0.22	0.33	0.05	
	朝克乌拉苏木	0.90	0.27	0.55	0.06	0.02
锡林郭勒流域区	白音锡勒牧场	2.50	1.28	1.07	0.15	
	毛登牧场	0.90	0.35	0.55		
	宝力根苏木	1.20	0.40	0.77	0.03	
	沃原奶牛场	1.20	0.40	0.79		0.01
浑善达克沙地闭流区	白银库伦牧场	0.90	0.35	0.53	0.02	
合　　计		8.20	3.27	4.59	0.31	0.03

表3-13　区域现状种植结构和灌水方式

分　区	乡　　镇	总面积（万亩）	中心支轴式喷灌（万亩）				卷盘式喷灌（万亩）	低压管道（万亩）	滴灌（万亩）	
			青贮玉米	马铃薯	谷　草	紫花苜蓿	青贮玉米	青贮玉米	马铃薯	紫花苜蓿
敖优廷敦勒流域区	阿尔善宝拉格镇	0.60	0.20	0.33	0.05			0.02		
	朝克乌拉苏木	0.90	0.27	0.55	0.06	0.02				

续上表

分　区	乡　　镇	总面积（万亩）	中心支轴式喷灌（万亩）				卷盘式喷灌（万亩）	低压管道（万亩）	滴灌（万亩）	
			青贮玉米	马铃薯	谷　草	紫花苜蓿	青贮玉米	青贮玉米	马铃薯	紫花苜蓿
锡林郭勒流域区	白音锡勒牧场	2.50	1.28	1.04	0.15				0.03	
	毛登牧场	0.90	0.35	0.55	0.00					
	宝力根苏木	1.20	0.38	0.77	0.03		0.02			
	沃原奶牛场	1.20	0.40	0.79	0.00					0.01
浑善达克沙地闭流区	白银库伦牧场	0.90	0.35	0.53	0.02					
合　　计		8.20	3.23	4.56	0.31	0.02	0.02	0.02	0.03	0.01

3. 区域现状灌水定额和灌溉定额

根据锡林河流域灌溉饲草料地各监测点的调查数据，现状中心支轴式喷灌条件下的灌水定额在 25～30 m^3/亩，2011 年青贮玉米的灌溉定额在 225～300 m^3/亩；马铃薯的灌溉定额在 300～390 m^3/亩；谷草的灌溉定额在 200～250 m^3/亩，紫花苜蓿的灌溉定额为 300 m^3/亩，详见表 3-14。

表 3-14　区域中心支轴式喷灌现状灌水量

分　区	乡　镇	平均灌水量（m^3/亩）	中心支轴式喷灌灌水量（m^3/亩）				卷盘式喷灌灌水量（m^3/亩）	低压管道灌水量（m^3/亩）	滴灌灌水量（m^3/亩）	
			青贮玉米	马铃薯	谷　草	紫花苜蓿	青贮玉米	青贮玉米	马铃薯	紫花苜蓿
敖优廷敦勒流域区	阿尔善宝拉格镇	266.25	225.00	300.00	240.00			300.00		
	朝克乌拉苏木	271.25	245.00	320.00	220.00	300.00				
锡林郭勒流域区	白音锡勒牧场	280.00	270.00	390.00	250.00				210.00	
	毛登牧场	267.50	235.00	300.00						
	宝力根苏木	280.00	270.00	300.00	220.00		330.00			
	沃原奶牛场	280.00	300.00	360.00						180.00
浑善达克沙地闭流区	白银库伦牧场	260.00	250.00	320.00	210.00					
平均值		272.14	256.43	327.14	228.00	300.00	330.00	300.00	210.00	180.00

卷盘式喷灌只有 1 处，在宝力根苏木，约有 0.02 万亩，种植作物为青贮玉米，其灌溉定额为 330 m^3/亩；低压管道灌溉只分布在阿尔善宝拉格镇，约有 0.02 万亩，种植作物青贮玉米，其灌溉定额为 300 m^3/亩；2011 年白音锡勒牧场合众种植牧民专业合作社首次引入滴灌 0.03 万亩，种植作物马铃薯，其灌溉定额为 210 m^3/亩；沃原奶牛场约有 0.01 万亩紫花苜蓿，采用滴灌，灌溉定额为 180 m^3/亩。

3.2.2 区域主要作物推荐灌溉定额确定

1. 定额管理节水概念的提出

根据调查和监测数据，灌溉饲草料地普遍存在着实际灌水量远大于作物灌溉需水量的现状，田间水利用效率普遍较低；研究以作物灌溉定额为标准，以“耗水”管理代替“取水”管理，控制多余的奢侈耗水，将优化灌溉决策的作物灌溉定额作为推荐定额管理值，使实际耗水量接近作物需水量。

2. 推荐灌溉定额的确定

青贮玉米、马铃薯、谷草和紫花苜蓿等作物推荐灌溉定额主要根据田间试验灌溉制度优化决策结果，并结合已有研究成果和监测区调查数据确定。灌水方式主要以中心支轴式喷灌和滴灌为重点。

目前，中心支轴式喷灌是锡林河流域最主要的灌水方式。本项目参考内蒙古新增“四个千万亩”节水灌溉工程科技支撑项目“推广应用系列模式图”：“典型草原区青贮玉米中心支轴式喷灌综合节水技术集成模式图”和“锡林郭勒典型草原紫花苜蓿中心支轴式喷灌高效用水技术集成模式图”，并结合监测区调查数据，确定主要作物的推荐灌溉定额。平水年青贮玉米中心支轴式喷灌推荐灌溉定额为 180 m^3/亩；紫花苜蓿中心支轴式喷灌推荐灌溉定额为 190 m^3/亩；马铃薯中心支轴式喷灌推荐灌溉定额为 170 m^3/亩；谷草中心支轴式喷灌推荐灌溉定额为 150 m^3/亩。

锡林浩特市水资源缺乏，滴灌是未来的发展方向，本项目根据滴灌需水量和灌溉制度试验数据，参照内蒙古新增“四个千万亩”节水灌溉工程科技支撑项目“推广应用系列模式图”：内蒙古中部“阴山沿麓马铃薯膜下滴灌综合节水技术集成模式图”以及“锡林郭勒典型草原青贮玉米滴灌高效用水技术集成模式图”“锡林郭勒典型草原紫花苜蓿滴灌高效用水技术集成模式图”，并结合已有研究成果和监测区调查数据确定滴灌青贮玉米、紫花苜蓿推荐灌溉定额。青贮玉米滴灌推荐灌溉定额为 135 m^3/亩；马铃薯滴灌推荐灌溉定额为 130 m^3/亩；谷草滴灌推荐灌溉定额为 125 m^3/亩；紫花苜蓿滴灌推荐灌溉定额为 155 m^3/亩。

参考中心支轴式喷灌青贮玉米的推荐灌溉定额，建议卷盘式喷灌青贮玉米推荐灌溉定额采用 200 m^3/亩。根据青贮玉米的需水量，建议青贮玉米低压管道灌溉采用灌溉定额为 240 m^3/亩。

3.2.3 区域现状条件下定额管理节水潜力分析

根据前述分析，平水年区域不同灌水方式各作物推荐灌溉定额见表 3-15，通过与对应现状灌水量的差值，以及对应作物的种植面积，即可得出区域保持灌水方式和作物种植结构不变条件下的定额管理节水潜力，结果见表 3-16。

表 3-15 区域不同灌水方式各作物推荐灌溉定额

分 区	乡 镇	平均定额（m^3/亩）	中心支轴式喷灌定额（m^3/亩）				卷盘式喷灌定额（m^3/亩）	低压管道定额（m^3/亩）	滴灌定额（m^3/亩）	
			青贮玉米	马铃薯	谷草	紫花苜蓿	青贮玉米	青贮玉米	马铃薯	紫花苜蓿
敖优廷敦勒流域区	阿尔善宝拉格镇	182.50	180.00	170.00	150.00			240.00		
	朝克乌拉苏木	170.00	180.00	170.00	150.00	190.00				

续上表

分　区	乡　镇	平均定额（m^3/亩）	中心支轴式喷灌定额（m^3/亩）				卷盘式喷灌定额（m^3/亩）	低压管道定额（m^3/亩）	滴灌定额（m^3/亩）	
			青贮玉米	马铃薯	谷草	紫花苜蓿	青贮玉米	青贮玉米	马铃薯	紫花苜蓿
锡林郭勒流域区	白音锡勒牧场	162.50	180.00	170.00	150.00				130.00	
	毛登牧场	170.00	180.00	170.00						
	宝力根苏木	172.50	180.00	170.00	150.00		200.00			
	沃原奶牛场	156.67	180.00	170.00						155.00
浑善达克沙地闭流区	白银库伦牧场	163.33	180.00	170.00	150.00					
平　　均		168.21	180.00	170.00	150.00	190.00	200.00	240.00	130.00	155.00

表 3-16　区域现状条件下总灌水量

分　区	乡　镇	总灌水量（万m^3）	中心支轴式喷灌灌水量（万m^3）				卷盘式喷灌灌水量（万m^3/亩）	低压管道灌水量（万m^3/亩）	滴灌灌水量（万m^3/亩）	
			青贮玉米	马铃薯	谷草	紫花苜蓿	青贮玉米	青贮玉米	马铃薯	紫花苜蓿
敖优廷敦勒流域区	阿尔善宝拉格镇	162.00	45.00	99.00	12.00			6.00		
	朝克乌拉苏木	261.35	66.15	176.00	13.20	6.00				
锡林郭勒流域区	白音锡勒牧场	795.00	345.60	405.60	37.50				6.30	
	毛登牧场	247.25	82.25	165.00						
	宝力根苏木	346.80	102.60	231.00	6.60		6.60			
	沃原奶牛场	406.20	120.00	284.40						1.80
浑善达克沙地闭流区	白银库伦牧场	261.30	87.50	169.60	4.20					
合　　计		2 479.90	849.10	1 530.60	73.50	6.00	6.60	6.00	6.30	1.80

从表3-17中可以看出：2011年如果采用推荐的灌溉定额，锡林河流域8.20万亩灌溉饲草料地年总节水量达到1 058.10万m^3，节水潜力较大；其中白音锡勒牧场节水量最多，达360.50万m^3，占总节水量的34.07%；其次是奶牛场节水量为198.60万m^3，占总节水量的18.77%；阿尔善宝拉格镇节水量最少，为57.60万m^3，占总节水量的5.44%。

表 3-17 区域现状条件下定额管理节水量(平水年)

分 区	乡 镇	总节水量(万m^3)	中心支轴式喷灌节水量(万m^3)				卷盘式喷灌节水量(万m^3/亩)	低压管道节水量(万m^3/亩)	滴灌节水量(万m^3/亩)	
			青贮玉米	马铃薯	谷草	紫花苜蓿	青贮玉米	青贮玉米	马铃薯	紫花苜蓿
敖优廷敦勒流域区	阿尔善宝拉格镇	57.60	9.00	42.90	4.50			1.20		
	朝克乌拉苏木	106.45	17.55	82.50	4.20	2.20				
锡林郭勒流域区	白音锡勒牧场	360.50	115.20	228.80	15.00				1.50	
	毛登牧场	90.75	19.25	71.50						
	宝力根苏木	139.00	34.20	100.10	2.10		2.60			
	沃原奶牛场	198.60	48.00	150.10						0.50
浑善达克沙地闭流区	白银库伦牧场	105.20	24.50	79.50	1.20					
合 计		1 058.10	267.70	755.40	27.00	2.20	2.60	1.20	1.50	0.50

对于中心支轴式喷灌:节水量为 1 052.30 万m^3,占总节水量的 99.45%;其中马铃薯节水量最大,为 755.40 万m^3,占总节水量的 71.39%;其次是青贮玉米节水量为 267.70 万m^3,占总节水量的 25.30%;其他灌水方式由于面积较小,节水量很小,卷盘式喷灌青贮玉米节水量只占总节水量的 0.25%,低压管道灌溉青贮玉米节水量只占总节水量的 0.11%,滴灌马铃薯和紫花苜蓿节水量只占总节水量的 0.19%。

上述分析结果表明:锡林河流域节水潜力较大,采用推荐的灌溉定额,2011 年总节水量达到 1 058.10 万m^3;对于不同灌水方式的节水潜力,中心支轴式喷灌存在着不合理灌水的现状,节水量和节水潜力最大,占区域总节水量的 99.45%,建议采用推荐的定额管理节水方案;对于不同作物节水潜力,马铃薯节水量最大,占总节水量的 71.39%,其现状灌溉定额普遍较高,具有较大的节水潜力。

3.2.4 基于区域种植结构调整的喷滴灌条件下定额管理节水潜力分析

从前面分析可知,对于不同作物马铃薯的节水潜力较大,根据现状种植结构分析,锡林河流域马铃薯种植面积最大,有 4.59 万亩,占总种植面积的 55.98%;其次是青贮玉米 3.27 万亩,占总种植面积的 39.88%。根据该区域灌溉饲草料地的建设要求,应以多年生牧草和青贮玉米种植为主,马铃薯等经济作物只能作为一种改善土壤特性的辅助作物进行倒茬种植;同时马铃薯虽然是一种低耗水作物,但由于在该地区昼夜温差偏大的原因,马铃薯种植存在灌降温水的情况,大大增加了灌水次数,显著增大了表层土的蒸发量,最终导致其总灌水量较大,灌水效率较低。

紫花苜蓿作为一种多年生优质牧草,在该地区曾广泛种植,在干旱年份畜牧业生产中起到了很好的经济和生态效益;但由于近年来该地区以丰水年和平水年份为主,天然草地产草量稳定增加,草畜矛盾已不十分突出;在马铃薯等经济作物高收益的驱动下,紫花苜蓿已基本被马铃薯取代,但若遇到连续干旱年份,该地区草畜矛盾将会重新出现,灌溉饲草料地特有的抗灾保畜功能将不能发挥，因此建议在进行种植结构调整时，应增大紫花苜蓿种植面积，减少马铃薯种植面积。

锡林河流域以典型草原类型为主，其天然草地产草量相对较大，在畜牧业生产中，青贮饲料是该地区需要补充的重点，根据该地区的气候和土壤特点，青贮玉米是青贮饲料的首选。谷草也是适宜于该地区种植的青贮饲料，其优势在于需水量相对较小，比青贮玉米对灌溉的依赖度低，多是在青贮玉米错过播期时进行替补种植，其产量比青贮玉米低。

根据上述饲草料地的建设要求、牧草种植对畜牧业的抗灾保畜功能、饲草需求类型、作物需耗水特性以及土壤气候等特点的分析，确定青贮玉米、紫花苜蓿、马铃薯和谷草为该地区饲草料地的主要种植作物。根据《全国牧区水利发展规划》和《锡林浩特市“四个千万亩”节水灌溉工程发展规划》，在灌水技术上灌溉饲草料地全部采用喷滴灌，以中心支轴式喷灌为主。主要设计如下4种区域种植结构调整方案。

方案1：全部采用中心支轴式喷灌，主要种植作物4种，青贮玉米、马铃薯、谷草和紫花苜蓿的种植比例为3∶3∶1∶3。

方案2：全部采用中心支轴式喷灌，主要种植作物3种，青贮玉米、马铃薯和紫花苜蓿的种植比例为4∶4∶2。

方案3：中心支轴式喷灌占70%，滴灌占30%，主要种植作物4种，青贮玉米、马铃薯、谷草和紫花苜蓿的种植比例为3∶3∶1∶3。

方案4：中心支轴式喷灌占70%，滴灌占30%，主要种植作物3种，青贮玉米、马铃薯和紫花苜蓿的种植比例为4∶4∶2。

1. 方案1节水潜力分析

方案1主要为调整种植结构，灌水方式全部采用中心支轴式喷灌，主要种植作物青贮玉米、马铃薯和紫花苜蓿的种植面积均为2.46万亩，而谷草的种植面积为0.82万亩，各作物的种植面积分布见表3-18。

表3-18　方案1作物种植结构

分区	乡镇	总面积(万亩)	中心支轴式喷灌面积(万亩)			
			青贮玉米	马铃薯	谷草	紫花苜蓿
敖优廷敦勒流域区	阿尔善宝拉格镇	0.60	0.18	0.18	0.06	0.18
	朝克乌拉苏木	0.90	0.27	0.27	0.09	0.27
锡林郭勒流域区	白音锡勒牧场	2.50	0.75	0.75	0.25	0.75
	毛登牧场	0.90	0.27	0.27	0.09	0.27
	宝力根苏木	1.20	0.36	0.36	0.12	0.36
	沃原奶牛场	1.20	0.36	0.36	0.12	0.36
浑善达克沙地闭流区	白银库伦牧场	0.90	0.27	0.27	0.09	0.27
合计		8.20	2.46	2.46	0.82	2.46

采用推荐的灌水定额对方案1进行区域作物灌水量计算得出：锡林河流域8.2万亩灌溉饲草料地总灌水量为1 451.40万m^3，其中青贮玉米灌水量为442.80万m^3，马铃薯灌水量为418.20万m^3，谷草灌水量为123.00万m^3，紫花苜蓿灌水量为467.40万m^3；各区域作物灌水量见表3-19。而区域现状种植结构和灌水方式条件下的实际总灌水量为2 479.90万m^3，方案

1 灌水量减少 1 028.50 万m^3。

表 3-20 给出了方案 1 定额管理区域总节水量为 1 028.50 万m^3，节水潜力较大；其中青贮玉米节水量为 255.30 万m^3，马铃薯节水量为 529.13 万m^3，谷草节水量为 86.36 万m^3，紫花苜蓿节水量为 157.72 万m^3。而区域现状种植结构和灌水方式条件下若采用推荐的灌溉定额，其总节水量为 1 058.10 万m^3，方案 1 比其总节水量减少了 29.60 万m^3。说明方案 1 经过种植结构调整后，节水潜力有所降低。

表 3-19 方案 1 定额管理区域总灌水量

分区	乡镇	总灌水量（万m^3）	中心支轴式喷灌灌水量（万m^3）			
			青贮玉米	马铃薯	谷草	紫花苜蓿
敖优廷敦勒流域区	阿尔善宝拉格镇	106.20	32.40	30.60	9.00	34.20
	朝克乌拉苏木	159.30	48.60	45.90	13.50	51.30
锡林郭勒流域区	白音锡勒牧场	442.50	135.00	127.50	37.50	142.50
	毛登牧场	159.30	48.60	45.90	13.50	51.30
	宝力根苏木	212.40	64.80	61.20	18.00	68.40
	沃原奶牛场	212.40	64.80	61.20	18.00	68.40
浑善达克沙地闭流区	白银库伦牧场	159.30	48.60	45.90	13.50	51.30
合计		1 451.40	442.80	418.20	123.00	467.40

表 3-20 方案 1 定额管理区域总节水量

分区	乡镇	总节水量（万m^3）	中心支轴式喷灌节水量（万m^3）			
			青贮玉米	马铃薯	谷草	紫花苜蓿
敖优廷敦勒流域区	阿尔善宝拉格镇	57.87	10.21	29.50	6.81	11.35
	朝克乌拉苏木	118.57	22.13	51.06	7.94	37.44
锡林郭勒流域区	白音锡勒牧场	353.00	85.10	208.02	31.52	28.37
	毛登牧场	92.47	18.72	44.25	9.08	20.42
	宝力根苏木	124.06	40.85	59.00	10.59	13.62
	沃原奶牛场	177.01	54.46	86.23	13.62	22.69
浑善达克沙地闭流区	白银库伦牧场	105.52	23.83	51.06	6.81	23.83
合计		1 028.50	255.30	529.13	86.36	157.72

2. 方案 2 节水潜力分析

同方案 1 类似，方案 2 也主要进行种植结构调整，灌水方式全部采用中心支轴式喷灌，主要种植作物减为 3 种，其中青贮玉米和马铃薯的种植面积均为 3.28 万亩，而紫花苜蓿的种植面积为 1.64 万亩，各作物的种植面积分布见表 3-21。

采用推荐的灌水定额对方案 2 进行区域作物灌水量计算得出：锡林河流域 8.2 万亩灌溉饲草料地总灌水量为 1 459.60 万m^3，其中青贮玉米灌水量为 590.40 万m^3，马铃薯灌水量为

557.60 万m³，紫花苜蓿灌水量为 311.60 万m³；各区域作物灌水量见表 3-22。而区域现状种植结构和灌水方式条件下的实际总灌水量为 2 479.90 万m³，方案 2 灌水量比其减少 1 020.30 万m³。

表 3-23 给出了方案 2 定额管理区域总节水量为 1 020.30 万m³，节水潜力较大；其中青贮玉米节水量为 301.73 万m³，马铃薯节水量为 625.37 万m³，紫花苜蓿节水量 93.20 万m³。而区域现状种植结构和灌水方式条件下若采用推荐的灌溉定额，其总节水量为 1 058.10 万m³，方案 2 比其总节水量低 37.80 万m³，比方案 1 总节水量降低了 8.20 万m³。说明方案 2 经过种植结构调整后，节水潜力比现状种植结构和方案 1 均偏低。

表 3-21　方案 2 作物种植结构

分　区	乡　镇	总面积（万亩）	中心支轴式喷灌面积（万亩）			
			青贮玉米	马铃薯	谷　草	紫花苜蓿
敖优廷敦勒流域区	阿尔善宝拉格镇	0.60	0.24	0.24	0.00	0.12
	朝克乌拉苏木	0.90	0.36	0.36	0.00	0.18
锡林郭勒流域区	白音锡勒牧场	2.50	1.00	1.00	0.00	0.50
	毛登牧场	0.90	0.36	0.36	0.00	0.18
	宝力根苏木	1.20	0.48	0.48	0.00	0.24
	沃原奶牛场	1.20	0.48	0.48	0.00	0.24
浑善达克沙地闭流区	白银库伦牧场	0.90	0.36	0.36	0.00	0.18
合　计		8.20	3.28	3.28	0.00	1.64

表 3-22　方案 2 定额管理区域总灌水量

分　区	乡　镇	总灌水量（万m³）	中心支轴式喷灌灌水量（万m³）			
			青贮玉米	马铃薯	谷　草	紫花苜蓿
敖优廷敦勒流域区	阿尔善宝拉格镇	106.80	43.20	40.80	0.00	22.80
	朝克乌拉苏木	160.20	64.80	61.20	0.00	34.20
锡林郭勒流域区	白音锡勒牧场	445.00	180.00	170.00	0.00	95.00
	毛登牧场	160.20	64.80	61.20	0.00	34.20
	宝力根苏木	213.60	86.40	81.60	0.00	45.60
	沃原奶牛场	213.60	86.40	81.60	0.00	45.60
浑善达克沙地闭流区	白银库伦牧场	160.20	64.80	61.20	0.00	34.20
合　计		1 459.60	590.40	557.60	0.00	311.60

表 3-23　方案 2 定额管理区域总节水量

分　区	乡　镇	总节水量（万m³）	中心支轴式喷灌节水量（万m³）			
			青贮玉米	马 铃 薯	谷　草	紫花苜蓿
敖优廷敦勒流域区	阿尔善宝拉格镇	53.64	12.07	34.87	0.00	6.71
	朝克乌拉苏木	108.62	26.15	60.35	0.00	22.13
锡林郭勒流域区	白音锡勒牧场	363.20	100.58	245.86	0.00	16.76
	毛登牧场	86.50	22.13	52.30	0.00	12.07
	宝力根苏木	126.06	48.28	69.73	0.00	8.05
	沃原奶牛场	179.70	64.37	101.92	0.00	13.41
浑善达克沙地闭流区	白银库伦牧场	102.59	28.16	60.35	0.00	14.08
合　计		1 020.30	301.73	625.37	0.00	93.20

3. 方案 3 节水潜力分析

与方案 1 和方案 2 不同，方案 3 在进行种植结构调整的同时，还进行灌水方式的调整，但仍以中心支轴式喷灌为主，其占总灌溉面积的 70%，其余 30%为滴灌。主要种植作物青贮玉米、马铃薯和紫花苜蓿中心支轴式喷灌的种植面积均为 1.72 万亩，谷草的种植面积为 0.57 万亩；青贮玉米、马铃薯和紫花苜蓿滴灌的种植面积均为 0.74 万亩，而谷草的种植面积为0.25 万亩；各作物的种植面积分布见表 3-24。

表 3-24　方案 3 作物种植结构

分　区	乡　镇	总面积（万亩）	中心支轴式喷灌面积（万亩）				滴灌面积（万亩）			
			青贮玉米	马铃薯	谷　草	紫花苜蓿	青贮玉米	马铃薯	谷　草	紫花苜蓿
敖优廷敦勒流域区	阿尔善宝拉格镇	0.60	0.13	0.13	0.04	0.13	0.05	0.05	0.02	0.05
	朝克乌拉苏木	0.90	0.19	0.19	0.06	0.19	0.08	0.08	0.03	0.08
锡林郭勒流域区	白音锡勒牧场	2.50	0.53	0.53	0.18	0.53	0.23	0.23	0.08	0.23
	毛登牧场	0.90	0.19	0.19	0.06	0.19	0.08	0.08	0.03	0.08
	宝力根苏木	1.20	0.25	0.25	0.08	0.25	0.11	0.11	0.04	0.11
	沃原奶牛场	1.20	0.25	0.25	0.08	0.25	0.11	0.11	0.04	0.11
浑善达克沙地闭流区	白银库伦牧场	0.90	0.19	0.19	0.06	0.19	0.08	0.08	0.03	0.08
合　计		8.20	1.72	1.72	0.57	1.72	0.74	0.74	0.25	0.74

采用推荐的灌水定额对方案 3 进行区域作物灌水量计算得出：锡林河流域 8.2 万亩灌溉饲草料地总灌水量为 1 356.69 万m³，其中青贮玉米中心支轴式喷灌灌水量为 309.96 万m³，马铃薯中心支轴式喷灌灌水量为 292.74 万m³，谷草中心支轴式喷灌灌水量为 86.10 万m³，紫花苜蓿中心支轴式喷灌灌水量为 327.18 万m³；青贮玉米滴灌灌水量为 99.63 万m³，马铃薯滴灌灌水量为 95.94 万m³，谷草滴灌灌水量为 30.75 万m³，紫花苜蓿滴灌灌水量为 114.39 万m³；各

区域作物灌水量见表 3-25。而区域现状种植结构和灌水方式条件下的实际总灌水量为 2 479.90 万m^3，方案 3 灌水量比其减少了 1 123.21 万m^3，减少量非常显著。

表 3-26 给出了方案 3 定额管理区域总节水量为 1 123.21 万m^3，节水潜力较大；其中青贮玉米中心支轴式喷灌节水量为 174.86 万m^3，马铃薯中心支轴式喷灌节水量为 362.42 万m^3，谷草中心支轴式喷灌节水量为 59.15 万m^3，紫花苜蓿中心支轴式喷灌节水量 108.03 万m^3；青贮玉米滴灌节水量为 115.91 万m^3，马铃薯滴灌节水量为 191.74 万m^3，谷草滴灌节水量为 32.94 万m^3，紫花苜蓿滴灌节水量 78.16 万m^3；而区域现状种植结构和灌水方式条件下若采用推荐的灌溉定额，其总节水量为 1 058.10 万m^3，方案 3 比其总节水量高 65.11 万m^3，同时比方案 1 和 2 总节水量分别增大了 94.71 和 102.91 万m^3。说明方案 3 经过种植结构调整后，节水潜力提高显著。

表 3-25　方案 3 定额管理区域总灌水量

分区	乡镇	总灌水量(万m^3)	中心支轴式喷灌灌水量(万m^3)				滴灌灌水量(万m^3)			
			青贮玉米	马铃薯	谷草	紫花苜蓿	青贮玉米	马铃薯	谷草	紫花苜蓿
敖优廷敦勒流域区	阿尔善宝拉格镇	99.27	22.68	21.42	6.30	23.94	7.29	7.02	2.25	8.37
	朝克乌拉苏木	148.91	34.02	32.13	9.45	35.91	10.94	10.53	3.38	12.56
锡林郭勒流域区	白音锡勒牧场	413.63	94.50	89.25	26.25	99.75	30.38	29.25	9.38	34.88
	毛登牧场	148.91	34.02	32.13	9.45	35.91	10.94	10.53	3.38	12.56
	宝力根苏木	198.54	45.36	42.84	12.60	47.88	14.58	14.04	4.50	16.74
	沃原奶牛场	198.54	45.36	42.84	12.60	47.88	14.58	14.04	4.50	16.74
浑善达克沙地闭流区	白银库伦牧场	148.91	34.02	32.13	9.45	35.91	10.94	10.53	3.38	12.56
合计		1 356.69	309.96	292.74	86.10	327.18	99.63	95.94	30.75	114.39

表 3-26　方案 3 定额管理区域总节水量

分区	乡镇	总节水量(万m^3)	中心支轴式喷灌节水量(万m^3)				滴灌节水量(万m^3)			
			青贮玉米	马铃薯	谷草	紫花苜蓿	青贮玉米	马铃薯	谷草	紫花苜蓿
敖优廷敦勒流域区	阿尔善宝拉格镇	65.17	6.99	20.21	4.66	7.77	6.00	11.32	2.55	5.66
	朝克乌拉苏木	128.84	15.15	34.97	5.44	25.65	10.99	18.99	3.16	14.49
锡林郭勒流域区	白音锡勒牧场	381.03	58.29	142.48	21.59	19.43	37.47	72.17	11.57	18.04
	毛登牧场	103.31	12.82	30.31	6.22	13.99	9.99	16.99	3.50	9.49
	宝力根苏木	138.48	27.98	40.41	7.25	9.33	17.99	22.65	4.22	8.66
	沃原奶牛场	190.30	37.30	59.07	9.33	15.54	21.98	30.64	5.11	11.32
浑善达克沙地闭流区	白银库伦牧场	116.08	16.32	34.97	4.66	16.32	11.49	18.99	2.83	10.49
合计		1 123.21	174.86	362.42	59.15	108.03	115.91	191.74	32.94	78.16

4. 方案 4 节水潜力分析

与方案 1 和方案 2 不同,方案 4 在进行种植结构调整的同时,还进行了灌水方式的调整,但仍以中心支轴式喷灌为主,其占总灌溉面积的 70%,其余 30%为滴灌。在灌水方式调整上与方案 3 相同,主要进行了种植结构的调整,其中青贮玉米和马铃薯中心支轴式喷灌的种植面积均为 2.30 万亩,紫花苜蓿中心支轴式喷灌的种植面积为 1.15 万亩;青贮玉米和马铃薯滴灌的种植面积均为 0.98 万亩,紫花苜蓿滴灌的种植面积为 0.49 万亩;各作物的种植面积分布见表 3-27。

采用推荐的灌水定额对方案 4 进行区域作物灌水量计算得出:锡林河流域 8.2 万亩灌溉饲草料地总灌水量为 1 358.74 万m^3,其中青贮玉米中心支轴式喷灌灌水量为 413.28 万m^3,马铃薯中心支轴式喷灌灌水量为 390.32 万m^3,紫花苜蓿中心支轴式喷灌灌水量为 218.12 万m^3;青贮玉米滴灌灌水量为 132.84 万m^3,马铃薯滴灌灌水量为 127.92 万m^3,紫花苜蓿滴灌灌水量为 76.26 万m^3;各区域作物灌水量见表 3-28。而区域现状种植结构和灌水方式条件下的实际总灌水量为 2 479.90 万m^3,方案 4 灌水量比其减少了 1 121.16 万m^3,减少量非常显著。

表 3-27 方案 4 作物种植结构

分区	乡镇	总面积(万亩)	中心支轴式喷灌面积(万亩)				滴灌面积(万亩)			
			青贮玉米	马铃薯	谷草	紫花苜蓿	青贮玉米	马铃薯	谷草	紫花苜蓿
敖优廷敦勒流域区	阿尔善宝拉格镇	0.60	0.17	0.17	0.00	0.08	0.07	0.07	0.00	0.04
	朝克乌拉苏木	0.90	0.25	0.25	0.00	0.13	0.11	0.11	0.00	0.05
锡林郭勒流域区	白音锡勒牧场	2.50	0.70	0.70	0.00	0.35	0.30	0.30	0.00	0.15
	毛登牧场	0.90	0.25	0.25	0.00	0.13	0.11	0.11	0.00	0.05
	宝力根苏木	1.20	0.34	0.34	0.00	0.17	0.14	0.14	0.00	0.07
	沃原奶牛场	1.20	0.34	0.34	0.00	0.17	0.14	0.14	0.00	0.07
浑善达克沙地闭流区	白银库伦牧场	0.90	0.25	0.25	0.00	0.13	0.11	0.11	0.00	0.05
合计		8.20	2.30	2.30	0.00	1.15	0.98	0.98	0.00	0.49

表 3-28 方案 4 定额管理区域总灌水量

分区	乡镇	总灌水量(万m^3)	中心支轴式喷灌灌水量(万m^3)				滴灌灌水量(万m^3)			
			青贮玉米	马铃薯	谷草	紫花苜蓿	青贮玉米	马铃薯	谷草	紫花苜蓿
敖优廷敦勒流域区	阿尔善宝拉格镇	99.42	30.24	28.56	0.00	15.96	9.72	9.36	0.00	5.58
	朝克乌拉苏木	149.13	45.36	42.84	0.00	23.94	14.58	14.04	0.00	8.37
锡林郭勒流域区	白音锡勒牧场	414.25	126.00	119.00	0.00	66.50	40.50	39.00	0.00	23.25
	毛登牧场	149.13	45.36	42.84	0.00	23.94	14.58	14.04	0.00	8.37
	宝力根苏木	198.84	60.48	57.12	0.00	31.92	19.44	18.72	0.00	11.16
	沃原奶牛场	198.84	60.48	57.12	0.00	31.92	19.44	18.72	0.00	11.16
浑善达克沙地闭流区	白银库伦牧场	149.13	45.36	42.84	0.00	23.94	14.58	14.04	0.00	8.37
合计		1 358.74	413.28	390.32	0.00	218.12	132.84	127.92	0.00	76.26

表3-29给出了方案4定额管理区域总节水量1 121.16万m^3，节水潜力较大；其中青贮玉米中心支轴式喷灌节水量为209.00万m^3，马铃薯中心支轴式喷灌节水量为433.18万m^3，紫花苜蓿中心支轴式喷灌节水量64.56万m^3；青贮玉米滴灌节水量为138.54万m^3，马铃薯滴灌节水量为229.17万m^3，紫花苜蓿滴灌节水量46.71万m^3；而区域现状种植结构和灌水方式条件下若采用推荐的灌溉定额，其总节水量为1 058.10万m^3，方案4比其总节水量提高了63.06万m^3，比方案1和方案2总节水量也分别增大了92.66万m^3和100.86万m^3，但比方案3总节水量减少了9.02万m^3，说明方案4经过种植结构和灌水方式调整后，节水潜力增大显著，但比方案3稍差。

表3-29 方案4定额管理区域总节水量

分区	乡镇	总节水量(万m^3)	中心支轴式喷灌节水量(万m^3)				滴灌节水量(万m^3)			
			青贮玉米	马铃薯	谷草	紫花苜蓿	青贮玉米	马铃薯	谷草	紫花苜蓿
敖优廷敦勒流域区	阿尔善宝拉格镇	61.24	8.36	24.15	0.00	4.64	7.17	13.54	0.00	3.38
	朝克乌拉苏木	119.73	18.11	41.80	0.00	15.33	13.14	22.69	0.00	8.66
锡林郭勒流域区	白音锡勒牧场	393.40	69.67	170.30	0.00	11.61	44.79	86.25	0.00	10.78
	毛登牧场	97.83	15.33	36.23	0.00	8.36	11.94	20.30	0.00	5.67
	宝力根苏木	141.06	33.44	48.30	0.00	5.57	21.50	27.07	0.00	5.18
	沃原奶牛场	194.14	44.59	70.60	0.00	9.29	26.27	36.63	0.00	6.77
浑善达克沙地闭流区	白银库伦牧场	113.76	19.51	41.80	0.00	9.75	13.73	22.69	0.00	6.27
合计		1 121.16	209.00	433.18	0.00	64.56	138.54	229.17	0.00	46.71

5. 各方案节水潜力对比分析

表3-30给出了现状定额管理方案和根据饲草料地的发展要求等设计的4种方案节水量和节水率的对比值。保持现有的灌水方式和种植结构，通过采用推荐的灌溉定额节水管理方案，与现状灌水情况相比，节水量为1 058.10万m^3，节水率达到42.67%，表明通过灌溉定额管理节水效果较好；而通过调整灌水方式和种植结构设计的4种方案节水量均在1 020～1 130万m^3之间，节水率均在41.0%～46.0%之间，表明节水量相对较多，节水潜力较大；但同时通过调整灌水方式和种植结构的不同方案间的对比结果分析可知，不同方案间的节水量和节水率差异不明显，说明调整灌水方式或种植结构，或同时调整灌水方式和种植模式对提高整个区域的灌水效率不显著。

表3-30 各方案节水量对比分析

项目	总灌水量(万m^3)	节水量(万m^3)	节水率
现状	2 479.90		
现状定额管理方案	1 421.80	1 058.10	42.67%
方案1	1 451.40	1 028.50	41.47%
方案2	1 459.60	1 020.30	41.14%
方案3	1 356.69	1 123.21	45.29%
方案4	1 358.74	1 121.16	45.21%

3.3 小结

(1)分析农田小尺度作物水分生产率计算结果得出:灌水方式对作物水分生产率影响显著,中心支轴式喷灌条件下作物水分生产率比卷盘式喷灌和低压管道灌溉偏高10.0%以上;小尺度作物水分生产率能较全面地反映某点作物对灌水、降雨和土壤水利用效率,通过科学的灌溉管理可大幅度提高作物水分生产率。

(2)研究区马铃薯中心支轴式喷灌的作物水分生产率均在6.0~6.8 kg·m^{-3},青贮玉米中心支轴式喷灌作物水分生产率均在2.6~3.3 kg·m^{-3};马铃薯水分生产率相对较高,约为青贮玉米作物水分生产率的2倍;采用灌溉制度优化后的定额管理节水方案,马铃薯中心支轴式喷灌的作物水分生产率达到8.61 kg·m^{-3},青贮玉米中心支轴式喷灌作物水分生产率达到3.65 kg·m^{-3};表明现状灌水条件下的水分生产率较低,具有较大的节水潜力。

(3)分析农田小尺度灌溉水分生产率计算结果得出:灌溉水分生产率比作物水分生产率偏大,在相对大小排序上表现出明显的一致性;各区域灌溉水分生产率是作物水分生产率的1.2~1.5倍,说明灌溉对该地区农业生产具有重要意义;灌溉水分生产率可有效地把灌溉管理用水与农业生产相结合,实现灌溉用水的高效性,防止片面追求产量而大幅增加灌溉用水量的问题。

(4)从水分生产率空间分布结果分析得出:农田小尺度作物水分生产率和灌溉水分生产率的空间分布均匀程度是反映区域种植和灌溉管理水平的重要指标,其空间分布较均匀,对应的水分生产率较高;空间差异性较大,对应的水分生产率较低。

(5)从区域中尺度水分生产率计算分析结果得出:一般情况下区域中尺度水分生产率比农田小尺度作物水分生产率偏低1.0%~10.0%;中尺度水分生产率指标可较好地反映宏观区域上的水分利用状况。

(6)锡林河流域中心支轴式喷灌条件下青贮玉米和马铃薯联合种植区域水分生产率WUE_a均在4.1~5.5 kg/m^3,比灌溉制度优化后的水分生产率6.13 kg/m^{3}明显偏低,说明该区域的水分生产率总体水平不高,具有较大的节水潜力。

(7)种植结构调整方面:现状马铃薯种植面积最大,有4.59万亩,占总种植面积的55.98%;其次是青贮玉米3.27万亩,占总种植面积的39.88%。根据该区域灌溉饲草料地的建设要求,应以多年生牧草和青贮玉米种植为主,马铃薯等经济作物只能作为一种改善土壤特性的辅助作物进行倒茬种植。建议:根据饲草料地的建设要求、牧草种植对畜牧业的抗灾保畜功能、饲草需求类型、作物需耗水特性以及土壤气候等特点的分析,确定青贮玉米、紫花苜蓿、马铃薯和谷草为该地区饲草料地的主要种植作物。

(8)灌水方式方面:现状灌水方式主要以中心支轴式喷灌为主,占99.02%,现状中心支轴式喷灌存在着不合理灌水的现状,节水潜力较大,可采用推荐的定额管理节水方案;有少量的卷盘式喷灌、低压管道和滴灌,根据作物种植和各地区水资源现状,可适当增大滴灌的灌溉面积,在方案中设置了滴灌占30.0%的方案,滴灌也是该地区未来发展的重要方向,目前该地区也在尝试进行中心支轴式条件下的拖移式灌溉。

(9)节水潜力方面:现状灌水量普遍较高,具有较大的节水潜力;采用推荐的灌溉定额,现状灌水方式和种植结构条件下平水年总节水量为 1 058.10 万m^3；对于不同作物节水潜力，马铃薯节水潜力最大，占总节水量的 71.39%，其次是青贮玉米。对于节水潜力地区分布情况：白音锡勒牧场节水潜力最大，现状节水量为 360.50 万m^3，占总节水量的 34.07%；其次是沃原奶牛场节水量为 198.60 万m^3，占总节水量的 18.77%。

(10)调整灌水方式和种植结构调整节水潜力方面：通过采用推荐的灌溉定额节水管理方案，与现状灌水情况相比，节水量为 1 058.10 万m^3，节水率达到 42.67%，表明通过灌溉定额管理节水效果较好；而通过调整灌水方式和种植结构设计的 4 种方案节水量均在 1 020～1 130 万m^3之间，节水率均在 41.0%～46.0%之间，表明节水量相对较多，节水潜力较大。但同时 4 种不同方案间的节水量和节水率差异不明显，说明调整灌水方式或种植结构，或同时调整灌水方式和种植模式对提高整个区域的灌水效率不显著。

第4章　典型牧区水资源高效利用配置研究

锡林河流域水资源短缺，地表水系不发达，仅有一条常年性河流——锡林河，生产用水基本以开采地下水为主。未来随着工业快速发展和国民经济发展的用水需求，水资源将成为制约该区域社会经济健康发展的主要因素。本章选择占锡林河流域90%以上面积的北方典型草原区——锡林浩特市牧区进行水资源优化配置研究，实现锡林浩特市水资源高效利用。

4.1　经济社会发展预测

4.1.1　地区生产总值预测

国内(或区域)生产总值(Gross Domestic Product，GDP)是指在一定时期内(一个季度或一年)，一个国家或地区生产出的全部最终产品和劳务的价值，它被国际公认为是衡量国家或地区经济状况的最佳指标。1985年以来，GDP的核算已经成为我国经济管理部门了解经济运行状况的重要手段，是制定经济发展战略、规划、年度计划以及各种宏观经济政策的重要依据。因此，研究和建立国内生产总值预测模型具有重要的现实意义，预测精度的高低会影响到经济发展决策的科学性和可行性。

目前，关于GDP预测方法的研究与应用较多，如肖智、吴慰(2008)在考虑样本权重的基础上，提出一种微粒群算法与部分最小二乘回归方法相结合的组合预测方法，并在中国GDP预测中取得了较好的结果；孙彩、姜明辉(2008)利用遗传规划方法构建了非线性GDP预测模型，并将其应用于黑龙江省的GDP预测当中，预测效果比较理想；龙文、王惠文(2008)提出了曲线分类建模方法，并应用于多国家和地区GDP曲线的预测案例，说明了该方法的实用性和有效性；郝香芝(2007)、成刚(2007)、丁跃潮(2008)、雍红月(2008)、王莎莎(2009)、高瑞忠和李和平(2010)等通过基于时间序列的分析方法，实现了GDP的预测。

GDP受经济基础、人口增长、资源、科技、环境等诸多因素的影响，同时由于经济数据的时间跨度短、样本数量小等特点，较高精度的预测GDP往往是比较困难的。2010年，在总结前人研究成果的基础上，提出了复合Sigmoid函数的预测方法，通过计算实例充分说明了复合Sigmoid函数模型对于地区生产总值预测的适用性和准确性，这里采用该法进行锡林浩特市地区生产总值的预测。

1. 预测模型构建

逻辑斯谛曲线(logistic curve-LOG)由荷兰生物学家Verhulst提出，该曲线可分为三个部分，先缓慢增加，然后快速增加，后又逐渐趋于稳定，可反映事物的发生、发展和成熟的一般规律，它又称生长曲线。该曲线似“S”形，故又称S曲线。由于S曲线富有弹性，已在地学、环境、生态学、人口学、经济预测等许多领域得到广泛应用。逻辑斯谛曲线的数学方程：

$$x(t) = K/(1 + e^{a-rt}) \tag{4-1}$$

式中　$x(t)$——时刻 t 的待预测变量；

K——预测变量的饱和值；

r——增长率；

a——积分常数。

当 $K=1,r=1,a=1$ 时，逻辑斯谛曲线即为 Sigmoid 函数。

理论上已经证明，通过对简单非线性函数的复合可以实现对于复杂函数的映射(金菊良，2002)，因此，这里提出采用 Sigmoid 函数的复合来模拟 GDP 与其相关因素的关系，从而实现 GPD 的预测。不失一般性，这里给出双 Sigmoid 函数的复合方程：

$$y=\frac{K}{1+e^{-(a_1u_1+a_2u_2+\cdots+a_nu_n+c_0)}} \tag{4-2}$$

$$\begin{cases} u_1=\dfrac{1}{1+e^{-(b_{11}x_1+b_{12}x_2+\cdots+b_{1m}x_m+c_1)}} \\ u_2=\dfrac{1}{1+e^{-(b_{21}x_1+b_{22}x_2+\cdots+b_{2m}x_m+c_2)}} \\ \cdots \\ u_n=\dfrac{1}{1+e^{-(b_{n1}x_1+b_{n2}x_2+\cdots+b_{nm}x_m+c_n)}} \end{cases} \tag{4-3}$$

式中　y——预测变量；

$x_1,x_2,\cdots,x_m$——均为 y 的相关变量；

$u_1,u_2,\cdots,u_n$——中间变量；

m——相关变量的数目；

n——中间变量的数目，一般情况下可以取 $n=m$；

$a_1,a_2,\cdots,a_n$

$b_{11},b_{12},\cdots,b_{nm}$——均为方程的参数，可以通过建立以下优化问题并利用已知数据来识别。

$c_0,c_1,\cdots,c_n$

$$\text{Obj.}\quad f(a_1,a_2,\cdots,a_n,b_{11},b_{12},\cdots,b_{nm},c_0,c_1,\cdots,c_n)=\min\sum_{k=1}^{k}|y_{实测}-y_{计算}|^2 \tag{4-4}$$

式中　k——已知预测变量与对应相关变量构成的样本数据的数目。

2. 模型求解

鉴于以上优化问题呈现非线性，传统的优化方法很难求解，因此可以采用人工智能优化方法进行计算，如遗传算法、模拟退火算法、蚁群算法、禁忌算法、神经网络算法等。可以看出，$a_1,a_2,\cdots,a_n,b_{11},b_{12},\cdots,b_{nm},c_0,c_1,\cdots,c_n$ 等参数与 BP 神经网络算法的权值和阈值具有结构的相似性，因此，提出采用 BP 神经网络算法进行参数的优化计算。

3. 地区生产总值预测

对锡林浩特市历年地区生产总值进行时序上的自相关分析，自相关分析见表 4-1 和图 4-1。

表 4-1　锡林浩特市历年地区生产总值自相关分析

时　移	1	2	3	4	5
自相关系数	0.815	0.634	0.475	0.322	0.188
时　移	6	7	8	9	10
自相关系数	0.091	0.015	−0.053	−0.107	−0.145

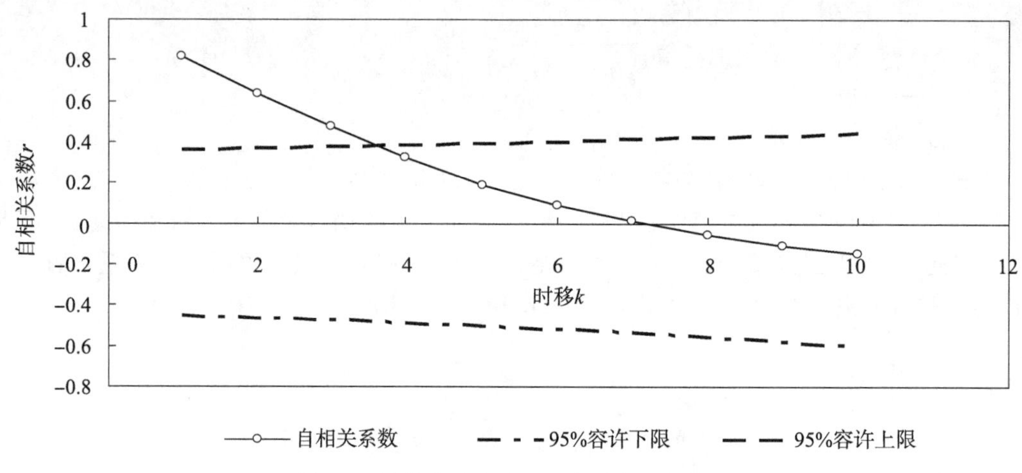

图 4-1 锡林浩特市地区生产总值自相关图

通过表 4-1、图 4-1 可知，锡林浩特市历年地区生产总值在时序上呈现极好的自相关性，并且在时移为 3 步以内时，自相关性显著，考虑到锡林浩特市地区生产总值的自相关性，以及序列长度与样本数目关系，因此采用 $t-3$ 年，$t-2$ 年和 $t-1$ 年的 GDP 来预测 t 年的 GDP，并且由于 GDP 序列为非平稳时间序列，需要进行平稳化处理，对 GDP 数据进行取自然对数，这样也可简化计算过程。

采用神经网络算法优化求解公式(4-4)，从而获得方程的各参数，见表 4-2。锡林浩特市 GDP 预测方程式(4-5)和式(4-6)来表述：

$$y=\frac{10}{1+\mathrm{e}^{-(-0.25017u_1-0.29811u_2-0.27604u_3+0.02743u_4-0.21274u_5+0.93424u_6+0.88775)}} \tag{4-5}$$

$$\begin{cases} u_1=\dfrac{1}{1+\mathrm{e}^{-(-0.44278x_1-0.46442x_2-1.54710x_3-1.04129)}} \\ u_2=\dfrac{1}{1+\mathrm{e}^{-(-0.13374x_1-0.20860x_2-0.99166x_3-0.64506)}} \\ u_3=\dfrac{1}{1+\mathrm{e}^{-(-0.26655x_1-0.24337x_2-0.56984x_3-0.25258)}} \\ u_4=\dfrac{1}{1+\mathrm{e}^{-(-0.53489x_1-0.62339x_2-2.36706x_3-1.75384)}} \\ u_5=\dfrac{1}{1+\mathrm{e}^{-(-0.19753x_1-0.35542x_2+0.56256x_3+0.75727)}} \\ u_6=\dfrac{1}{1+\mathrm{e}^{-(-0.89743x_1-0.95610x_2-3.44572x_3-2.73876)}} \end{cases} \tag{4-6}$$

表 4-2 给出了地区生产总值(包括自然对数值)实际值与方程计算值的对比，模型建立与检验阶段平均绝对误差为 2.57 亿元，平均相对误差为 6.14%，可以看出，计算值和实际值的拟合效果十分好，因此可以用于锡林浩特市地区生产总值的预测。2013～2020 年锡林浩特市的地区生产总值预测结果见表 4-2。图 4-2 给出了锡林浩特市地区生产总值预测模型参数识别检验阶段计算值和实际值的拟合曲线以及 2013～2020 年预测曲线。

表 4-2　锡林浩特市地区生产总值预测模型计算值与实际值的对比

项目	序号	时间 t（年）	地区生产总值（自然对数值）					地区生产总值（亿元）			相对误差（%）
			实际值				计算值	实际值	计算值	绝对误差	
			$t-3$ 年	$t-2$ 年	$t-1$ 年	t 年	t 年	t 年	t 年		
参数识别与检验数据	1	1993	2.159	2.214	2.305	2.482	2.388	11.965	10.886	−1.078	−9.012
	2	1994	2.214	2.305	2.482	2.618	2.538	13.715	12.658	−1.057	−7.705
	3	1995	2.305	2.482	2.618	2.731	2.685	15.344	14.663	−0.681	−4.440
	4	1996	2.482	2.618	2.731	2.752	2.825	15.670	16.855	1.185	7.561
	5	1997	2.618	2.731	2.752	2.867	2.885	17.590	17.908	0.318	1.808
	6	1998	2.731	2.752	2.867	2.929	2.996	18.700	20.013	1.313	7.024
	7	1999	2.752	2.867	2.929	2.965	3.069	19.390	21.510	2.120	10.934
	8	2000	2.867	2.929	2.965	3.179	3.128	24.030	22.839	−1.191	−4.956
	9	2001	2.929	2.965	3.179	3.182	3.311	24.090	27.410	3.320	13.781
	10	2002	2.965	3.179	3.182	3.239	3.360	25.510	28.793	3.283	12.870
	11	2003	3.179	3.182	3.239	3.418	3.443	30.500	31.284	0.784	2.569
	12	2004	3.182	3.239	3.418	3.706	3.591	40.680	36.288	−4.392	−10.796
	13	2005	3.239	3.418	3.706	3.930	3.854	50.893	47.194	−3.699	−7.268
	14	2006	3.418	3.706	3.930	4.095	4.105	60.010	60.618	0.607	1.012
	15	2007	3.706	3.930	4.095	4.340	4.312	76.724	74.557	−2.168	−2.825
	16	2008	3.930	4.095	4.340	4.636	4.547	103.096	94.356	−8.739	−8.477
	17	2009	4.095	4.340	4.636	4.826	4.808	124.750	122.430	−2.320	−1.860
	18	2010	4.340	4.636	4.826	4.966	5.006	143.398	149.284	5.886	4.105
	19	2011	4.636	4.826	4.966	5.144	5.155	171.480	173.284	1.804	1.052
	20	2012	4.826	4.966	5.144	5.271	5.299	194.537	200.102	5.565	2.860
预测	21	2013	4.966	5.144	5.271	—	5.406	—	222.767	—	—
	22	2014	5.144	5.271	5.406	—	5.512	—	247.587	—	—
	23	2015	5.271	5.406	5.512	—	5.593	—	268.661	—	—
	24	2016	5.406	5.512	5.593	—	5.658	—	286.688	—	—
	25	2017	5.512	5.593	5.658	—	5.708	—	301.300	—	—
	26	2018	5.593	5.658	5.708	—	5.746	—	312.805	—	—
	27	2019	5.658	5.708	5.746	—	5.774	—	321.738	—	—
	28	2020	5.708	5.746	5.774	—	5.795	—	328.542	—	—

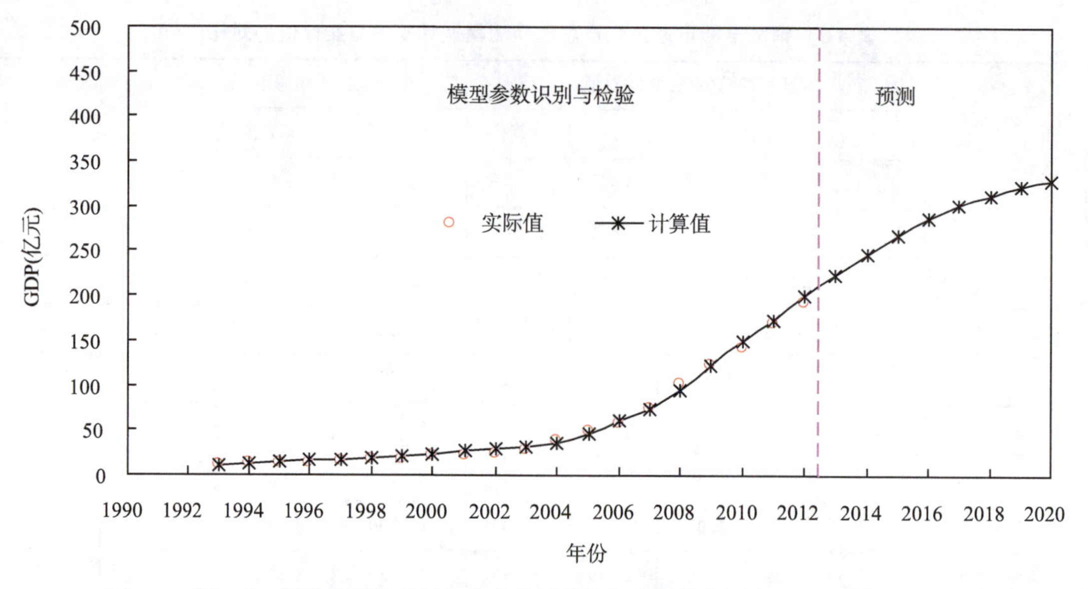

图 4-2　锡林浩特市地区生产总值计算值与实际值的拟合及预测曲线

4. 讨论与分析

(1)GDP 是制定经济发展战略、规划、年度计划以及各种宏观经济政策的重要依据，研究和建立国内生产总值预测模型具有重要的现实意义，但 GDP 受经济基础、人口增长、资源、科技、环境、政策等诸多因素的影响，较高精度地预测 GDP 是比较困难的。鉴于考虑到通过简单非线性函数的复合可以实现对复杂函数的映射，又有 Sigmoid 函数可以反映事物的发生、发展和成熟的一般规律，因此提出了采用复合 Sigmoid 函数方法来预测锡林浩特市地区生产总值。利用锡林浩特市 1990～2012 年地区生产总值数据，基于时间序列分析，以神经网络算法进行参数优化，建立了预测模型方程，实现了 2013～2020 年的锡林浩特市地区生产总值预测。

(2)锡林浩特经济发展变化规律为 1990～2005 年为缓慢发展期，2006～2016 年为快速发展期，2017～2020 年经济发展速度变缓，趋向于稳定持续发展期。

(3)2010 年锡林浩特市总用水量为 9 612 万 m^3，其中生产用水为 8 413 万 m^3，万元 GDP 用水量为 67.0 m^3。锡林浩特市地表水和地下水总可利用水量为 1.56 亿 m^3，2018 年后，预测产值达到 310 亿元以上时，万元产值用水量会在 50 m^3 以下，锡林浩特市将属于高水平的节水型城市，水资源量将会成为经济发展的限制因素。

(4)由于 GDP 预测的复杂性，预测成果有待于实践的进一步验证。随着时间的推移，对于模型可以进行实时修正，增加模型预测的精度，为锡林浩特市社会经济发展提供决策依据。

4.1.2　人口预测

2010 年锡林浩特市常住人口 17.23 万人，其中城镇人口 14.80 万人，农村人口 2.43 万人，城镇化率为 85.9%。根据锡林郭勒盟卫生和计划生育委员会规划文件，全盟人口自然增长率控制在 6‰以内。锡林浩特市作为锡林郭勒盟经济、政治和文化中心，人口增长率必将大于锡林郭勒盟其他地区。根据《锡林郭勒盟煤电一体化项目水资源保障分析》报告，未来 20 年在人口自然增长的基础上，随着锡林郭勒盟能源基地的建设，大量的企业将进驻，必将带来大量的人口涌入锡林浩特市，因此，除按 6‰的自然增长率考虑外，城镇人口还应考虑 2%的机械移民，预计2020年锡林浩特市城镇化率将达到90%。

因此，2020年锡林浩特市总人口为22.27万人，其中城镇人口20.04万人，农村人口2.23万人。

4.2　产业结构的优化

区域产业结构是国民经济中产业构成及所占比例的综合概念，即在一定空间范围内的三大产业构成及其各产业内部构成，是国民经济结构的核心与基础，反映了区域经济增长的基本态势以及经济增长的基本途径。

区域水资源作为社会经济发展的基础性自然资源、战略性经济资源以及控制性生态环境资源，对促进区域三大产业发展以及产业结构优化调整起着重要的支撑作用。区域社会经济发展趋势表明，区域水资源稀缺问题已成为三大产业和谐发展、生态环境和谐建设的重要制约因素，对区域产业结构演化过程的影响作用日趋凸显。

目前，许多学者和专家针对区域产业结构调整与优化以及水资源可持续利用等问题进行了系统深入的研究。宋先松(2004)分析了张掖市产业结构现状与流域水资源短缺的矛盾，提出应优化调整大耗水产业，大力发展节水型产业，建立节水型社会经济体系；雷社平、解建仓等(2004)利用相关分析理论和方法，系统地研究了产业结构调整与水资源需求变化之间的关系，并以北京市为实例，指出了发展第三产业，调整第二产业是解决首都水资源紧缺的重要方法；鲍超，方创琳等(2006)在分析内陆河流域用水结构与产业结构双向优化理论与机制的基础之上，以系统动力学模型为主模型，以投入产出模型、多目标决策模型、灰色系统模型、多元统计回归分析法等为辅助模型，建立了内陆河流域用水结构与产业结构双向优化仿真模型，并以我国典型的内陆河流域——黑河(干流)流域为例，对该模型进行了应用与分析；吴加清、代燕等(2006)在分析艾比湖流域现状用水结构及其存在问题的基础上，提出将水资源分配到经济效益高的产业，实现水资源的合理配置，是地区产业结构重点调整的方向，进一步提出了中游地区基于水资源条件的区域可持续发展的产业结构模式；蔡继、董增川等(2007)运用灰色关联度模型，探索产业结构构成变化与水资源可持续利用发展水平的相关关系，分析了水资源利用对各产业发展的制约作用，以及产业结构调整对水资源可持续利用的贡献；崔志清、董增川等(2008)在分析产业分类、产业结构的基础上，分析了产业结构合理性判断准则，建立了基于水资源约束的产业结构和工业结构优化模型，并提出了产业结构调整原则、调整方式的建议；王福林、吴丹(2009)基于区域产业结构发展趋势及其演变规律，以保障区域生活用水需求与生态环境用水需求为前提，在区域水资源可供给总量与产业发展用水需求量的约束条件下，建立了基于水资源优化配置的区域产业结构动态演化模型，从而实现调整与优化区域产业结构布局，以促进区域水资源的可持续开发利用；李和平、高瑞忠(2012)在满足鄂尔多斯市生活用水需求与生态环境用水需求的前提下，以区域水资源可供给总量与产业发展用水需求量为约束条件，建立了鄂尔多斯市水资源优化配置的区域产业结构优化模型，指出了鄂尔多斯市现状年的产业结构问题及规划年产业结构调整的方向。

本节以满足锡林浩特市生活用水需求与生态环境用水需求为前提，在区域水资源可供给总量与产业发展用水需求量的约束条件下，建立锡林浩特市基于水资源优化配置的区域产业结构优化模型，以指出锡林浩特市现状产业结构存在的问题和规划水平年的优化产业结构，为锡林浩特市的经济发展提供科技支撑。

4.2.1 产业结构优化模型的构建

考虑水资源的区域产业结构优化是在区域水资源总量稀缺的条件下，在保障生活用水和生态用水的基本前提下，通过水资源在各产业之间、各产业内部的合理配置，优化区域水资源在各产业之间的分配比例，调整区域产业结构布局，促进区域社会经济产业的和谐发展，实现产业综合效益的最大化，使水资源向经济效益高的产业部门流动，保障区域经济效益的最大化和区域用水结构的合理化，保障区域水资源的可持续利用。

以各产业各行业的用水量为优化变量，以锡林浩特市区域 GDP 最大化、区域总用水量最小化和区域污水排放量最小化作为综合优化目标。其中，区域 GDP 最大化是反应区域经济效益最直接的目标，区域总用水量最小化是考察区域产业用水效益的主要指标，区域污水排放量最小化是衡量区域产业部门污染物排放量的主要指标。

1. 目标函数

(1)区域国内(地区)生产总值(GDP)最大化：

$$\max f_1(X)=\sum_{i=1}^{I}[x_{1i}(t)/a_{1i}(t)]+\sum_{j=1}^{J}[x_{2j}(t)/a_{2j}(t)]+\sum_{k=1}^{K}[x_{3k}(t)/a_{3k}(t)] \tag{4-7}$$

式中 $f_1(X)$——t 年锡林浩特市的地区生产总值；

$x_{1i}(t),a_{1i}(t)$——t 年第一产业 i 行业的水资源需求量和万元产值用水量；

$x_{2j}(t),a_{2j}(t)$——t 年第二产业 j 行业的水资源需求量和万元产值用水量；

$x_{3k}(t),a_{3k}(t)$——t 年第三产业 k 行业的水资源需求量和万元产值用水量。

(2)区域总用水量最小化：

$$\max f_2(X)=\sum_{i=1}^{I}x_{1i}(t)+\sum_{j=1}^{J}x_{2j}(t)+\sum_{k=1}^{K}x_{3k}(t) \tag{4-8}$$

式中 $f_2(X)$——t 年锡林浩特市的总用水量，其他符号同前。

(3)区域污水排放量最小化：

$$\max f_3(X)=\sum_{i=1}^{I}[x_{1i}(t)b_{1i}(t)/a_{1i}(t)]+\sum_{j=1}^{J}[x_{2j}(t)b_{2j}(t)/a_{2j}(t)]+\sum_{k=1}^{K}[x_{3k}(t)b_{3k}(t)/a_{3k}(t)] \tag{4-9}$$

式中 $f_3(X)$——t 年锡林浩特市的污水排放量；

$x_{1i}(t),b_{1i}(t)$——t 年第一产业 i 行业的水资源需求量和万元产值污水排放量；

$x_{2j}(t),b_{2j}(t)$——t 年第二产业 j 行业的水资源需求量和万元产值污水排放量；

$x_{3k}(t),b_{3k}(t)$——t 年第三产业 k 行业的水资源需求量和万元产值污水排放量，其他符号同前。

2. 约束条件

$$\sum_{i=1}^{I}[x_{1i}(t)/a_{1i}(t)]+\sum_{j=1}^{J}[x_{2j}(t)/a_{2j}(t)]+\sum_{k=1}^{K}[x_{3k}(t)/a_{3k}(t)]\geqslant Z_1(t) \tag{4-10}$$

$$\begin{cases}\sum_{i=1}^{I}x_{1i}(t)+\sum_{j=1}^{J}x_{2j}(t)+\sum_{k=1}^{K}x_{3k}(t)\leqslant Z_2(t)-w_s(t)p(t)-W_e(t)\\ x_{1i}(t)\geqslant D_{1i}(t)\\ x_{2j}(t)\geqslant D_{2i}(t)\\ x_{3k}(t)\geqslant D_{3i}(t)\end{cases} \tag{4-11}$$

$$\sum_{i=1}^{I}[x_{1i}(t)b_{1i}(t)/a_{1i}(t)]+\sum_{j=1}^{J}[x_{2j}(t)b_{2j}(t)/a_{2j}(t)]+\sum_{k=1}^{K}[x_{3k}(t)b_{3k}(t)/a_{3k}(t)]\leqslant Z_3(t) \tag{4-12}$$

$$\sum_{i=1}^{I}x_{1i}(t)Q(t)\geqslant Z_4(t) \tag{4-13}$$

$$x_{1i}(t),x_{2j}(t),x_{3k}(t)>0,i=1,2,\cdots,I;j=1,2,\cdots,J;k=1,2,\cdots,K \tag{4-14}$$

式中　$Z_1(t)$——t 年锡林浩特市地区 GDP 的最小规划值；

$Z_2(t)$——t 年锡林浩特市区域水资源的最大可供给量；

$w_s(t)$——t 年人均综合用水定额；

$p(t)$——t 年规划人口总数；

$W_e(t)$——t 年生态环境需水量；

$D_{1i}(t),D_{2i}(t),D_{3i}(t)$——$t$ 年第一产业、第二产业和第三产业的各行业的最低用水需求；

$Z_3(t)$——t 年锡林浩特市污水排放的最大容量；

$Q(t)$——t 年锡林浩特市单方水的粮食产量；

$Z_4(t)$——t 年锡林浩特市粮食总产量的最小规划值。

4.2.2　产业结构优化模型的求解

遗传算法随着计算机技术的高速发展已经引起人们越来越多的注意，许多情况下，遗传算法表现得优于传统的优化设计，已经在求解各领域的优化难题中取得了卓越的成就。

遗传算法是模仿生物的遗传、进化原理，并引用了随机统计理论而形成的数值优化方法。在求解过程中，遗传算法从一个初始种群——解集开始，一代一代地寻找问题的最优解，直至满足收敛精度要求或预先设定的迭代次数为止，是一种迭代式搜索算法。

水资源系统规划与管理中的许多问题都是多目标优化问题。寻求非劣解集是多目标决策的基本手段，成熟的非劣解集生成技术本质上都是以标量优化的手段通过多次计算得到非劣解集。遗传算法的内在并行机制及其全局优化的特性使其在多目标优化领域中也引起了关注，国内外学者在把遗传算法应用于多目标问题的研究中已取得了一些成果。目前，应用遗传算法求解多目标问题的方法可分为两类，一类是根据决策偏好信息，先将多目标问题标量化处理为单目标问题后再以遗传算法求解，这一类方法没有脱离传统的多目标问题分步解决的方式，另一类是在没有偏好信息条件下直接使用遗传算法推求多目标问题的非劣解集，此类方法是通过改进个体适应度函数的定标方法来实现的。

游进军、纪昌明等(2003)提出了一种基于目标序列的排序矩阵评价个体适应度的多目标遗传算法，主要优点有：用排序表现矩阵确定个体适应度，消除了不可公度目标间难以比较的问题；通过一次计算就可以得到问题的非劣解集，简化了多目标问题的求解步骤；计算过程不需要引入权重系数，不需要人工干预，相对以往的多目标求解方法，能更方便地生成非劣解集。

综合考虑排序矩阵对于求解多目标问题的优点，项目组提出了基于排序矩阵的实码遗传算法，并编制 FORTRAN90 计算程序进行锡林浩特市产业结构的优化。不失一般性，以求解两个目标问题为例说明主要计算过程：

$$\text{Objective 1:}\min f_1(x) \tag{4-15}$$

$$\text{Objective 2:}\min f_2(x) \tag{4-16}$$

$$\text{S. t.}: a(j) \leqslant x(j) \leqslant b(j) \tag{4-17}$$

式中　$x = \{x(j)\}$——优化变量集；

$[a(j), b(j)]$—— $x(j)$ 的变化区间；

$f_1(x), f_2(x)$——目标函数。

1. 个体编码

采用实数编码进行锡林浩特市产业结构优化的的遗传算法研究，利用如下线性变换：

$$x(j) = a(j) + y(j)[b(j) - a(j)] \quad (j = 1,2,\cdots,p) \tag{4-18}$$

把初始变化区间为 $[a(j),b(j)]$ 区间的第 j 个优化变量 $x(j)$ 对应到 $[0,1]$ 上的实数 $y(j)$，称其为基因。优化问题所有变量对应的基因依次连在一起构成问题解的编码形式 $(y(1),y(2),\cdots,y(p))$，称为染色体或个体。经过编码，所有优化变量都统一到 $[0,1]$ 区间，直接对各优化变量的基因形式进行各种遗传操作。

2. 父代群体的初始化

设群体规模为 n，生成 n 组 $[0,1]$ 区间上的均匀随机数，每组有 p 个，即 $\{u(j,i)\}(j = 1, 2,\cdots,p; i = 1,2,\cdots,n)$，把各 $u(j,i)$ 作为初始群体的父代个体值 $y(j,i)$ 带入式(4-18)得到优化变量值 $x(j,i)$，再经公式(4-15)、式(4-16)得到相应的目标函数值 $\{(f_1(i),f_2(i)) \mid i = 1, 2,\cdots,n\}$，把 $\{(f_1(i),f_2(i)) \mid i = 1,2,\cdots,n\}$ 分别按照各目标值从小到大排序，对应的个体 $\{y(j,i)\}$ 也跟着排序。

3. 父代群体的适应度评价

目标函数值越小，表示该个体的适应度函数越高，反之亦然。对于目标 1，$M_1(i)$ 定义为第 i 个体的单排序数，例如，如果 $f_1(n)$ 或 $f_1(1)$ 是最大值，则 $M_1(n)$ 或 $M_1(1)$ 等于 1，如果 $f_1(n)$ 或 $f_1(1)$ 是最小值，则 $M_1(n)$ 或 $M_1(1)$ 等于 n，其他依次类推。同样的，对于 $M_2(i)$ 定义为目标 2 第 i 个体的单排序数，则综合排序为：

$$F(i) = M_1(i) + M_2(i) \tag{4-19}$$

$F(i)$ 是第 i 个个体的适应度，可以看出，$f_1(i)$ 和 $f_2(i)$ 越小，$F(i)$ 越大。

4. 选择操作

选择产生第 1 个子代群体 $\{y_1(j,i) \mid j = 1,2,\cdots,p; i = 1,2,\cdots,n\}$，取比例选择方式，则父代个体 $y(j,i)$ 的选择概率 $p_s(i)$ 为：

$$p_s(i) = F(i) \Big/ \sum_{i=1}^{n} F(i) \tag{4-20}$$

令 $p(i) = \sum_{k=1}^{i} p_s(k)$，则序列 $\{p(i) \mid i = 1,2,\cdots,n\}$ 把 $[0,1]$ 区间分成 n 个子区间，这些子区间与 n 个父代个体一一对应。生成 n 个随机数 $\{u(k) \mid k = 1,2,\cdots,n\}$，若 $u(k)$ 在 $[p(i-1), p(i)]$ 中，则第 i 个个体 $y(j,i)$ 被选中，即 $y_1(j,k) = y(j,i)$ 。这样从父代群体 $\{y(j,i)\}$ 中以概率 $p_s(i)$ 选择第 i 个个体，共选择 n 个个体。

5. 交叉操作

交叉产生第 2 个子代群体 $\{y_2(j,i) \mid j = 1,2,\cdots,p; i = 1,2,\cdots,n\}$，对于实数编码系统，一个基因表示一个优化变量，为保持群体的多样性，根据选择概率随机选择一对父代个体 $y(j,i_1)$ 和 $y(j,i_2)$ 作为双亲，并进行如下随机线性组合，产生一个子代个体 $y_2(j,i)$ ：

$$\left.\begin{aligned} y_2(j,i) &= u_1 y(j,i_1) + (1-u_1) y(j,i_2), u_3 < 0.5 \\ y_2(j,i) &= u_2 y(j,i_1) + (1-u_2) y(j,i_2), u_3 \geqslant 0.5 \end{aligned}\right\} \tag{4-21}$$

u_1, u_2, u_3 为随机数，通过这样的杂交操作，共产生 n 个子代个体。

6. 变异操作

变异产生第 3 个子代群体 $\{y_3(j,i) \mid j = 1,2,\cdots,p; i = 1,2,\cdots,n\}$，任意一个父代个体 $y(j,i)$，若其适应度函数值 $F(i)$ 越小，则其选择概率 $p_s(i)$ 越小，则对该个体进行变异的概率 $p_m(i)$ 也应越大。因此，变异操作是，采用 p 个随机数以 $p_m(i) = 1 - p_s(i)$ 的概率来代替个体 $y(j,i)$，从而得到子代个体 $y_3(j,i), j = 1,2,\cdots,p$。

$$\left.\begin{aligned} y_3(j,i) &= u(j), \quad u_m < p_m(i) \\ y_3(j,i) &= y(j,i), \quad u_m \geqslant p_m(i) \end{aligned}\right\} \tag{4-22}$$

式中　$u(j)(j = 1,2,\cdots,p), u_m$ ——[0,1]之间的均匀随机数；

$p_m(i)$ ——变异概率，等于 $1 - p_s(i)$。

7. 多目标问题中劣解的选择

多目标问题中在没有给出决策偏好信息的前提下，难以直接衡量解的优劣，这是多目标问题中的最大困难。根据遗传算法中每一代都有大量的可行解产生这一特点，考虑通过可行解之间相互比较淘汰劣解的办法来达到最后对非劣解集的逼近。多目标遗传算法寻优流程如图 4-3 所示。

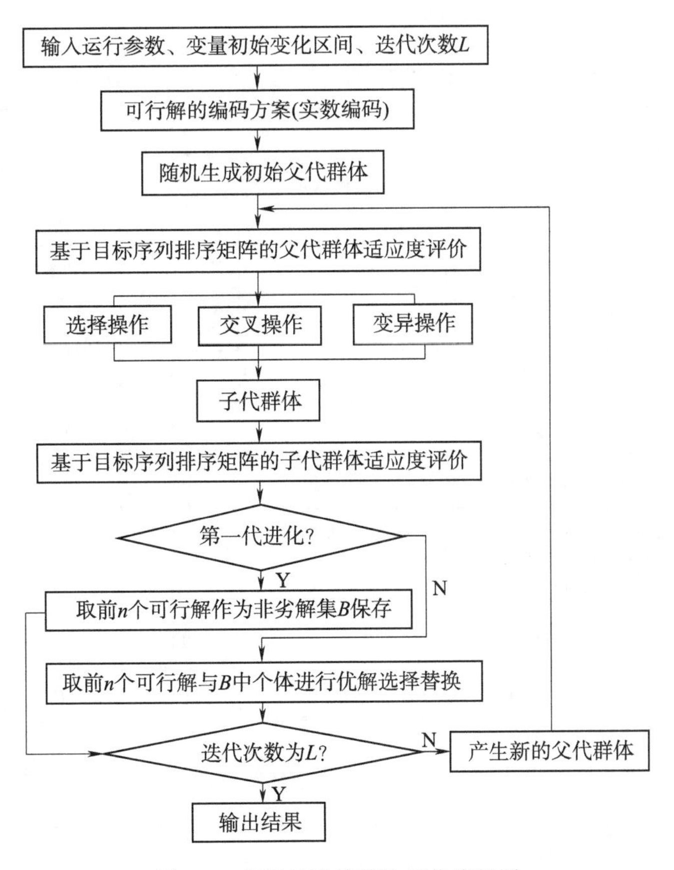

图 4-3　多目标遗传算法寻优流程图

8. 优解保存策略

先将第一代进化产生的最好的 n 个可行解作为现有非劣解集保存,以后对于每一代进化所产生的最好的 n 个可行解与非劣解集中的各解逐一进行比较,保留优解替换劣解,经过数量足够大的种群一定次数的进化,计算结束时所得到的就是算法中产生的最好的可行解,从而构成非劣解集。

4.2.3 模型计算结果与分析

1. 现状水平的产业结构优化

(1)模型主要参数和优化求解

所有基础数据均采用现状年(2010 年)数据。第一产业分为农作物种植业、林业、畜牧业和渔业,第二产业分为火电工业、规模以上工业、规模以下工业和建筑业,第三产业没有进行行业细化。由于选择各产业各行业用水量为优化变量,所以共有 9 个优化变量;目标函数 3 个,即用水量最小、产业增加值最大和污水排放量最小;初始父代群体数为 100 个;种群多样性距离取 0.5;输出非劣解集中解的个数 20 个;最大迭代次数取 500 次;收敛误差取 0.1。经过迭代计算,获得主要参数结果见表 4-3。表 4-4～表 4-6 给出了优化前后各产业各行业用水量、产业增加值及污水排放量的对比。

表 4-3 锡林浩特市现状年产业结构优化主要参数结果

非劣解序号	各目标函数值			单排序矩阵			综合排序
	总用水量(万m³)	区域 GDP(万元)	污水排放量(万m³)	总用水量	区域 GDP	污水排放量	
1	6 500.9	1 454 438	1 533.5	87	43	77	207
2	6 515.6	1 444 561	1 518.6	83	23	94	200
3	6 492.0	1 435 566	1 516.6	90	10	98	198
4	6 499.0	1 444 093	1 524.2	88	22	88	198
5	6 449.6	1 437 603	1 528.5	100	14	83	197
6	6 478.3	1 436 443	1 522.9	94	12	90	196
7	6 566.5	1 452 143	1 523.8	68	39	89	196
8	6 479.3	1 440 126	1 526.9	93	17	85	195
9	6 487.5	1 435 162	1 519.4	91	7	93	191
10	6 461.6	1 435 135	1 526.8	97	6	86	189
11	6 524.7	1 447 529	1 532.8	78	31	78	187
12	6 480.2	1 434 395	1 520.4	92	2	92	186
13	6 571.9	1 444 698	1 518.4	66	24	95	185
14	6 524.3	1 458 890	1 553.2	79	55	50	184

续上表

非劣解序号	各目标函数值			单排序矩阵			综合排序
	总用水量（万 m³）	区域 GDP（万元）	污水排放量（万 m³）	总用水量	区域 GDP	污水排放量	
15	6 452.2	1 435 407	1 535.2	98	9	75	182
16	6 502.8	1 463 344	1 581.2	86	62	34	182
17	6 466.4	1 435 132	1 528.9	95	5	81	181
18	6 537.1	1 451 710	1 537.8	74	36	70	180
19	6 497.7	1 443 737	1 541.0	89	21	66	176
20	6 515.9	1 434 274	1 522.5	82	1	91	174

表 4-4　优化前后各产业各行业用水量及用水比例的对比

项　目			用水量（万 m³）			用水比例		
			调 整 前	调 整 后	调整变化	调 整 前	调 整 后	调整变化
第一产业	种植业灌溉		3 944	2 766	−1 178	41.03%	33.70%	−7.33%
	林果业灌溉		540	456.2	−83.8	5.62%	5.56%	−0.06%
	渔　业		0.6	0.6	0	0.01%	0.01%	0
	畜 牧 业		485.0	463.4	−21.6	5.05%	5.65%	0.60%
	小　计		4 969.6	3 686.2	−1 283.4	51.70%	44.91%	−6.79%
第二产业	工业	火　电	450	447.8	−2.2	4.68%	5.46%	0.77%
		规模以上工业	1 998	1 711.3	−286.7	20.79%	20.85%	0.06%
		规模以下工业	120	135.4	15.4	1.25%	1.65%	0.40%
	建 筑 业		421	471	50	4.38%	5.74%	1.36%
	小　计		2 989	2 765.5	−223.5	31.10%	33.69%	2.59%
第三产业			454	557.3	103.3	4.72%	6.79%	2.07%
生　活			796	796	0	4.28%	9.70%	1.42%
生　态			403	403	0	4.19%	4.91%	0.72%
合　计			9 611.6	8 208.0	−1 403.6	100%	100%	—

表 4-5　优化前后各产业各行业产业增加值及产业结构比例的对比

项　目			产业增加值(万元)			产业结构比例		
			调 整 前	调 整 后	调整变化	调 整 前	调 整 后	调整变化
第一产业	种植业灌溉		14 679	11 877	−2 803	1.024%	0.817%	−0.207%
	林果业灌溉		1 000	844	−155	0.070%	0.058%	−0.012%
	渔　业		175	183	8	0.012%	0.013%	0
	畜 牧 业		52 450	52 059	−391	3.658%	3.579%	−0.078%
	小　计		68 304	64 963	−3 341	4.763%	4.467%	−0.297%
第二产业	工业	火　电	122 045	121 449	−597	8.511%	8.350%	−0.161%
		规模以上工业	645 758	553 096	−92 662	45.033%	38.028%	−7.005%
		规模以下工业	59 640	67 294	7 654	4.159%	4.627%	0.468%
	建 筑 业		120 000	134 252	14 252	8.368%	9.230%	0.862%
	小　计		947 443	876 090	−71 353	66.071%	60.235%	−5.836%
第三产业			418 229	513 390	95 161	29.166%	35.298%	6.132%
生　活			0	0	0	0	0	0
生　态			0	0	0	0	0	0
合　计			1 433 976	1 454 443	20 467	100%	100%	—

表 4-6　优化前后各产业各行业污水排放量的对比

项　目			污水排放量(万m³)		
			调 整 前	调 整 后	调整变化
第一产业	种植业灌溉		0	0	0
	林果业灌溉		0	0	0
	渔　业		0	0	0
	畜 牧 业		0	0	0
	小　计		0	0	0
第二产业	工业	火　电	180.0	179.1	−0.9
		规模以上工业	1 158.8	992.6	−166.3
		规模以下工业	69.6	78.5	8.9
	建 筑 业		58.9	65.9	7.0
	小　计		1 467.4	1 316.1	−151.2
第三产业			177.1	217.4	40.3
生　活			162.6	162.6	0
生　态			0	0	0
合　计			1 807.1	1 696.1	−110.9

(2)优化结果分析

①产业用水量、地区生产总值和污水排放量的变化：

图 4-4～图 4-6 分别给出了锡林浩特市各产业之间、第一产业、第二产业各行业用水量、产业增加值和污水排放量的优化前后对比。

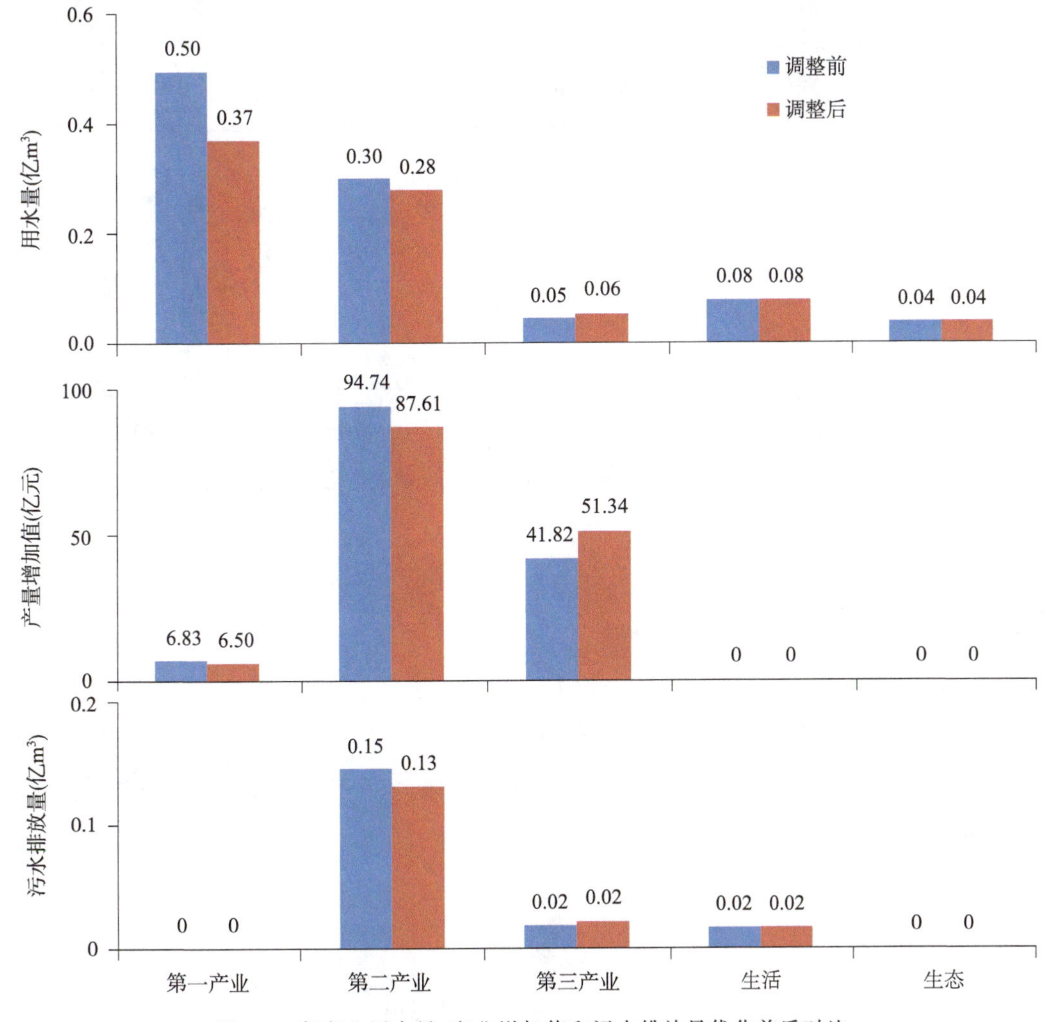

图 4-4　各产业用水量、产业增加值和污水排放量优化前后对比

从图 4-4 可以看出，锡林浩特市各产业的总用水量由 9 611.6 万m^3减少到 8 208.0 万m^3，减少了 1 403.6 万m^3，占 2010 年总用水量的 14.6%，其中第一产业减少了 1 283.4 万m^3，第二产业减少了 223.5 万m^3，第三产业增加了 103.3 万m^3，生活和生态用水量保持 796 万m^3和 403 万m^3不变。地区生产总值增加了 20 467 万元，占 2010 年地区生产总值的 1.43%，其中第一产业增加值减少了 3 341 万元，第二产业增加值减少了 71 353 万元，第三产业增加值增加了 95 161 万元。污水排放量减少了 110.9 万m^3，占 2010 年污水排放量的 6.13%，其中第二产业减少了 151.2 万m^3，第三产业增加了 40.3 万m^3，生活污水排放量维持 162.6 万m^3不变。总体来说，进行优化以后，使锡林浩特市的水资源得到了充分有效的利用，总用水量减少，地区生产总值增加，污水排放量减少。

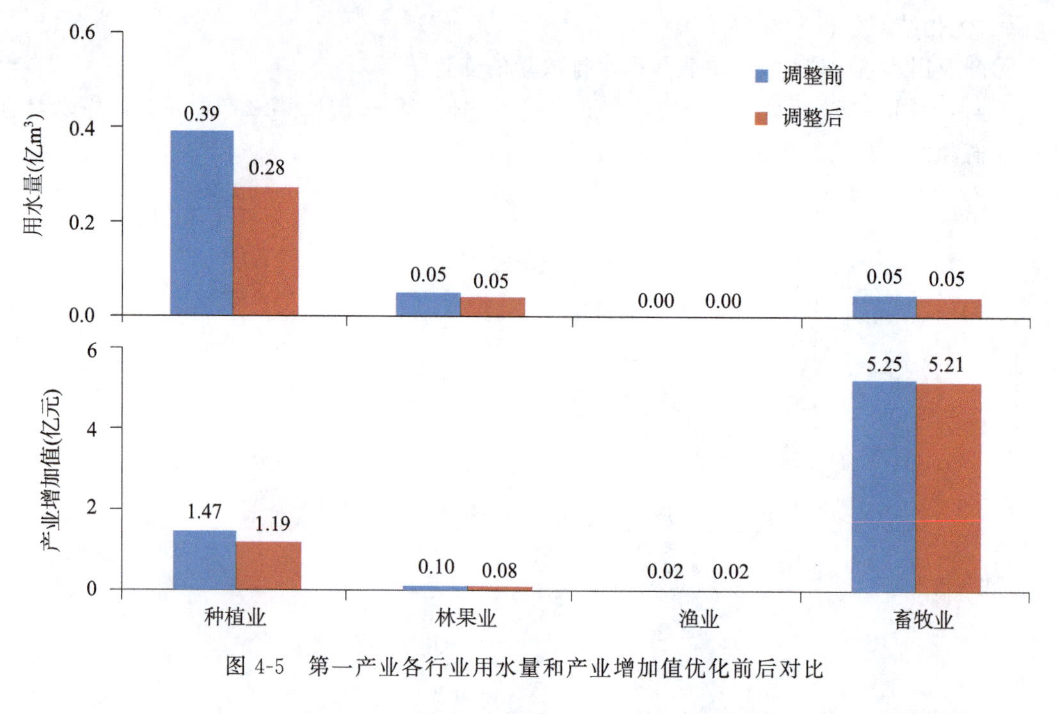

图 4-5 第一产业各行业用水量和产业增加值优化前后对比

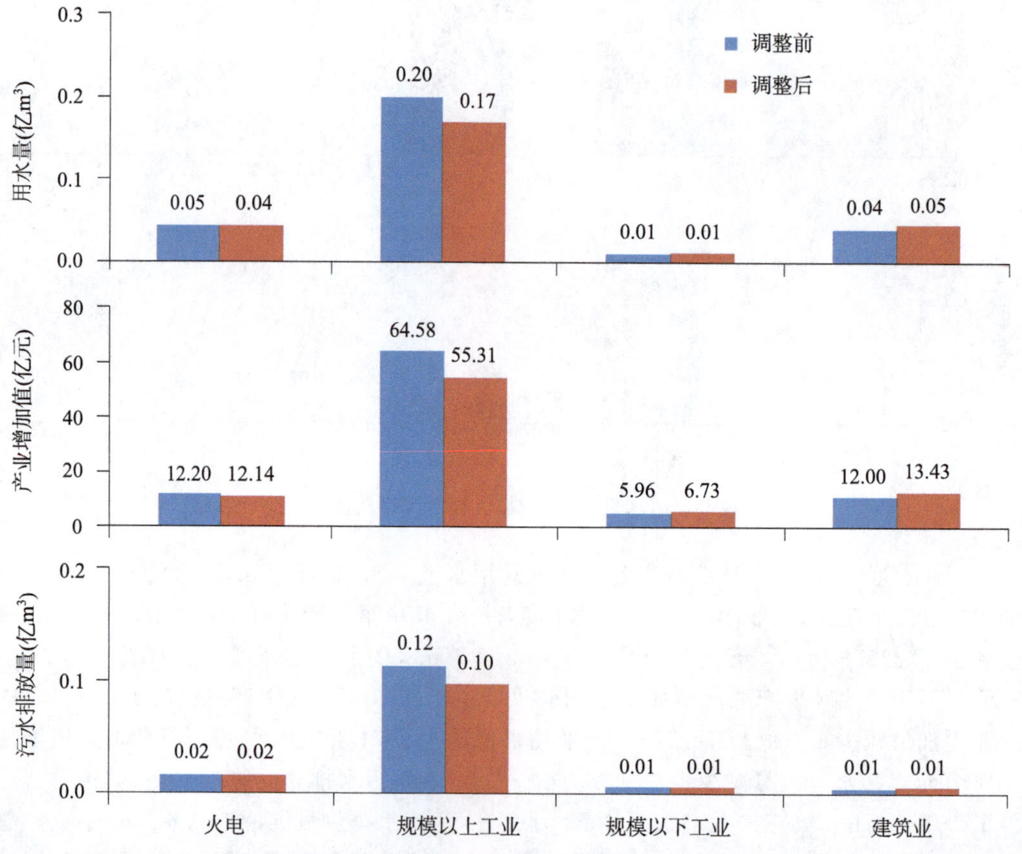

图 4-6 第二产业各行业用水量、产业增加值和污水排放量优化前后对比

从图 4-5 可以看出，锡林浩特市第一产业中种植业灌溉水量减少了 1 178 万m^3，产业增加值减少了 2 803 万元，林牧业灌溉水量减少了 83.8 万m^3，产业增加值减少了 155 万元，渔业用水量基本没有发生变化，产业增加值增加了 8 万元，畜牧业用水量减少了 21.6 万m^3，产业增加值减少了 391 万元。

从图 4-6 可以看出，锡林浩特市第二产业中火电、规模以上工业用水量和产业增加值均有不同程度的减小，而规模以下工业和建筑业略有增加。火电工业和规模以上工业的用水量分别减少了 2.2 万m^3和 286.7 万m^3，产业增加值分别减少了 597 万元和 92 662 万元，污水排放量分别减少了 0.9 万m^3和 166.3 万m^3；规模以下工业用水量增加了 15.4 万m^3，产业增加值增加了 7 654 万元，污水排放量增加了 8.9 万m^3；建筑业用水量增加了 50 万m^3，产业增加值增加了 14 252 万元，污水排放量增加了 7.0 万m^3。

②产业用水量、产业增加值比例结构的优化变化：

从图 4-7 可以看出，优化调整后第一产业的用水量占总用水量的比例有所减小，第二产业、第三产业、生活和生态的用水量占总用水量的比例有所增加。第一产业的用水量比例由 51.7%调整为 44.91%，减少了 6.79%，第二产业、第三产业、生活和生态用水量比例分别增加了 2.59%、2.07%、1.42%、0.72%。

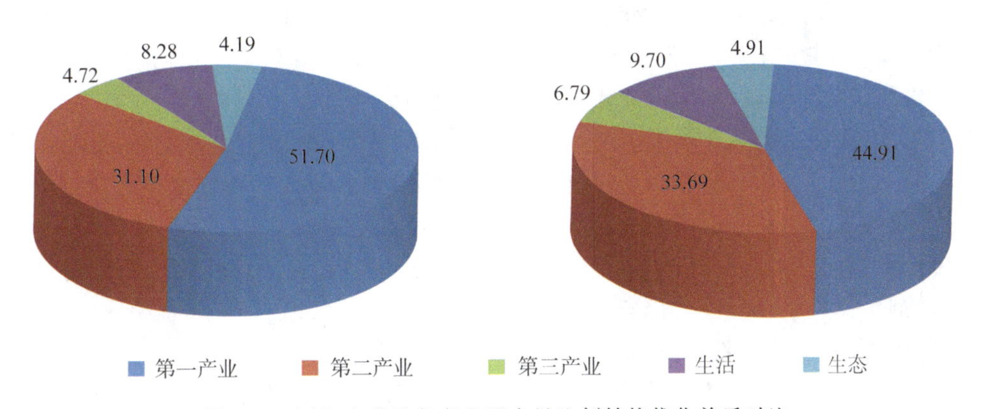

图 4-7　生活、生态及各产业用水量比例结构优化前后对比

从图 4-8 可以看出，优化调整后第一产业和第二产业的增加值占地区生产总值的比例有所减小，第三产业的增加值占地区生产总值的比例有所增加。第一产业和第二产业增加值的比例分别减小了 0.30%和 5.84%，第三产业的增加值增加了 6.13%。

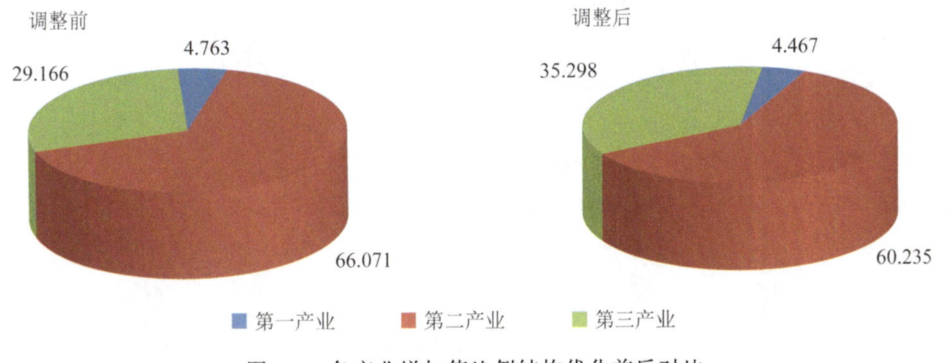

图 4-8　各产业增加值比例结构优化前后对比

对于各产业中各行业优化调整前后用水比例和产业增加值比例的对比分析，可以看出，对于第一产业，种植业用水量、林牧业灌溉和畜牧业用水量应减少，渔业用水量基本维持不变，产值比例是种植业、林牧业和畜牧业会减小，渔业基本维持不变；对于第二产业，规模以下工业和建筑业用水量应增加，产值及产值比例均增加，火电工业和规模以上工业用水量应减少，但用水比例火电工业增加，规模以上工业减少，二者的产业增加值业均减少。

总之，通过优化可以看出，现状年的产业结构不是十分合理，具有充分合理利用水资源的潜力，另外，针对锡林浩特市经济发展与区域水资源短缺的矛盾，应调整大耗水产业比例，大力发展节水型产业，建立节水型社会经济体系。

③2010～2012 年产业结构变化分析：

国内生产总值由第一产业、第二产业、第三产业增加值构成，其中第三产业增加值占国内生产总值的比重是一个重要的统计指标，它反映一个国家或地区所处的经济发展阶段，反映经济发展的总体水平。一般情况下，随着经济的发展和人均收入水平的提高，劳动力、资本在三次产业间的分布发生规律性的变化。由于产业间产品附加值的差异以及由此带来的相对收入差异，劳动力首先从第一产业向第二产业转移，当人均收入水平进一步提高时，劳动力又向第三产业转移，社会资本分布的重心也逐步从第一产业向第二、第三产业转移，三次产业增加值的相对比重会发生相应的变化，第一产业比重不断下降，第二产业比重由快速上升逐渐转为下降，第三产业则经历上升、徘徊、再上升的发展过程，成为国民经济中最大的产业。

对于锡林浩特市来说，三次产业增加值比例由 2010 年的 4.7：66.1：29.2 变为 2012 年的 4.4：64.5：31.1，第一、二产业增加值比例减小，第三产业增加值比例增加，说明锡林浩特市正处于第三产业快速发展期，以后年度的经济发展历程中，第三产业增加值的比例会继续增大，第三产业的发展速度应逐步超过第二产业。

综合来说，对于 2010 年至 2012 年产业发展与结构调整趋势与现状年产业结构的优化结果是一致的。

2. 规划水平年的产业结构优化

依据锡林浩特市地区生产总值分析预测成果，锡林浩特市经济发展变化规律 1990～2005 年为缓慢发展期，2006～2016 年为快速发展期，2017～2020 年经济发展速度变缓，趋向于稳定持续发展期。规划水平年 2020 年地区生产总值为328.5 亿元，利用考虑水资源的产业结构优化模型进行地区生产总值的分配，给出锡林浩特市规划水平年的三次产业的优化结构比例，具体计算步骤如下：

首先，确定了规划水平年锡林浩特市高、中、低不同用水效率下的万元产值用水量和排污量，见表 4-7。

其次，规划水平年产业结构优化模型的构建。模型结构同现状年，见 4.2.1 节，模型约束条件进行调整，式(4-10)等于 $Z_1(t)$，对于 2020 年取 328.5 亿元，模型的优化变量包括 4 个，即第一产业、工业、建筑业和第三产业的用水量。

最后，采用多目标遗传算法进行模型求解，计算结果见表 4-8。

表 4-7　规划水平年不同用水效率下的万元产值用水量和排污量

用水效率		指　标	第一产业	第二产业		第三产业
				工　业	建 筑 业	
现状水平		*a*	727	31.0	35.1	10.9
		b	0	17.0	4.9	4.2
2020 年	高	*a*	320	20	10	8
		b	0	5	1.0	2.0
	中	*a*	410	25	20	9
		b	0	7.5	2.2	3.0
	低	*a*	500	30	30	10
		b	0	10.5	3.6	3.5

注：*a* 为万元产值用水量（m^3/万元），*b* 为万元产值排污量（m^3/万元）。

从表 4-8 可以看出：2020 年，在高、中、低用水效率下，产业需水量分别为 8 101 万m^3，10 766 万m^3和 13 465 万m^3。依据可供水量和需水量预测成果，在保证生活、生态需水量外，各产业供水量可以满足不同用水效率下规划水平年锡林浩特市产业发展的用水量需求。

表 4-8　规划水平年不同用水效率下的各指标值

用水效率		指　标	第一产业	第二产业		第三产业	合　计
				工　业	建 筑 业		
现状水平		*a*	4 969.6	2 568	421	454	9 611.6
		b	68 304	827 443	120 000	418 229	1 433 976
		c	0	1 408	59	177	1 644
		d	51.7	27.95	5.74	6.79	100
		e	4.76	57.70	8.37	29.17	100
2020 年	高	*a*	3 784	2 884	266	1 167	8 101
		b	118 260	1 442 115	266 085	1 458 540	3 285 000
		c	0	721	27	292	1 039
		d	46.71	35.60	3.28	14.40	100
		e	3.60	43.90	8.10	44.40	100
	中	*a*	5 253	3 696	558	1 259	10 766
		b	128 115	1 478 250	279 225	1 399 410	3 285 000
		c	0	1 109	61	420	1 590
		d	48.79	34.33	5.19	11.70	100
		e	3.90	45.00	8.50	42.60	100
	低	*a*	6 734	4 504	867	1 360	13 465
		b	134 685	1 501 245	289 080	1 359 990	3 285 000
		c	0	1 576	104	476	2 156
		d	50.01	33.45	6.44	10.10	100
		e	4.10	45.70	8.80	41.40	100

注：*a* 为用水量（万m^3），*b* 为地区生产总值（万元），*c* 为污水排放量（万m^3），*d* 为用水比例，*e* 为产业增加值比例。

4.3 水资源可供水量

4.3.1 常规水源

1. 地表水

地表水资源量是指本地降水所产生的地表径流量。地表水资源可利用量是指在可预见的时期内，统筹考虑生活、生产和生态环境用水，协调河道内外用水的基础上，通过经济合理、技术可行的措施可供河道外一次性利用的最大水量(不包括回归重复利用量)。根据全国水资源综合规划中的《内蒙古自治区水资源及其开发利用调查评价》，锡林浩特市地表水资源量为2 305 万m^3，地表水可利用量为1 244.8 万m^3。

2. 地下水

地下水资源量是指地下水中参与水循环且可以逐年更新的动态水量(矿化度M小于2 g/L的水量)。根据全国水资源综合规划中的《内蒙古自治区水资源及其开发利用调查评价》，锡林浩特市多年平均地下水资源量22 968.63 万m^3，地下水资源可开采量($M \leqslant 2$ g/L)为14 601.75 万m^3。

3. 常规水源可利用量

锡林浩特市常规水源可利用量见表4-9。

表4-9 锡林浩特市水资源总量及可开发利用量

项　目	水资源量(万m^3)	水资源可开发利用量(万m^3)
地表水	2 305	1 244.8
地下水	22 968.63	14 601.75
重复量	2 917	197.10
总　量	22 356.63	15 649.45

4.3.2 非常规水源

1. 再生水

再生水是指污水(城镇生活、第三产业和工业)经不同程度处理后达到不同水质标准的可利用水。

锡林浩特市污水处理厂位于锡林浩特市区东北角、城市规划区边缘的污水淖旁，占地面积约135亩。根据《锡林浩特市污水处理工程初步设计》，锡林浩特市污水处理厂一期工程建设规模为处理能力4万m^3/d,2020年处理能力为8万m^3/d，主要是收集和处理锡林浩特市区的生活污水和工业废水。2002年开工建设，并于2004年11月投入试运行，2006年8月正式运行。锡林浩特市污水处理厂的处理工艺采用DE氧化沟二级生物处理法，出水水质达到国家一级排放标准，处理后的污水最终排入锡林河下游。污水处理厂通过环保部门的竣工验收，检测的各项出水指标达到了设计要求。

生活污水资源化主要指城市及城镇人口集中，且能够集中排放的区域。根据生活用水量及第三产业用水量预测2020年锡林浩特市综合再生水量，结果见表4-10。

表 4-10　2020 年锡林浩特市生活、第三产业综合再生水量预测

用水效率	用水量(万m³)	污水排放率	管网收集率	输水损失率	污水资源化率	再生水量(万m³)
高	2 109.922	27%	100%	6%	72%	379.79
中	2 202.559%	32%	100%	6%	72%	475.75
低	2 303.08%	37%	100%	6%	72%	580.38

工业污水资源化是指工业生产过程中产生的污水，达标排入排水管网，进入污水处理厂后，经处理能够回用的水量。2020 年锡林浩特市工业再生水量预测结果见表 4-11。

表 4-11　2020 年锡林浩特市工业再生水量预测

用水效率	用水量(万m³)	污水排放率	输水损失率	污水资源化率	再生水量(万m³)
高	2 884.23	32%	6%	72%	622.99
中	3 695.625	43%	6%	72%	1 064.34
低	4 503.735	53%	6%	72%	1 621.34

从表 4-10、表 4-11 可以看出，2020 年锡林浩特市高、中、低用水效率下，产生的再生水量分别为 1 002.78 万m³、1 540.09 万m³、2 201.72 万m³。

2. 疏干水

锡林浩特市胜利煤田露天煤矿的开发利用，产生大量的疏干水，按照胜利煤田发展规模和开采规划，结合目前矿区典型年疏干水量的调查分析，以及参考《资源型城市产业发展规划环境影响评价方法与实践》，采用补给量法对胜利煤田各露天煤矿规划水平年的疏干水利用量进行了估算，见表 4-12。

表 4-12　2020 年锡林浩特市各露天煤矿可供水量

煤矿名称	年补给量(万m³)	自用水量(万m³)	可供水量	
			年(万m³)	日(m³/d)
西一号矿	432.53	190	242.53	6 644.66
西二号矿	115.42	104.58	10.84	296.99
东一号矿	653.52	190	463.52	12 699.18
东二号矿	332	270.6	61.4	1 682.19
合　计	1 533.47	755.18	778.29	21 323.01

由表 4-12 中可以看出，2020 年锡林浩特市露天煤矿可供水量为 778.29 万m³。

3. 雨水

锡林浩特市地处半干旱草原区，降水稀少，雨水通过蒸发、渗漏或地表径流自然排泄。雨水资源化利用既可减少水土流失发生，又可增加水资源利用量。雨水资源化利用主要指城镇区雨水蓄集利用。根据锡林浩特市城镇建设和工业区发展等相关规划估算，2020 年雨水资源可利用量将达到 258.08 万m³。

4. 微咸水

锡林浩特市部分地区分布有微咸水(地下水，$M>2$ g/L)，根据全国水资源综合规划中的

《内蒙古自治区水资源及其开发利用调查评价》可知，锡林浩特市地下水中有 1 130.18 万m^3的微咸水，按照可开采系数 0.4 进行估算，微咸水可开采量为 452.07 万m^3。

4.3.3 可供水总量

锡林浩特市可供水量预测结果见表 4-13。其中，地表水可利用量和地下水可开采量的重复量为 197.10 万m^3，常规水源中地下水和非常规水源中煤田疏干水重复量为 778.29 万m^3，地下水和微咸水重复量为 452.07 万m^3，所以，2020 年锡林浩特市高、中、低用水效率下，可供水量分别为 16 910.31 万m^3、17 447.62 万m^3、18 109.25 万m^3。

表 4-13 2020 年锡林浩特市水资源可供水量 （单位：万m^3）

用水效率	常规水源		非常规水源				重复量	合计
	地表水	地下水	再生水	煤田疏干水	城市雨水	微咸水		
高	1 244.8	14 601.75	1 002.78	778.29	258.08	452.07	1 427.46	16 910.31
中	1 244.8	14 601.75	1 540.09	778.29	258.08	452.07	1 427.46	17 447.62
低	1 244.8	14 601.75	2 201.72	778.29	258.08	452.07	1 427.46	18 109.25

4.4 需水量预测

区域需水量预测是根据区域用水量历史数据的变化规律，以未来用水趋势、经济条件、人口变化、资源情况和政策导向等为条件，利用科学、系统或经验的数学方法，在满足一定精度要求的条件下，预测区域未来某时间段内的需水量。对水资源需求的预测应以可持续发展为目标，以节水为原则，预测各行业需水量。在预测定额时，要考虑区域的水资源条件、开发利用潜力、节水水平等众多因素。水资源需求涉及的面广、考虑的因素多，而且内容在不断交化，但并不是把所有的需求都考虑的十分充足，满足所有的需求，而是要考虑我国的资源、环境、经济、技术等现实条件的合理需求。

长期以来，区域供水问题一直是制约区域经济发展的一个重要因素，并且随着经济的发展以及区域规模的不断扩大，区域供需矛盾将更加突出。因此，进行区域需水量预测可为合理配置水资源提供科学的依据，对区域供水规划和水务管理工作起着宏观指导的作用。

现有的需水量预测方法可以分为两大类：数学模型法和定额法。水资源规划中广泛采用的定额法，它是以综合用水定额来进行用水量预测的一种微观预测方法。

4.4.1 第一产业需水预测

依据规划水平年不同用水效率的最优产业结构确定的第一产业增加值，以及不同用水效率的万元增加值需水量进行第一产业需水量预测。其中：高水平用水效率下，第一产业增加值为 118 260 万元，产业需水量为 3 784.32 万m^3；中水平用水效率下，第一产业增加值为 128 115 万元，产业需水量为 5 252.72 万m^3；低水平用水效率下，第一产业增加值为 134 685 万元，产业需水量为 6 734.25 万m^3。具体结果见表 4-14。

表 4-14 第一产业需水量预测结果

用水效率	产业增加值(万元)	万元增加值需水量(m^3/万元)	需水量(万m^3)
高	118 260	320.0	3 784.32
中	128 115	410.0	5 252.72
低	134 685	500.0	6 734.25

4.4.2 第二产业需水预测

1. 工业

目前,工业需水量预测的常用方法有定额法、多元回归法、趋势预测法、增长比率法、灰色预测理论等。这里采用规划水平年不同用水效率的最优产业结构成果计算工业需水量。

由万元工业增加值用水量和工业增加值得到工业需水量表达式如下:

$$Q_{gn} = M_{gn} \cdot S_{gn} \tag{4-23}$$

式中 Q_{gn}——预测年工业需水量(万m^3/a);

M_{gn}——预测年万元工业增加值用水量(m^3/万元);

S_{gn}——预测年工业增加值(万元)。

通过对现状工业用水量和万元工业增加值用水量的综合分析,并参照内蒙古行业用水标准,预测2020年不同用水效率水平的万元工业增加值用水量,并结合产业结构优化模型确定的工业增加值,进而进行工业需水量的预测。其中:高水平用水效率下,工业增加值为1 442 115万元,产业需水量为2 884.23万m^3;中水平用水效率下,工业增加值为1 478 250万元,产业需水量为3 695.63万m^3;低水平用水效率下,工业增加值为1 501 245万元,产业需水量为4 503.74万m^3。具体结果见表4-15。

表 4-15 第二产业工业需水量预测结果

用水效率	产业增加值(万元)	万元增加值需水量(m^3/万元)	需水量(万m^3)
高	1 442 115	20.0	2 884.23
中	1 478 250	25.0	3 695.63
低	1 501 245	30.0	4 503.74

2. 建筑业

结合规划水平年不同用水效率的最优产业结构成果,采用定额法计算建筑业需水量,表达式如下:

$$Q_{jn} = M_{jn} \cdot S_{jn} \tag{4-24}$$

式中 Q_{jn}——预测年建筑业需水量(万m^3/a);

M_{jn}——预测年万元建筑业增加值用水量(m^3/万元);

S_{jn}——预测年建筑业增加值(万元)。

根据式(4-24)计算,2020年建筑业需水量预测结果见表4-16。其中:高水平用水效率下,建筑业需水量为266.09万m^3;中水平用水效率下,建筑业需水量为558.45万m^3;低水平用水效率下,建筑业需水量为867.24万m^3。

表 4-16 第二产业建筑业需水量预测结果

用水效率	产业增加值(万元)	万元增加值需水量(m³/万元)	需水量(万m³)
高	266 085	10.0	266.09
中	279 225	20.0	558.45
低	289 080	30.0	867.24

4.4.3 第三产业需水预测

2010 年,万元增加值用水量为 10.86 m³/万元,2020 年,随着对现有非节水型器具的改造,以及节水器具的普及,万元增加值用水量会逐步降低。结合产业结构优化成果中第三产业增加值结果进行需水量预测。

由万元增加值用水量和第三产业增加值得到第三产业需水量表达式如下:

$$Q_{sn} = M_{sn} \cdot S_{sn} \tag{4-25}$$

式中 Q_{sn}——预测年第三产业需水量(万m³/a);

M_{sn}——预测年万元增加值用水量(m³/万元);

S_{sn}——预测年第三产业增加值(万元)。

根据式(4-25)计算,高水平用水效率下,第三产业需水量为 1 166.83 万m³;中水平用水效率下,第三产业需水量为 1 259.47 万m³;低水平用水效率下,第三产业需水量为 1 359.99 万m³。具体结果见表 4-17。

表 4-17 第三产业需水量预测结果

用水效率	产业增加值(万元)	万元增加值需水量(m³/万元)	需水量(万m³)
高	1 458 540	8.0	1 166.83
中	1 399 410	9.0	1 259.47
低	1 359 990	10.0	1 359.99

4.4.4 生活需水预测

生活需水分城镇居民和农村居民两类,可采用人均日用水量方法进行预测。计算公式如下:

$$LW_{ni}^{t} = Po_i^t LQ_i^t \times 365/1\,000 \tag{4-26}$$

式中 i——用户分类序号,$i=1$ 为城镇,$i=2$ 为农村;

t——规划水平年序号;

LW_{ni}^{t}——第 i 用户第 t 水平年生活净需水量(万m³);

Po_i^t——第 i 用户第 t 水平年的用水人口(万人);

LQ_i^t——第 i 用户第 t 年的生活用水净定额[L/(人·d)]。

根据锡林浩特市现状生活用水水平和当地水资源状况,预测 2020 年城镇生活用水定额为 120 L/(人·d),农村用水定额为 80 L/(人·d),预测结果见表 4-18。

表 4-18 锡林浩特市生活需水计算成果

年 份	人口(万人)		用水定额[L/(人·d)]		用水量或需水量(万m³)	
	城 镇	农 村	城 镇	农 村	城 镇	农 村
2010	14.80	2.43	126.63	126.14	684.00	112.00
2020	20.05	2.23	120	80	878.05	65.04

从表 4-18 可以看出,2020 年锡林浩特市生活需水量为 943.09 万m^3

4.4.5 生态需水预测

生态需水主要指河道内和河道外生态需水。根据锡林浩特市地表水状况,本规划主要是考虑河道外生态需水,包括城镇生态需水和改善生态环境林草植被建设需水。

1. 城镇生态环境需水

城镇生态环境需水指为保持城镇良好的生态环境所需水量,主要包括城镇绿地、城镇环境卫生需水量。

(1)城镇绿地需水量

采用定额法计算:

$$W_g = S_g \cdot q_g \cdot d \tag{4-27}$$

式中 W_g——城镇绿化需水量(m^3);

S_g——绿地面积(hm^2),取 $S_{g2020}=518$;

q_g——绿地灌溉定额[$m^3/(hm^2 \cdot d)$],取 30;

d——灌溉天数(d),取 153。

计算锡林浩特市城镇绿化需水量:2020 年为 237.76 万m^3。见表 4-19。

表 4-19 锡林浩特市城镇绿地需水量预测结果

水 平 年	定额[m³/(hm²·d)]	面积(hm²)	用水量或需水量(万m³)
2010	25.48	318.00	123.97
2020	30.00	518.00	237.76

(2)城镇环境卫生需水量

采用定额法计算:

$$W_{eh} = S_e \cdot q_e \cdot d \tag{4-28}$$

式中 W_{eh}——环境卫生需水量(m^3);

S_e——城镇市区环卫面积(m^2),取 $S_{e2020}=556$;

q_e——单位面积环境卫生需水量[$m^3/(hm^2 \cdot 次)$],取 20,每天一次;

d——喷洒天数(d),取 153。

计算锡林浩特市城镇环境卫生需水量:2020 年为 170.14 万m^3。见表 4-20。

表 4-20 锡林浩特市城镇环境卫生需水量预测

水 平 年	定额[m³/(hm²·次)]	面积(hm²)	用水量或需水量(万m³)
2010	17.22	376.00	99.03
2020	20.00	556.00	170.14

2. 改善生态环境林草植被建设需水量

主要指风沙源治理及城镇工矿周边生态环境植被建设。参照已建工程采用定额法估算生态建设需水量。

采用定额法计算：

$$W_{p} = S_{pi} \cdot q_{pi} \tag{4-29}$$

式中 W_{p}——生态建设需水量(m^3)；

S_{pi}——生态建设各类生物工程建设总面积(hm^2)，$S_{pi2020}=701$；

q_{pi}——各类生物工程综合灌溉定额(m^3/hm^2)，取 12 000。

计算改善生态环境林草植被建设需水量：2020 年为 841.20 万m^3。见表 4-21。

表 4-21 锡林浩特市生态环境建设需水量预测

水平年	定额(m^3/hm^2)	面积(hm^2)	用水量或需水量(万m^3)
2010	6 081	296.00	180.00
2020	12 000	701.00	841.20

3. 生态需水量

锡林浩特市生态需水量：2020 年为 1 249.10 万m^3。见表 4-22。

表 4-22 锡林浩特市生态需水量预测结果汇总 (单位：万m^3)

年份	城镇生态环境需水量		生态建设需水量	合计
	绿地	环境卫生		
2010	123.97	99.03	180.00	403.00
2020	237.76	170.14	841.20	1 249.10

4.4.6 总需水量

不同用水效率下锡林浩特市各行业总需水量预测见表 4-23。

表 4-23 2020 年锡林浩特市需水量预测汇总 (单位：万m^3)

用水效率	第一产业	第二产业		第三产业	生活	生态	合计
		工业	建筑业				
高	3 784.32	2 884.23	266.09	1 166.83	943.09	1 249.10	10 293.66
中	5 252.72	3 695.63	558.45	1 259.47	943.09	1 249.10	12 958.45
低	6 734.25	4 503.74	867.24	1 359.99	943.09	1 249.10	15 657.41

4.5 水资源优化配置

4.5.1 配置原则

考虑锡林浩特市社会经济发展的要求以及行业的实际用水状况，对水资源系统进行优化配置，配置原则如下：

(1)为满足人民群众的生活需求和生态环境的要求，首先进行生活用水和生态用水的配置，其中生活用水主要由地下水提供，绿地和环卫用水主要由地下水、城市雨水提供，并优先使用雨水。

(2)锡林浩特市周边大部分苏木相当一部分用水户依然使用自备机井水源，所以农田灌溉和林牧业用水由地下水供给。

(3)工业和建筑业用水，原则上优先使用煤田疏干水、城市中水，有效利用地表水，合理利用地下水。

4.5.2　配置结果及分析

根据各行业需水量、可供水量和配置原则对锡林浩特市进行了规划水平年(2020 年)不同用水效率的水资源配置，配置结果如下：

1. 低用水效率的水资源配置

农业用水配置：用水量为 6 734.25 万m^3，由境内地下水提供，满足农业用水要求。

工业用水配置：工业用水 4 503.74 万m^3，由境内地表水提供 1 244.8 万m^3，中水回用 2 201.72 万m^3，疏干水提供 778.29 万m^3，微咸水提供 278.93 万m^3，满足工业项目用水要求。

城镇用水配置：第三产业和生活用水全部由地下水提供，其中生活用水为 943.09 万m^3，第三产业用水为 1 359.99 万m^3。

生态用水配置：主要利用非常规水和地下水解决生态用水量，由地下水提供 991.02 万m^3，雨水提供 258.08 万m^3，满足生态用水需求。

2. 中等用水效率的水资源配置

农业用水配置：用水量为 5 252.72 万m^3，由地下水提供，满足农业用水要求。

工业用水配置：工业用水 3 695.63 万m^3，由境内地表水提供 1 244.8 万m^3，中水回用 1 540.09 万m^3，疏干水提供 778.29 万m^3，微咸水提供 132.45 万m^3，满足工业项目用水要求。

城镇用水配置：第三产业和生活用水全部由地下水提供，其中生活用水为 943.09 万m^3，第三产业用水为 1 259.47 万m^3。

生态用水配置：生态用水主要利用非常规水和地下水来解决，由地下水提供 991.02 万m^3，雨水提供 258.08 万m^3，满足生态用水需求。

3. 高用水效率的水资源配置

农业用水配置：用水量为 3 784.32 万m^3，由地下水提供，满足农业用水要求。

工业用水配置：工业用水 2 884.23 万m^3，由境内地表水提供 1 244.8 万m^3，中水回用 861.14 万m^3，疏干水提供 778.29 万m^3，满足工业项目用水要求。

城镇用水配置：第三产业和生活用水全部由地下水提供，其中生活用水为 943.09 万m^3，第三产业用水为 1 166.83 万m^3。

生态用水配置：主要利用非常规水和地下水解决生态用水量，由地下水提供 849.38 万m^3，雨水提供 258.08 万m^3，再生水提供 141.64 万m^3，满足生态用水需求。

锡林浩特市规划水平年不同用水效率水资源配置见表 4-24～表 4-26；水资源配置网络图如图 4-9～图 4-11 所示。

根据上述锡林浩特市水资源优化配置结果，锡林浩特市 2020 年高、中、低用水效率方案可

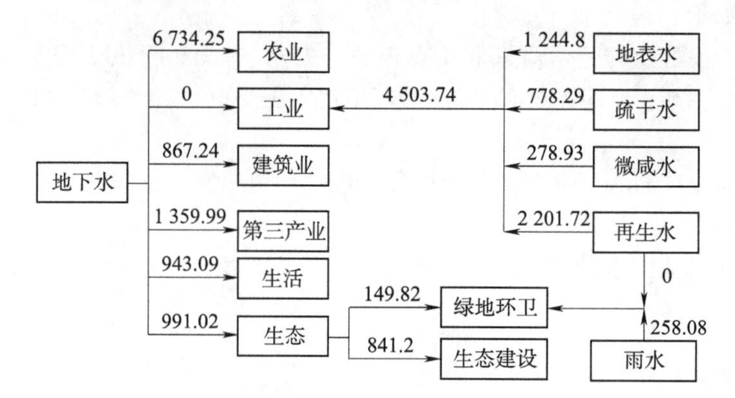

图 4-9 2020 年低用水效率下锡林浩特市生活生产生态水资源配置网络图(单位:万m^3)

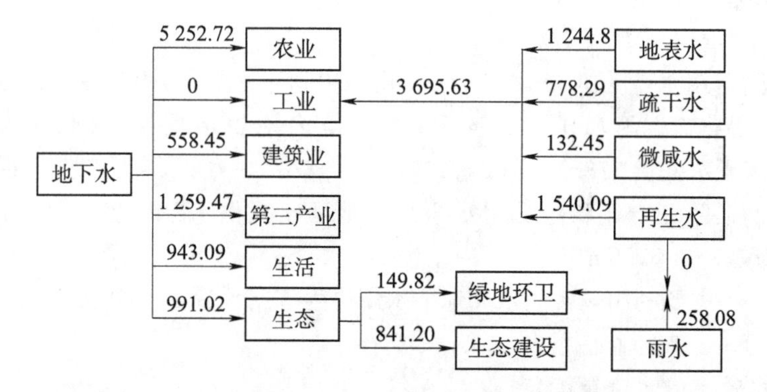

图 4-10 2020 年中用水效率下锡林浩特市生活生产生态水资源配置网络图(单位:万m^3)

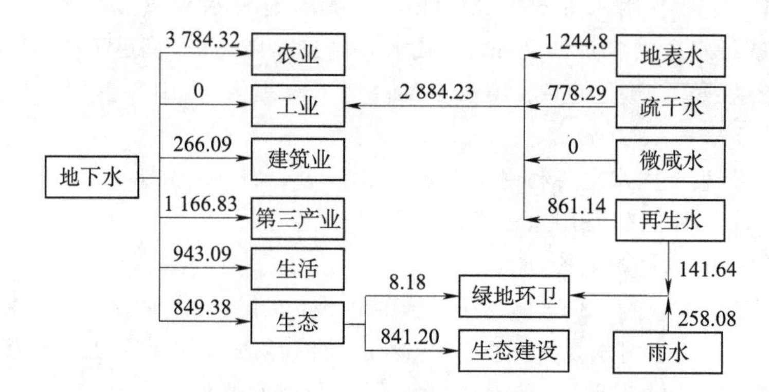

图 4-11 2020 年高用水效率下锡林浩特市生活生产生态水资源配置网络图(单位:万m^3)

供水量分别为 1.69 亿 m^3、1.74 亿 m^3 和 1.81 亿 m^3,用水量分别为 1.03 亿 m^3、1.30 亿 m^3 和 1.57 亿 m^3,三种方案均有余水量。从配水结果可以看出,用水效率越高,不仅各产业用水量减少,而且可以减少供水水源。低、中用水效率下,工业供水水源主要为地表水、疏干水、再生水以及微咸水。但高效率用水方案配置结果较为理想化,是在生产工艺、污水收集、污水处理回用等方面均达到先进水平下的用水方案,从现状年锡林浩特市发展及近年来国家关于煤炭行业稳步健康快速发展政策来看,锡林浩特市在 2020 年达到高效率用水方案较为困难,采用中用水效率方案较为合适。中用水效率下，工业用水需求除利用地表水、疏干水和再生水外，需开采一定量的微咸水。城镇绿地环卫用水部分利用雨水，可以减少地下水的用水量，对于保护地下水具有一定的意义。

表 4-24　2020 年低用水效率下锡林浩特市生活生产生态水资源配置成果　（单位：万 m^3）

项目			居民生活用水	生产需水					生态需水			合计
				农业	工业	建筑	第三产业	小计	绿地环卫	生态建设	小计	
行业用水量			943.09	6 734.25	4 503.74	867.24	1 359.99	13 465.2	407.9	841.2	1 249.1	15 657.41
配置水量	常规水源	地表水			1 244.8			1 244.8			0	1244.8
		地下水	943.09	6 734.25		867.24	1 359.99	8 961.48	149.82	841.2	991.02	10 895.59
		小计	943.09	6 734.25	1 244.8	867.24	1 359.99	10 206.3	149.82	841.2	991.02	12 140.39
	非常规水资源	再生水			2 201.72			2 201.72			0	2 201.72
		雨水蓄集						0	258.08		258.08	258.08
		微咸水			278.93			278.93			0	278.93
		疏干水			778.29			778.29			0	778.29
		小计	0	0	3 258.94	0	0	3 258.94	258.08	0	258.08	3 517.02
	合计		943.09	6 734.25	4 503.74	867.24	1 359.99	13 465.2	407.9	841.2	1 249.1	15 657.41
平衡计算			0	0	0	0	0	0	0	0	0	0

表 4-25　2020 年中用水效率下锡林浩特市生活生产生态水资源配置成果　（单位：万 m^3）

项目			居民生活用水	生产需水					生态需水			合计
				农业	工业	建筑	第三产业	小计	绿地环卫	生态建设	小计	
行业用水量			943.09	5 252.72	3 695.63	558.45	1 259.47	10 766.3	407.9	841.2	1 249.1	12 958.46
配置水量	常规水源	地表水			1 244.8			1 244.8			0	1 244.8
		地下水	943.09	5 252.72		558.45	1 259.47	7 070.64	149.82	841.2	991.02	9 004.75
		小计	943.09	5 252.72	1 244.8	558.45	1 259.47	8 315.44	149.82	841.2	991.02	10 249.55
	非常规水资源	再生水			1 540.09			1 540.09			0	1 540.09
		雨水蓄集						0	258.08		258.08	258.08
		微咸水			132.45			132.45			0	132.45
		疏干水			778.29			778.29			0	778.29
		小计	0	0	2 450.83	0	0	2 450.83	258.08	0	258.08	2 708.91
	合计		943.09	5 252.72	3 695.63	558.45	1 259.47	10 766.3	407.9	841.2	1 249.1	12 958.46
平衡计算			0	0	0	0	0	0	0	0	0	0

表 4-26　2020 年高用水效率下锡林浩特市生活生产生态水资源配置成果　（单位：万 m^3）

项　目			居民生活用水	生产需水					生态需水			合　计
				农　业	工　业	建　筑	第三产业	小　计	绿地环卫	生态建设	小　计	
行业用水量			943.09	3 784.32	2 884.23	266.09	1 166.83	8 101.47	407.9	841.2	1 249.1	10 293.66
配置水量	常规水源	地表水			1 244.8			1 244.8			0	1 244.8
		地下水	943.09	3 784.32		266.09	1 166.83	5 217.24	8.18	841.2	849.38	7 009.71
		小计	943.09	3 784.32	1 244.8	266.09	1 166.83	6 462.04	8.18	841.2	849.38	8 254.51
	非常规水资源	再生水			861.14			861.14	141.64		141.64	1 002.78
		雨水蓄集						0	258.08		258.08	258.08
		微咸水						0			0	0
		疏干水			778.29			778.29			0	778.29
		小计	0	0	1 639.43	0	0	1 639.43	399.72	0	399.72	2 039.15
	合　计		943.09	3 784.32	2 884.23	266.09	1 166.83	8 101.47	407.9	841.2	1 249.1	10 293.66
平衡计算			0	0	0	0	0	0	0	0	0	0

采用中用水效率方案，维持社会经济的可持续发展，这必须在锡林浩特市执行最严格的水资源管理制度，实行各产业用水总量控制、提高各产业用水效率、控制污水排放，加强节水型社会制度建设的条件下才能实现。

4.6 小　结

(1)利用锡林浩特市 1990～2012 年地区生产总值数据，基于时间序列分析，以神经网络算法进行参数优化，建立了预测模型方程，实现了 2013～2020 年的锡林浩特市地区生产总值预测。1990～2005 年为缓慢发展期，2006～2016 年为快速发展期，2017～2020 年经济发展速度变缓，趋向于稳定持续发展期。

(2)锡林浩特市地表水和地下水总可利用水量为 1.56 亿 m^3，2018 年后，预测产值达到 310 亿元以上时，万元产值用水量会在 50 m^3 以下，锡林浩特市将属于节水型城市，水资源将会成为经济发展的限制因素。

(3)三次产业增加值比例由 2010 年的 4.7∶66.1∶29.2 变为 2012 年的 4.4∶64.5∶31.1，第一、二产业增加值比例减小，第三产业增加值比例增加，说明锡林浩特市正处于第三产业快速发展期，以后年度的经济发展历程中，第三产业增加值的比例会继续增大，第三产业的发展速度应逐步超过第二产业。

(4)通过对 2020 年产业结构建立优化模型求解得出：2020 年，在高、中、低用水效率下，产业需水量分别为 8 101 万 m^3，10 766 万 m^3 和 13 465 万 m^3。

(5)预测 2020 年锡林浩特市各行业总需水量：高用水效率方案为 1.03 亿 m^3；中用水效率方案为 1.30 亿 m^3；低用水效率方案为 1.57 亿 m^3。

(6)根据各行业需水量、可供水量和配置原则对锡林浩特市水资源进行了规划水平年

(2020 年)不同用水效率的配置:用水效率越高,不仅各产业用水量减少,而且可以减少供水水源。低、中用水效率下,工业供水水源主要为地表水、疏干水、再生水以及微咸水,但高效率用水方案配置结果较为理想化,是在生产工艺、污水收集、污水处理回用等方面均达到先进水平下的用水方案,从现状年锡林浩特市发展及近年来国家关于煤炭行业稳步健康快速发展政策来看,锡林浩特市在 2020 年达到高效率用水方案较为困难,采用中用水效率方案较为合适。

第 5 章　灌溉人工草地建设对地下水资源消耗量的影响

5.1　区域蒸散发计算系统

5.1.1　系统环境

本系统为单机版应用软件，实现遥感数据预处理、参数反演、*ET* 计算等功能。系统运行环境和界面如图 5-1、图 5-2 所示。

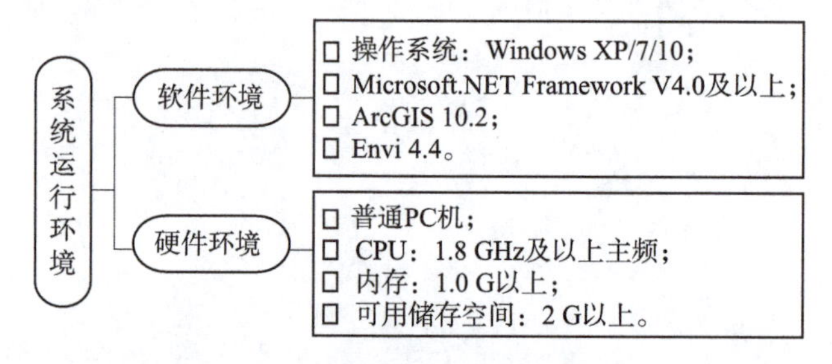

图 5-1　区域蒸散发计算系统运行环境

图 5-2　区域蒸散发计算系统运行界面

5.1.2　系统组成

1. 文件结构

(1)新建工程

根据目标设定，建立新的工程，便于后期调用。

(2)加载工程

对之前保存的工程,进行重新加载,并进行修改。

(3)保存工程

对当前建立的工程进行保存。

(4)系统设置

设置输入数据、临时数据、输出数据、土地利用类型和数值高程数据等存储路径。

(5)添加数据

数据类型可添加数据库、栅格数据、矢量数据以及服务器数据文件等。系统文件结构界面如图 5-3 所示。

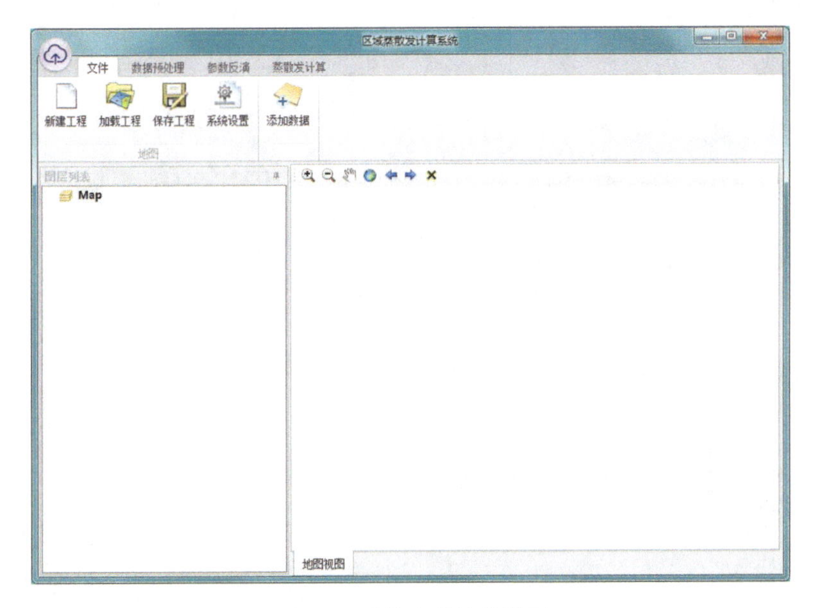

图 5-3　系统文件结构界面

2. 数据预处理

(1)辐射定标

辐射定标包括 MODIS 数据预处理和 Landsat 数据预处理。处理基于 DEM 数据范围和设定的坐标系统,通过输入遥感影像原始数据,得到波段大气表面反射率和对应波段的辐亮度,用于地表反照率和地表温度等计算(图 5-4)。

(2)几何校正

几何校正是对遥感影像预处理的波段,进行几何校正。得到与研究范围一致的遥感影像(图 5-5)。

(3)气象数据

气象数据预处理是利用克吕格方法、反距离加权方法、样条法等插值手段对下垫面气象数据进行空间插值,获得气温、水汽压等空间数据分布结果(图 5-6)。

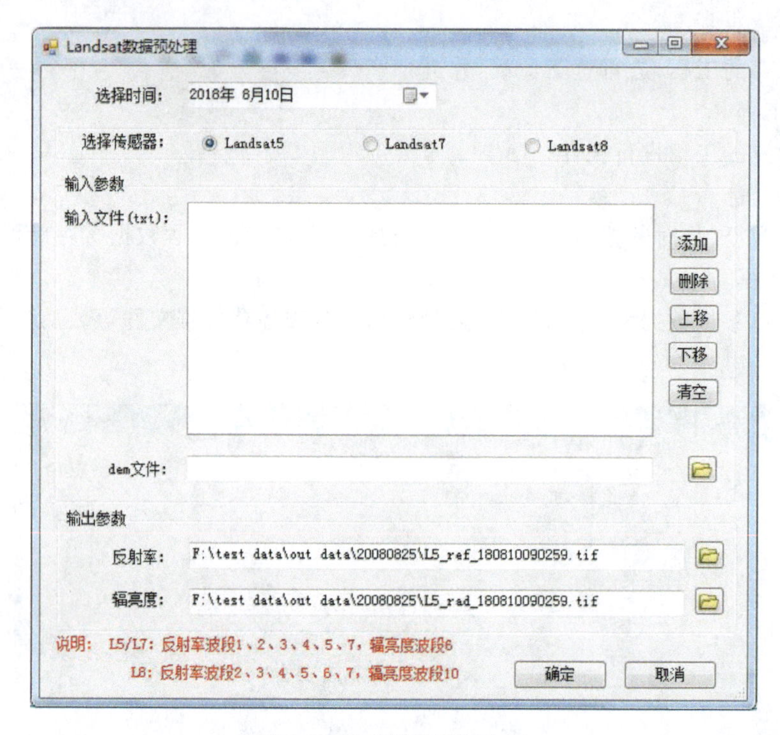

图 5-4　遥感影像辐射定标

图 5-5　遥感影像波段合成

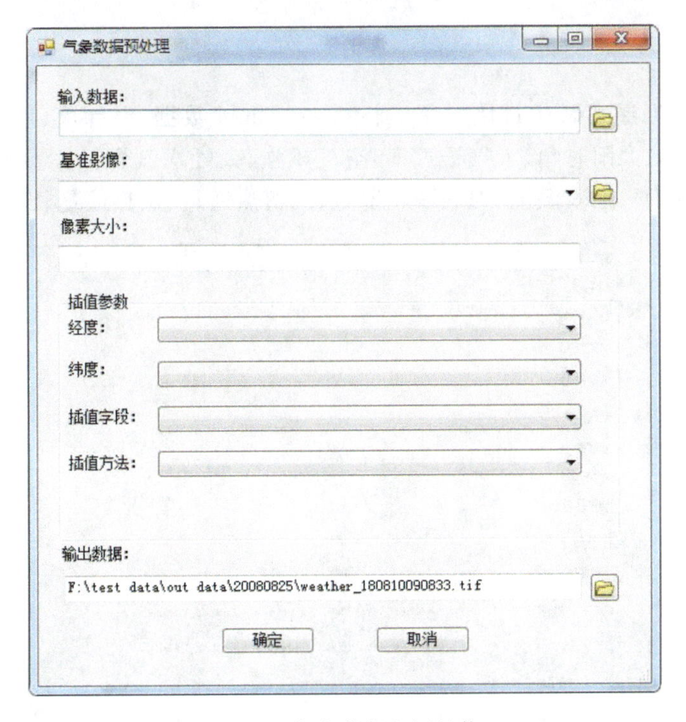

图 5-6　气象数据空间插值

(4)DEM 数据预处理

DEM 数据预处理是利用 DEM 数据,得到研究区经纬度、坡度、坡向分布图(输出数据的单位为 rad)(图 5-7)。

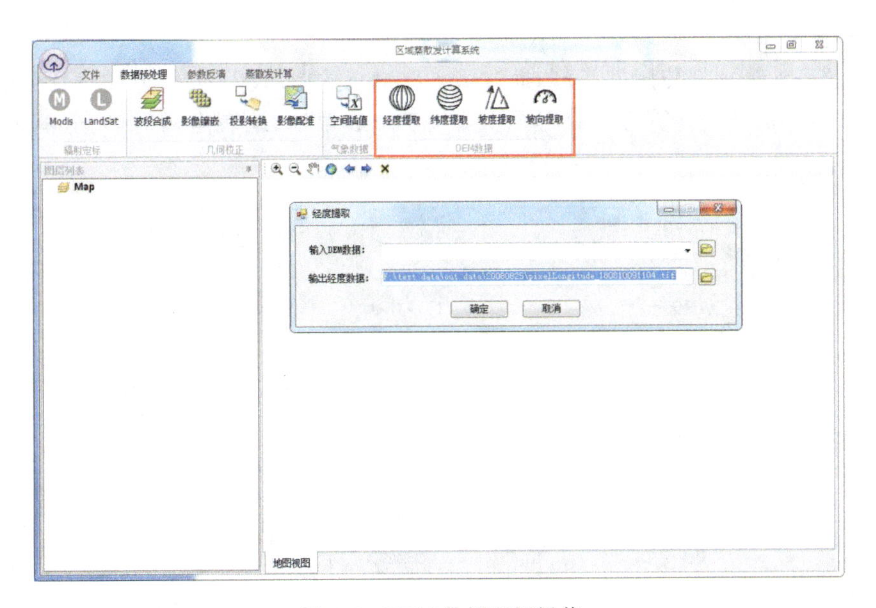

图 5-7　DEM 数据空间插值

3. 参数反演

(1)参数计算

参数计算是根据遥感影像过境时刻，通过输入 DEM 数据、经纬度、坡度坡向、水汽压数据，获取太阳天顶角、太阳时角、大气透过率、空气压强、大气水汽含量等参数。主要用于地表反照率、地表比辐射率、地表温度、地表净辐射量、土壤热通量、显热通量、ET 等计算(图 5-8)。

基本参数计算
输入参数
选择时间：
2018-08-10 09:12:21
DEM数据：
地理纬度：
地理经度：
坡度数据：
坡向数据：
水气压数据：
输出参数
太阳时角数据：
F:\test data\out data\20080825\paradata_Omiga_18081009122
COSθref数据：
F:\test data\out data\20080825\paradata_Cosref_1808100912
COSθhor数据：
F:\test data\out data\20080825\paradata_Coshor_1808100912
大气透过率：
F:\test data\out data\20080825\paradata_SW_180810091221.t
空气压强数据：
F:\test data\out data\20080825\paradata_Pair_180810091221
W数据：
F:\test data\out data\20080825\paradata_W_180810091221.ti
计算
取消

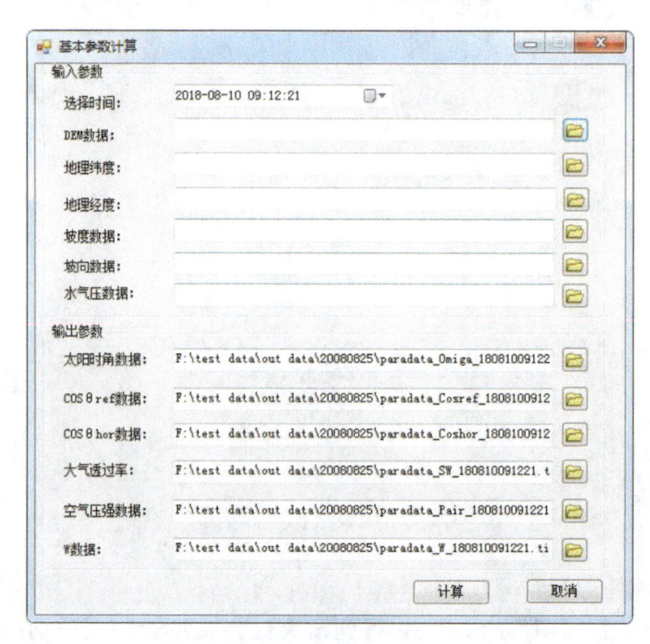

图 5-8 模型参数计算

(2)地表反照率

地表反照率计算根据传感器类型，通过输入反射率数据、太阳天顶角、空气压强、大气水汽含量等，结合成熟的理论计算方法获得。主要用于地表温度、地表净辐射量、土壤热通量等计算(图 5-9)。

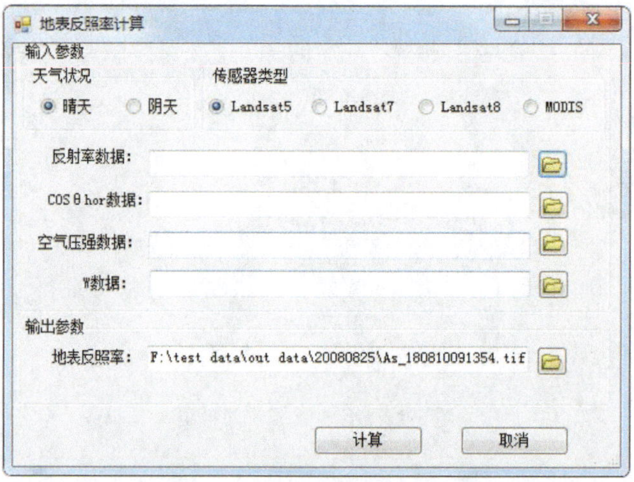

地表反照率计算
输入参数
天气状况
传感器类型
晴天
阴天
Landsat5
Landsat7
Landsat8
MODIS
反射率数据：
COSθhor数据：
空气压强数据：
W数据：
输出参数
地表反照率：
F:\test data\out data\20080825\As_180810091354.tif
计算
取消

图 5-9 地表反照率计算

(3)地表比辐射率

地表比辐射率计算根据传感器类型，通过输入反射率数据，结合成熟的理论计算方法获得。主要用于地表温度等计算(图 5-10)。

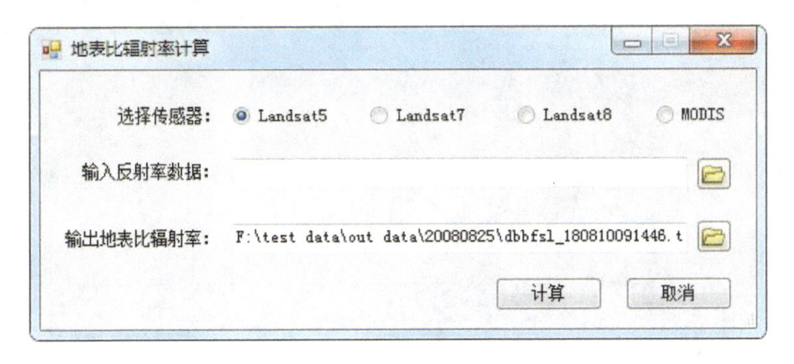

图 5-10　地表比辐射率计算

(4)地表温度

地表温度计算根据传感器类型，通过输入辐亮度、地表比辐射率、地面温度、大气透过率等，结合成熟的理论计算方法获得。主要用于地表净辐射量、土壤热通量、显热通量等计算(图 5-11)。

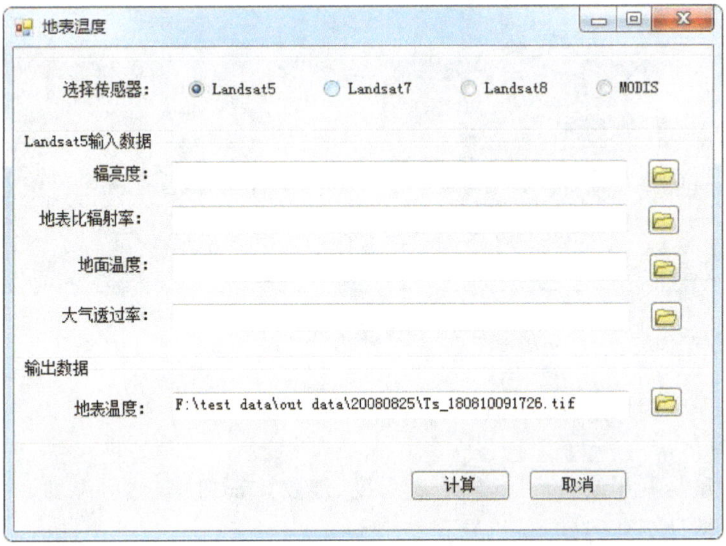

图 5-11　地表温度计算

(5)归一化植被指数(NDVI)

NDVI 计算根据传感器类型，通过提取红外波段和热红外波段反射率数据，结合成熟的理论计算方法获得。主要用于地表比辐射率、植被覆盖度、地表粗糙度等计算(图 5-12)。

(6)植被覆盖度

植被覆盖度是通过输入 NDVI 数据计算获得(图 5-13)。

(7)地表粗糙度

地表粗糙度是通过输入 NDVI 数据计算获得。主要参与显热通量计算(图 5-14)。

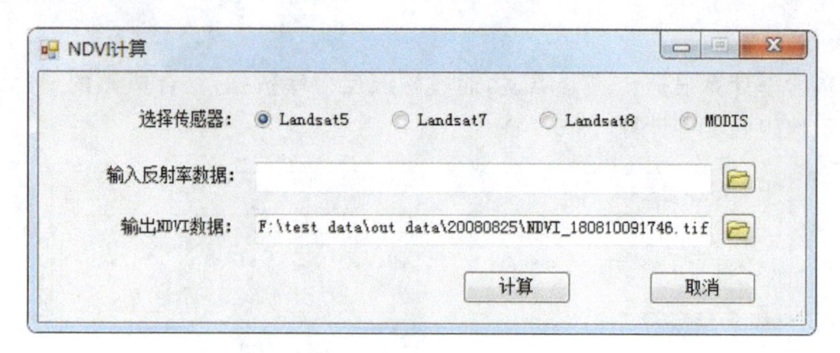

图 5-12　NDVI 计算

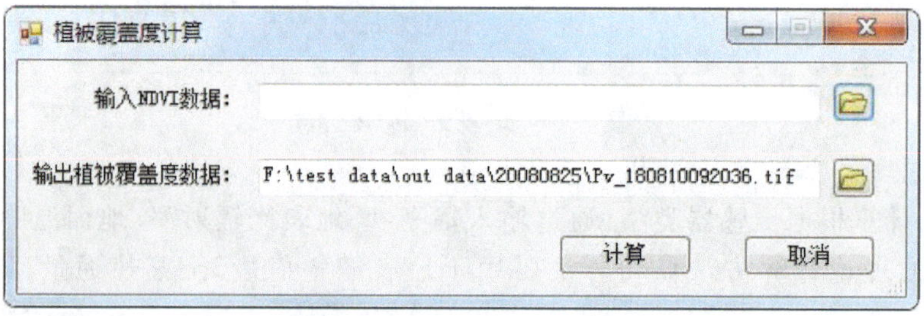

图 5-13　植被覆盖度计算

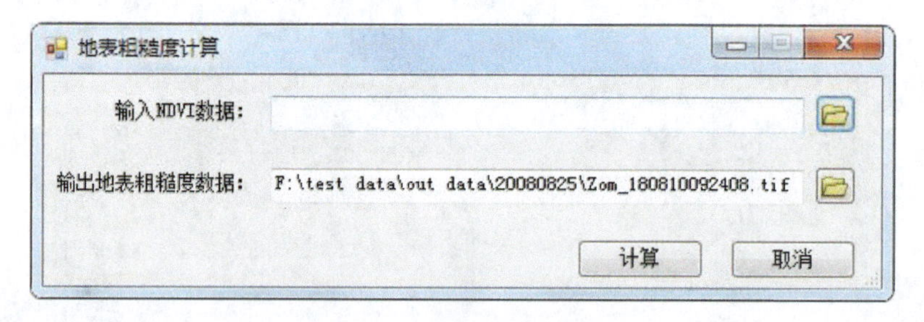

图 5-14　地表粗糙度计算

4. ET 计算

(1)地表净辐射量

地表净辐射量是利用地表反照率、地表温度、地表比辐射率、地面温度、太阳天顶角、大气透过率等输入参数计算获得(图 5-15)。

(2)土壤热通量

土壤热通量是利用地表反照率、地表温度、NDVI、地表净辐射量等输入参数计算获得(图 5-16)。

(3)显热通量

显热通量是利用地表粗糙度、下垫面风速资料，获取初始空气动力学阻抗，进而通过地表净辐射量、土壤热通量、地表温度、空气压强等输入参数，Monin-Obukhov 迭代计算获得(图 5-17)。

(4)潜热通量

潜热通量是利用地表净辐射量、土壤热通量、显热通量等参数，通过能量平衡方程计算获得(图 5-18)。

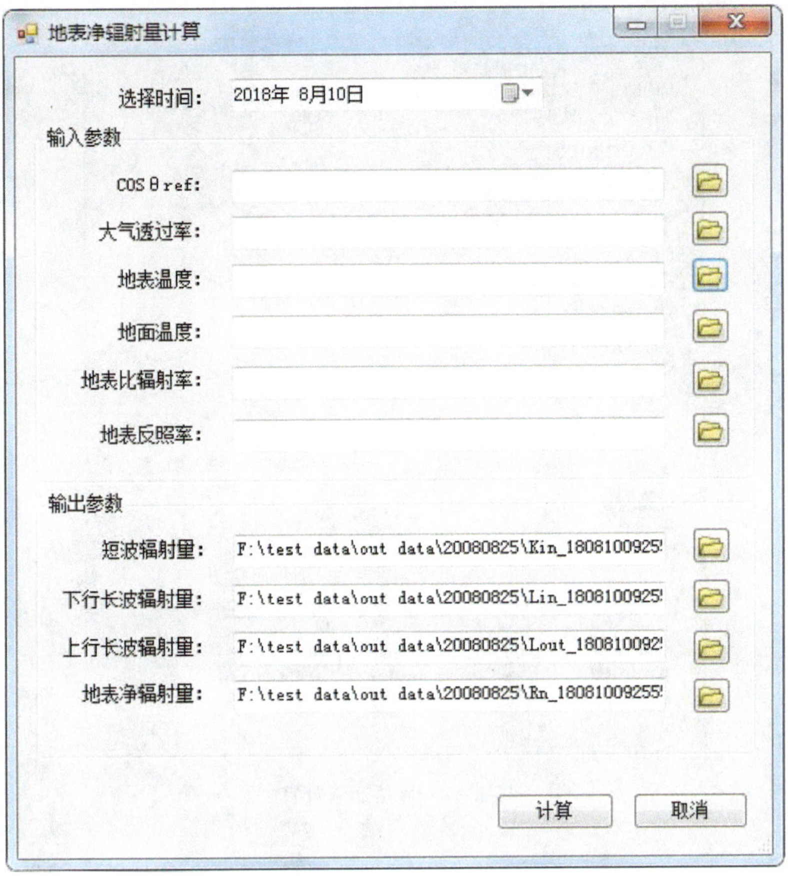

图 5-15　地表净辐射量计算

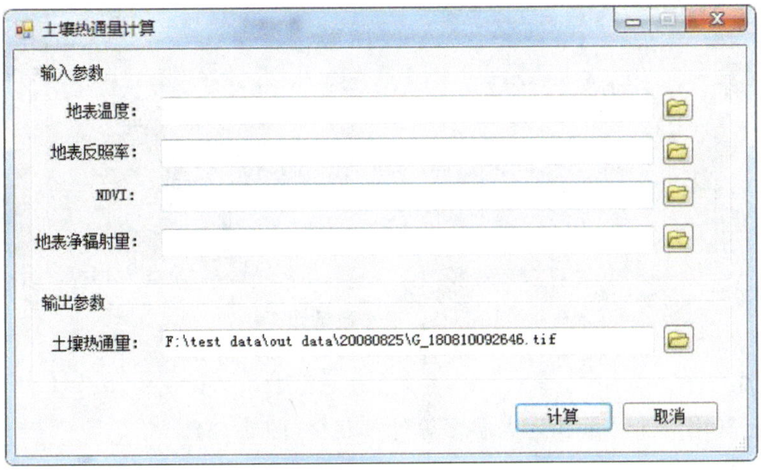

图 5-16　土壤热通量计算

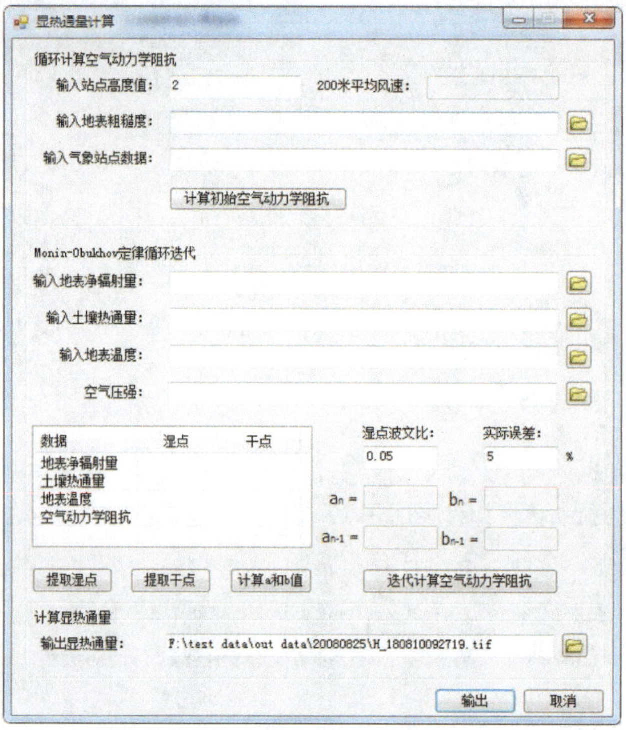

显热通量计算

循环计算空气动力学阻抗

输入站点高度值: 2　200米平均风速:

输入地表粗糙度:

输入气象站点数据:

计算初始空气动力学阻抗

Monin-Obukhov定律循环迭代

输入地表净辐射量:

输入土壤热通量:

输入地表温度:

空气压强:

数据	湿点	干点
地表净辐射量		
土壤热通量		
地表温度		
空气动力学阻抗		

湿点波文比: 0.05　实际误差: 5 %

a_n =　b_n =

a_{n-1} =　b_{n-1} =

提取湿点　提取干点　计算a和b值　迭代计算空气动力学阻抗

计算显热通量

输出显热通量: F:\test data\out data\20080825\H_180810092719.tif

输出　取消

图 5-17　显热通量计算

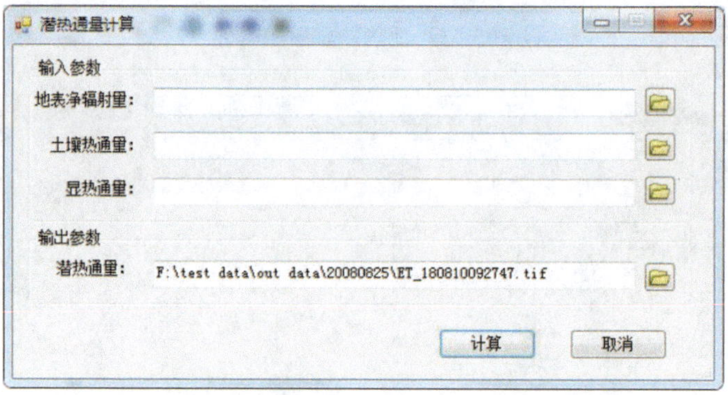

潜热通量计算

输入参数

地表净辐射量:

土壤热通量:

显热通量:

输出参数

潜热通量: F:\test data\out data\20080825\ET_180810092747.tif

计算　取消

图 5-18　潜热通量计算

(5)瞬时 ET

瞬时 ET 是利用潜热通量和地表温度等计算获得(图 5-19)。

(6)尺度扩展

尺度扩展包括日尺度扩展和逐日尺度扩展两类。其中,日尺度扩展主要完成研究区瞬时 ET 向日 ET 的时间扩展(图 5-20),具体包含蒸发比法、正弦关系法和参考蒸发比法 3 种扩展方法;逐日尺度扩展主要完成研究区日 ET 向连续日 ET 的时间扩展(图 5-21)。

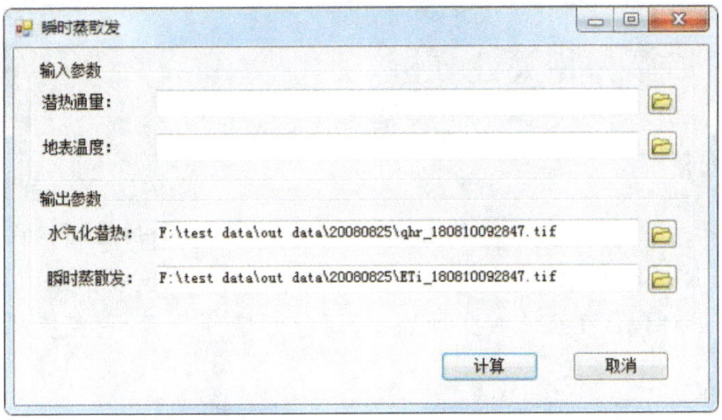

图 5-19　瞬时 ET 计算

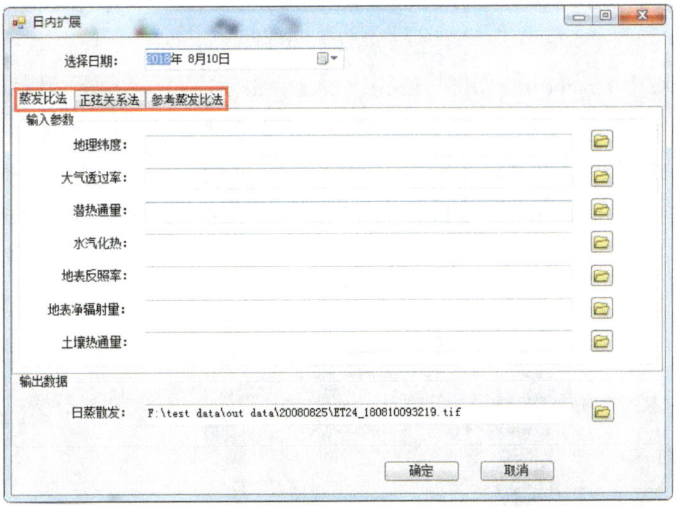

图 5-20　ET 日尺度扩展

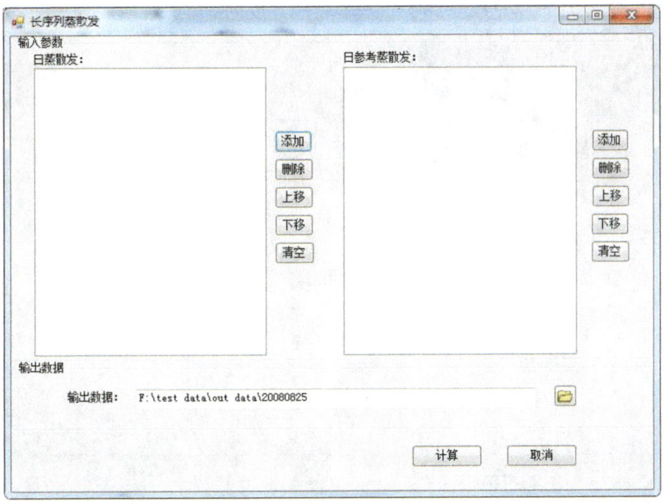

图 5-21　ET 逐日尺度扩展

5.2 区域*ET*估算与相关性分析

5.2.1 基础数据准备

模型的构建和运行不仅需要计算机软件辅助支持，更重要的是高精度的基础数据保证。根据SEBAL、METRIC模型原理，地表参数的反演需要通过风速、气温、水汽压等气象数据参与计算。基础数据处理包括DEM数据预处理、遥感影像预处理、气象资料整理及下垫面ET实测数据获取。

1. DEM数据处理

DEM(Digital Elevation Model)又称数字高程模型，是用一组有序数值阵列形式表示地面高程的一种实体地面模型。本次研究选择分辨率为1∶50 000的原始DEM，它的作用是为模型运算提供高程。数据处理过程包括坐标定义和消除杂点两个过程。首先利用ARCGIS软件ArcToolbox模块中Projections and Transportations定义DEM投影坐标，投影坐标系统统一采用地理投影系统WGS1984坐标系统；在DEM生产的过程中，可能会由于某种人为或者非人为的原因，使DEM数据中出现非常明显的错误点，从而影响DEM数据的应用，本研究利用ARCGIS软件将DEM转化成point要素，然后从属性表中剔除错误点，最后转化为研究所需的栅格形式(图5-22)。

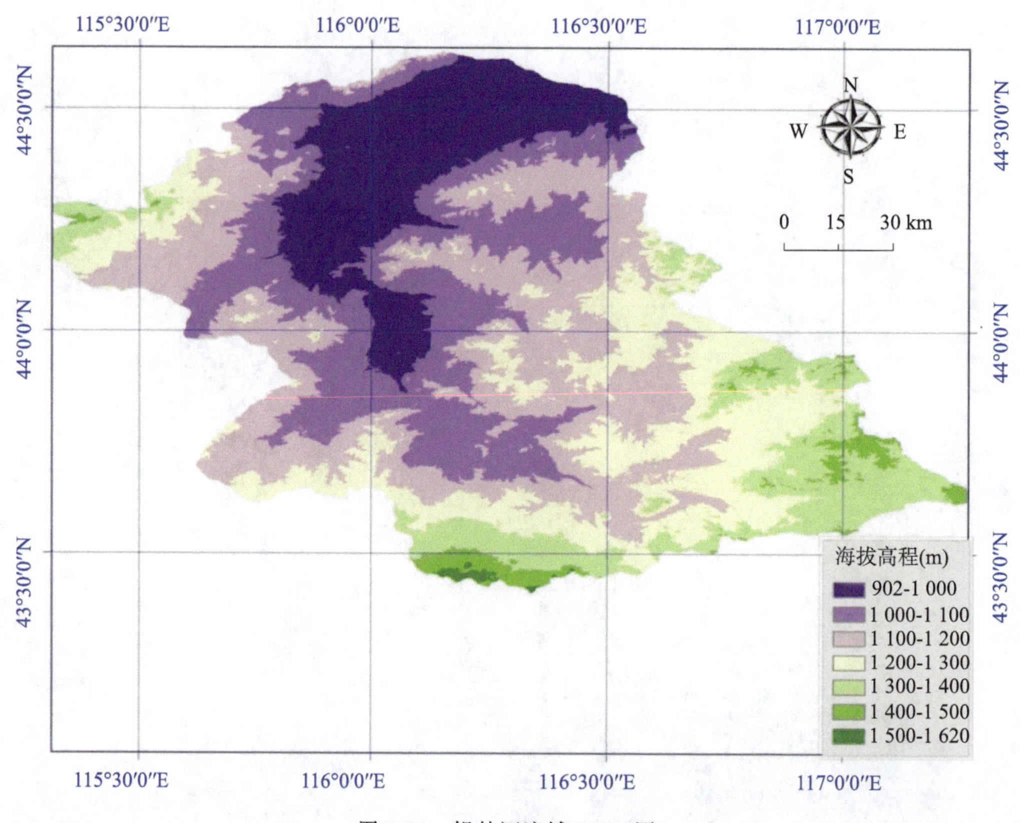

图5-22 锡林河流域DEM图

2. 遥感影像预处理

本研究首先根据研究区边界范围，下载能覆盖锡林河流域范围影像(表 5-1)；利用“区域蒸散发计算系统 V1.0”对原始影像赋予地理坐标系统 WGS1984 系统，并利用 DEM 数据进行几何校正；最后根据流域边界裁剪成模型所需的遥感图。

表 5-1　遥感影像信息

数据类型	WRS_PATH	STARTING_ROW
Landsat 数据	124	29
	124	30
MODIS 数据	h26V04	

(1)Landsat 数据

本研究传感器包括 Landsat-5、Landsat-7 和 Landsat-8，该类数据是美国陆地卫星搭载的一种特殊成像仪获取的影像，用于计算地表反照率、地表比辐射率、地表温度、NDVI 以及地表粗糙度等地表参数，是区域 *ET* 计算的基础和依据。遥感影像采用美国国家航空航天局(NASA)提供的 TM、ETM＋、OLI/TIRS 数据，不同传感器波段信息见表 5-2。

表 5-2　不同传感器波段信息

传 感 器		Landsat-5	Landsat-7	Landsat-8	
		TM	ETM＋	OLI	TIRS
时间分辨率(d)		16	16	16	16
空间分辨率(m)	可见光/近红外	30	30	30	—
	全色波段	—	15	15	—
	热红外波段	120	60	—	100
波段宽度(μm)	Band-1	0.45～0.52	0.45～0.52	0.435～0.451	
	Band-2	0.52～0.60	0.53～0.61	0.452～0.512	
	Band-3	0.63～0.69	0.63～0.69	0.533～0.590	
	Band-4	0.76～0.90	0.78～0.90	0.636～0.673	
	Band-5	1.55～1.75	1.55～1.75	0.851～0.879	
	Band-6	10.40～12.50	10.40～12.50	1.566～1.651	
	Band-7	2.08～2.35	2.09～2.35	2.107～2.294	
	Band-8		0.52～0.90	0.503～0.676	
	Band-9			1.363～1.384	
	Band-10				10.60～11.19
	Band-11				11.50～12.51

(2)MODIS 数据

搭载在 Terra 和 Aqua 两颗卫星上的中分辨率成像光谱仪(MODIS)是美国地球观测系统(EOS)计划中用于观测全球生物和物理过程的重要仪器。它具有 36 个中等分辨率水平的光谱波段，空间分辨率为 250～1 000 m，每 1～2 d 对地球表面观测一次。获取陆地和海洋温度、初级生产率、陆地表面覆盖、云、气溶胶、水汽和火情等目标的图像，在生态学研究、环境监测、全球气候变化以及农业资源调查等诸多研究中具有广泛的应用前景。本研究所用 MODIS 遥感影像数据是美国国家航空航天局（NASA）提供的 MOD021KM 一级产品 Aqua 数据（https://ladsweb.modaps.eosdis.nasa.gov/），该产品包括 MODIS 数据 1～36 波段基础数据，不同波段信息见表 5-3。

表 5-3 MODIS 数据信息

波段	分辨率(m)	波段宽度(μm)	主要应用	波段	分辨率(m)	波段宽度(μm)	主要应用
1	250	0.620～0.670	植被叶绿素吸收	19	1 000	0.915～0.965	云/大气层性质
2	250	0.841～0.876	云和植被覆盖变换	20	1 000	3.660～3.840	洋面温度
3	500	0.459～0.479	土壤植被差异	21	1 000	3.929～3.989	森林火灾/火山
4	500	0.545～0.565	绿色植被	22	1 000	3.929～3.989	云/地表温度
5	500	1.230～1.250	叶面/树冠差异	23	1 000	4.020～4.080	云/地表温度
6	500	1.628～1.652	雪/云差异	24	1 000	4.433～4.498	对流层温度/云片
7	500	2.105～2.155	陆地和云的性质	25	1 000	4.482～4.549	对流层温度/云片
8	1 000	0.405～0.420	叶绿素	26	1 000	1.360～1.390	红外云探测
9	1 000	0.438～0.448	叶绿素	27	1 000	6.535～6.895	对流层中层湿度
10	1 000	0.438～0.493	叶绿素	28	1 000	7.175～7.475	对流层中层湿度
11	1 000	0.526～0.536	叶绿素	29	1 000	8.400～8.700	表面温度
12	1 000	0.546～0.556	沉淀物	30	1 000	9.580～9.880	臭氧总量
13	1 000	0.662～0.672	沉淀物，大气层	31	1 000	10.780～11.280	云/表面温度
14	1 000	0.673～0.683	叶绿素荧光	32	1 000	11.770～12.270	云高和表面温度
15	1 000	0.743～0.753	气溶胶性质	33	1 000	13.185～13.485	云高和云片
16	1 000	0.862～0.877	气溶胶/大气层性质	34	1 000	13.485～13.785	云高和云片
17	1 000	0.890～0.920	云/大气层性质	35	1 000	13.785～14.085	云高和云片
18	1 000	0.931～0.941	云/大气层性质	36	1 000	18.085～14.385	云高和云片

遥感数据使用 Landsat-5 和 Landsat-7 遥感影像，原因是该影像的数据波段可见光和近红外波段具有 30 m×30 m 的较高空间分辨率、热红外波段具有(60～120)m×(60～120)m 的空间分辨率，能满足本研究 ET 估算结果空间精度的验证要求。

结合研究区云覆盖状况，本研究将数据分为校准集和验证集。其中，校准集是校准期(2006～2009 年 8 天有效晴日)内的遥感数据(表 5-4)，遥感数据使用 Landsat-5 和 Landsat-7 两种遥感影像，数据用于研究模型参数计算及干湿限选取方案；验证集是验证期(2011 年作物生长季 5～9 月有效晴日)内的遥感影像数据，数据用于研究区域 *ET* 时间尺度长序列扩展研究与空间特征分析。以上遥感数据来自于美国地质勘探局(USGS)地球资源观测与科学中心。遥感影像信息详见表 5-4。

表 5-4　有效遥感影像信息（PATH 124/ROW 29 and 30）

校准期				验证期			
时　间	儒略日	云覆盖	传感器	时　间	儒略日	云覆盖	传感器
2006/8/4	216	0	Landsat-5	2011/4/12	102	1%	Landsat-5
2006/9/21	264	0	Landsat-5	2011/5/14	134	8%	Landsat-5
2007/4/17	107	14%	Landsat-5	2011/5/22	142	23%	Landsat-7
2007/7/6	187	0	Landsat-5	2011/8/2	214	0	Landsat-5
2008/8/25	238	0	Landsat-5	2011/8/10	222	0	Landsat-7
2008/9/26	270	0	Landsat-5	2011/9/11	254	0	Landsat-7
2009/6/25	176	6%	Landsat-5	2011/9/19	262	2%	Landsat-5
2009/8/12	224	0	Landsat-5	2011/10/5	278	6%	Landsat-5

3. 气象资料整理

模型在地表参数的反演过程中，气象数据作为重要的输入数据参与计算。气象资料收集范围根据研究区内气象站点分布（图 5-23），选择包括东乌珠穆沁旗、阿巴嘎旗、化德县、西乌珠穆沁旗、锡林浩特市、林西县、多伦县 7 个气象站的纬度（x）、经度（y）、海拔高度（h）、气温（temp）、风速（speed）、日照时数（sun）和水汽压（press）等。气象站点的气温是用于地表温度等计算；风速是用于计算区域空气动力学阻抗等；水汽压是用于地表反照率等参数计算；日照时数是用于 ET 尺度扩展等计算。数据来自内蒙古自治区气象局、国家科技基础条件平台中国气象数据网。

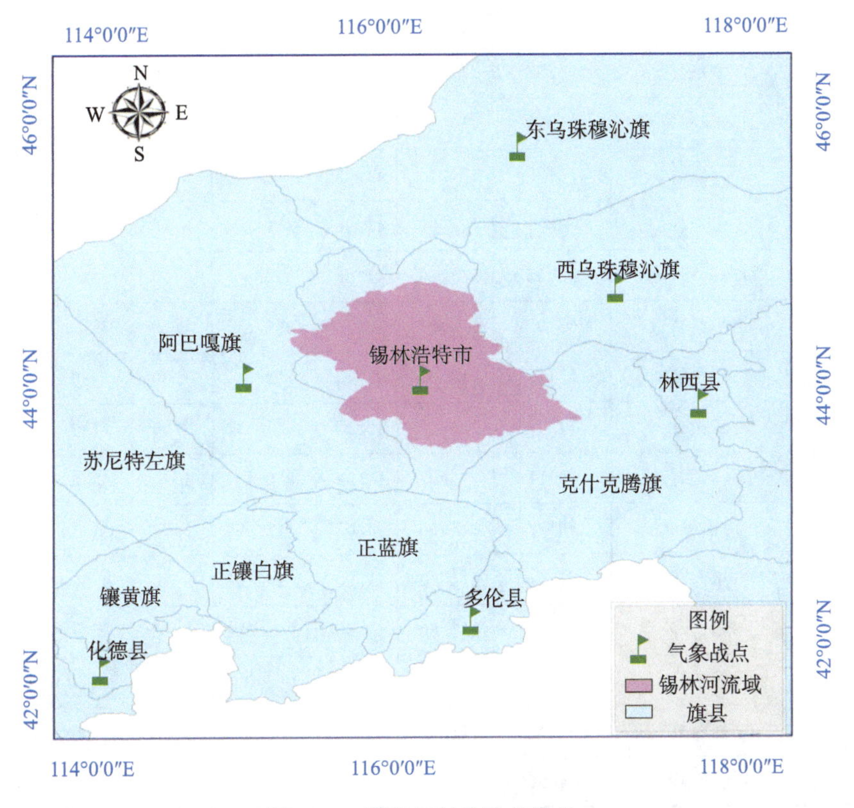

图 5-23　研究区气象站点分布

表 5-5 是校准期不同气象站点卫星过境时刻(上午 11:00 时)的气象数据。

表 5-5 卫星过境时刻站点气象信息

日期			站名	编号	x	y	h	speed	sun	temp	press
							m	m/s	h	℃	kPa
2006	8	4	东乌珠穆沁旗	50915	116.97°	45.52°	840.50	2.80	12.50	25.50	0.91
			阿巴嘎旗	53192	114.95°	44.02°	1 127.90	3.20	12.40	23.90	0.89
			化德县	53391	114.00°	41.90°	1 140.00	3.10	11.10	18.10	0.85
			西乌珠穆沁旗	54012	117.60°	44.58°	996.60	4.90	10.50	22.20	0.90
			锡林浩特市	54102	116.07°	43.95°	990.80	4.30	11.90	24.20	0.81
			林西县	54115	118.07°	43.60°	800.30	0.90	7.90	23.00	0.92
			多伦县	54208	116.47°	42.18°	1 245.40	1.30	10.00	19.30	0.88
2006	9	21	东乌珠穆沁旗	50915	116.97°	45.52°	840.50	0.50	10.50	17.40	0.92
			阿巴嘎旗	53192	114.95°	44.02°	1 127.90	1.50	9.60	16.40	0.89
			化德县	53391	114.00°	41.90°	1 140.00	1.70	10.50	14.50	0.86
			西乌珠穆沁旗	54012	117.60°	44.58°	996.60	1.60	10.30	14.70	0.91
			锡林浩特市	54102	116.07°	43.95°	990.80	1.80	10.50	15.80	0.91
			林西县	54115	118.07°	43.60°	800.30	0.90	10.00	17.00	0.93
			多伦县	54208	116.47°	42.18°	1 245.40	0.30	10.60	12.20	0.88
2007	4	17	东乌珠穆沁旗	50915	116.97°	45.52°	840.50	2.10	10.60	5.30	0.91
			阿巴嘎旗	53192	114.95°	44.02°	1 127.90	3.20	9.80	4.80	0.88
			化德县	53391	114.00°	41.90°	1 140.00	3.20	10.70	4.50	0.85
			西乌珠穆沁旗	54012	117.60°	44.58°	996.60	1.40	7.40	2.00	0.90
			锡林浩特市	54102	116.07°	43.95°	990.80	3.60	10.10	5.50	0.90
			林西县	54115	118.07°	43.60°	800.30	1.30	8.50	6.60	0.92
			多伦县	54208	116.47°	42.18°	1 245.40	3.50	11.0	4.30	0.87
2007	7	6	东乌珠穆沁旗	50915	116.97°	45.52°	840.50	1.90	13.00	25.40	0.91
			阿巴嘎旗	53192	114.95°	44.02°	1 127.90	2.70	11.10	27.20	0.88
			化德县	53391	114.00°	41.90°	1 140.00	3.80	8.50	23.00	0.84
			西乌珠穆沁旗	54012	117.60°	44.58°	996.60	1.80	13.70	25.00	0.89
			锡林浩特市	54102	116.07°	43.95°	990.80	2.80	13.70	25.60	0.89
			林西县	54115	118.07°	43.60°	800.30	1.00	11.20	27.10	0.91
			多伦县	54208	116.47°	42.18°	1 245.40	2.10	9.10	23.40	0.87

续上表

日期			站名	编号	x	y	h	speed	sun	temp	press
							m	m/s	h	℃	kPa
2008	8	25	东乌珠穆沁旗	50915	116.97°	45.52°	840.50	3.10	11.20	17.80	0.91
			阿巴嘎旗	53192	114.95°	44.02°	1 127.90	3.10	9.60	19.20	0.88
			化德县	53391	114.00°	41.90°	1 140.00	2.10	6.90	15.70	0.85
			西乌珠穆沁旗	54012	117.60°	44.58°	996.60	3.70	9.60	17.20	0.90
			锡林浩特市	54102	116.07°	43.95°	990.80	3.00	10.60	20.20	0.90
			林西县	54115	118.07°	43.60°	800.30	1.20	8.20	17.90	0.92
			多伦县	54208	116.47°	42.18°	1 245.40	2.50	9.50	18.60	0.87
2008	9	26	东乌珠穆沁旗	50915	116.97°	45.52°	840.50	2.90	11.10	5.50	0.93
			阿巴嘎旗	53192	114.95°	44.02°	1 127.90	2.30	11.10	4.00	0.90
			化德县	53391	114.00°	41.90°	1 140.00	1.30	10.50	4.70	0.86
			西乌珠穆沁旗	54012	117.60°	44.58°	996.60	4.20	10.50	4.60	0.91
			锡林浩特市	54102	116.07°	43.95°	990.80	2.50	10.90	4.10	0.91
			林西县	54115	118.07°	43.60°	800.30	3.60	10.60	8.50	0.93
			多伦县	54208	116.47°	42.18°	1 245.40	3.10	11.00	4.90	0.88
2009	6	25	东乌珠穆沁旗	50915	116.97°	45.52°	840.50	1.00	6.50	20.00	0.91
			阿巴嘎旗	53192	114.95°	44.02°	1 127.90	2.60	13.80	22.40	0.88
			化德县	53391	114.00°	41.90°	1 140.00	3.10	10.30	23.90	0.84
			西乌珠穆沁旗	54012	117.60°	44.58°	996.60	2.30	10.60	18.70	0.89
			锡林浩特市	54102	116.07°	43.95°	990.80	2.60	13.70	20.80	0.89
			林西县	54115	118.07°	43.60°	800.30	1.20	12.40	21.90	0.91
			多伦县	54208	116.47°	42.18°	1 245.40	2.00	11.40	20.40	0.87
2009	8	12	东乌珠穆沁旗	50915	116.97°	45.52°	840.50	1.20	12.80	21.90	0.91
			阿巴嘎旗	53192	114.95°	44.02°	1 127.90	2.00	13.00	23.10	0.89
			化德县	53391	114.00°	41.90°	1 140.00	0.90	12.20	22.10	0.85
			西乌珠穆沁旗	54012	117.60°	44.58°	996.60	2.20	12.60	20.30	0.90
			锡林浩特市	54102	116.07°	43.95°	990.80	1.80	12.90	20.70	0.90
			林西县	54115	118.07°	43.60°	800.30	2.00	13.20	23.30	0.92
			多伦县	54208	116.47°	42.18°	1 245.40	1.30	12.80	20.10	0.87

4. *ET* 实测数据

ET 实测数据包括涡度相关系统实测的水汽通量数据和水量平衡法计算的灌溉监测站作物耗水数据。

(1)涡度相关系统水汽通量数据

水汽通量数据来自内蒙古锡林郭勒草原生态系统国家野外科学观测研究站(GES),该站位于流域东南部(116°40′20″E、43°33′02″N,海拔 1 250 m),在围封天然草地上建有涡度相关系统一套,是由 CSAT-3 三维超声风速仪和 LI7500 红外分析仪组成的开路系统。该站水汽通量数据用于评估 METRIC 模型日 *ET* 估算结果。

(2)水量平衡计算青贮玉米耗水数据

水利部牧区水利科学研究所灌溉监测站(IMS)共设 8 个灌溉监测点,监测站种植的作物是青贮玉米,土壤 0～100 cm 平均容重为 1.54～1.82 g/cm^3,田间持水量 θ_f 为 14.3%～19.01%(占干土重),地下水位埋深均超过 3 m。监测站利用气象站、水表、PR2 土壤剖面水分速测仪、负压计等监测了 2011 年青贮玉米生育周期的降水、灌溉、下渗、土体水分变化情况,根据水量平衡法计算的青贮玉米生育周期耗水数据用于 METRIC 模型在验证集长时间尺度扩展结果评估。

5.2.2 地表参数反演

地表与大气相互作用过程中实质上是能量、动量和质量的相互交换过程。地表特征和下垫面物理性质在时空分布上的差异,对地表能量、动量和质量的分布产生极大的影响。地表参数准确反演与计算是描述地气能量、动量和质量交换过程的重要一环,为定量反演地表通量研究打下坚实的基础。本节以 2008 年 8 月 25 日 Landsat-5 为例,分析各地表参数(地表反照率、地表比辐射率、归一化植被指数、地表温度)特征分布。

1. 地表反照率

地表反照率 α 受地表覆盖类型等地表特征和太阳高度角等因素影响,具有较大的时空分异性。本研究地表反照率的反演是利用基于自主开发的区域蒸散发计算系统 V1.0 计算了锡林河流域 2008 年 8 月 25 号卫星过境时刻的地表反照率 α(图 5-24)。

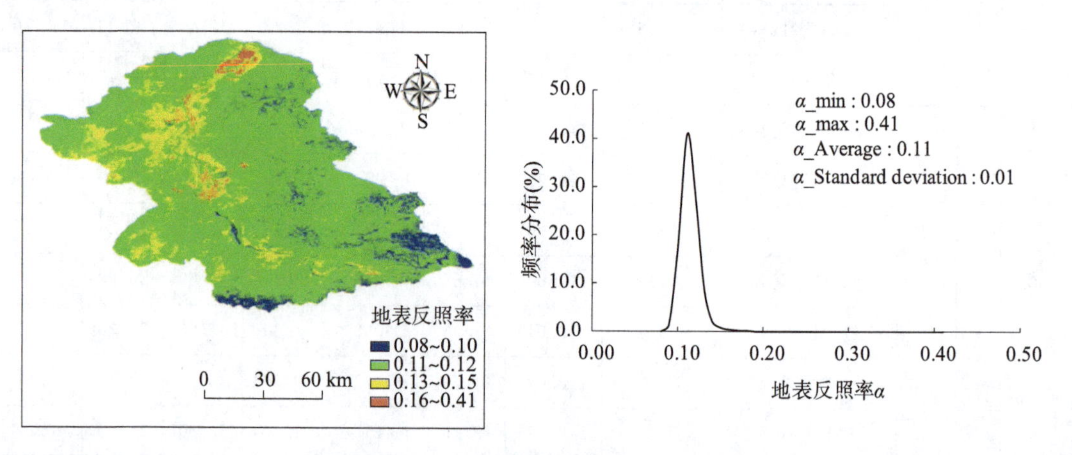

图 5-24 地表反照率空间分布

根据统计结果，研究区2008年8月25日的地表反照率α在0.08～0.41，均值为0.11，均方差为0.01。结合土地利用类型分布分析，α空间整体分布是由东南向西北递减，水体、草地和未开发利用土地等不同土地利用类型的地表反照率差别较明显。其中，水体的反照率最小，范围在0.08～0.09，与Brutsaert(1982)研究结论较为吻合；草地地表反照率主要集中在0.11～0.15；流域下游受河流来水的影响，常年断流形成了盐碱地或沙地，植被覆盖度较低，地表反照率表现较高，地表反照率主要集中在0.16～0.48之间。

2. 地表比辐射率

地表比辐射率ε反演首先考虑锡林河流域不同地区植被覆盖类型的变化，利用红外波段和热红外波段计算的单波段反射率，获取土壤调整植被指数SAVI和叶面积指数LAI，得到流域不同土地利用类型的地表比辐射率(图5-25)。

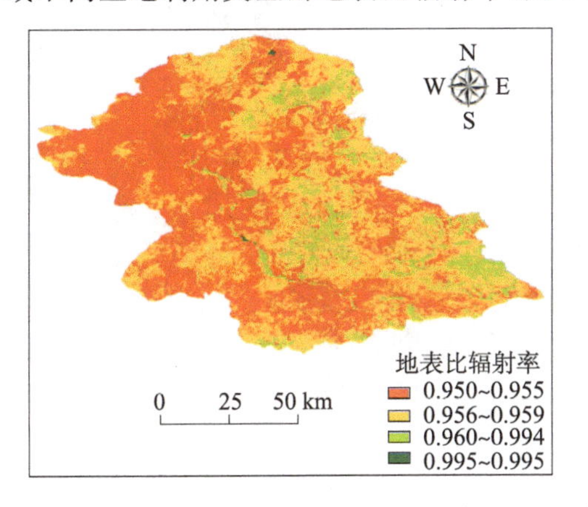

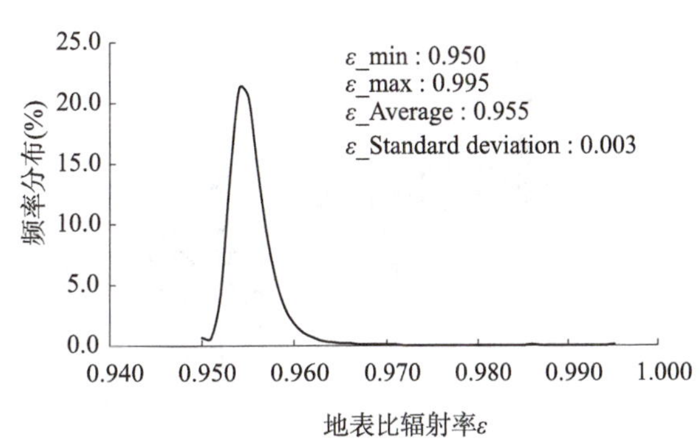

图5-25 地表比辐射率空间分布

根据统计结果，研究区2008年8月25日的ε在0.950～0.995，均值为0.955，均方差为0.003。研究区内ε值最高的是水体，其余类型受植被覆盖的影响，ε空间分布整体由东南向西北递减。

3. 归一化植被指数(NDVI)

*NDVI*值能反映出植物冠层的背景影响，如土壤、潮湿地面、雪、枯叶、粗糙度等，且与植被覆盖有关。经计算得到如图5-26所示归一化植被指数空间分布。

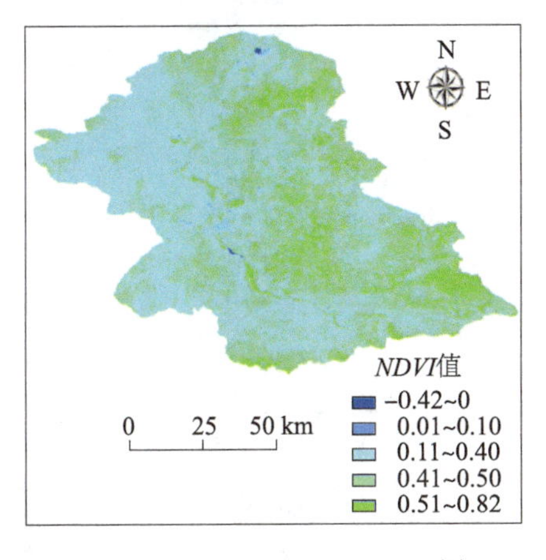

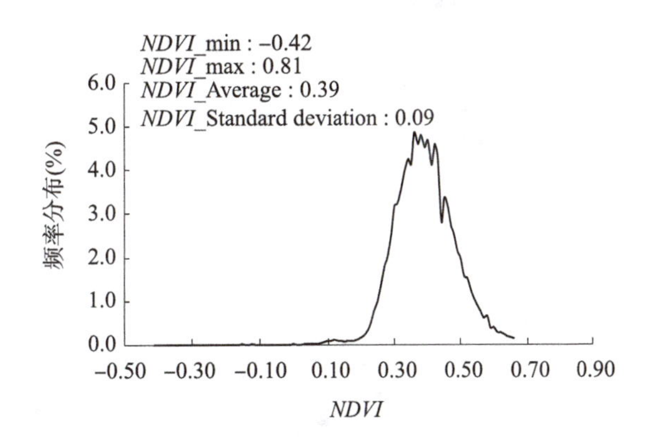

图5-26 归一化植被指数空间分布

由图 5-26 反演结果可以看出,*NDVI* 的范围为－0.42～0.81,均值为 0.39,均方差为 0.09。其中 *NDVI*≤0 的像元是水体,主要分布在锡林河水库周围,以及下游的查干淖尔湖周边的盐碱地附近;*NDVI* 较高的像元主要集中在流域东南部林草交错带及流域中部的灌溉人工草地附近,主要原因是这部分地区受水分供应的保证,植被覆盖较高。

4. 地表温度

地表温度 T_s是研究地表与大气之间物质交换和能量平衡的重要参数。作为模型中较为关键的一个参数,空气湿度、气温、光照、植被覆盖以及纬度等外界环境对其的影响较大。地表温度也是近些年来国内外专家研究的重点和热点,同时产生了很多计算方法,如单窗算法、多通道算法(劈窗算法)、单通道多角度算法、多通道多角度算法等。T_s由单窗算法计算得到(图 5-27)。

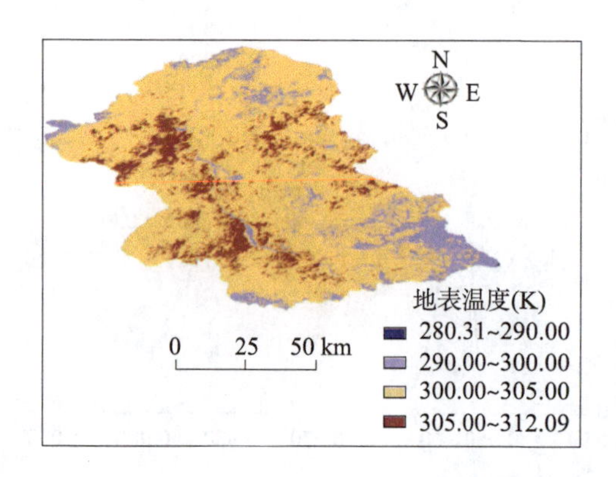

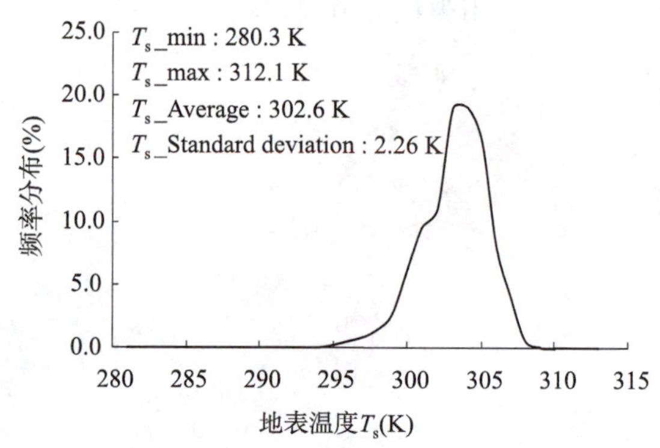

图 5-27 地表温度空间分布

统计结果显示,模型反演得到的 T_s范围为 280.3～312.1 K,研究区均值为 302.6 K(29.4 ℃),比研究区平均空气温度(18.9 ℃)高 10.5 ℃。从图 5-27 频率分布图上看,研究区 T_s主要集中在 300～305 K 范围之间,低温区主要分布在流域地势相对较低的河流两侧及植被覆盖较好的东南部,高温区主要分布在流域西北部植被较少的干燥地区及城镇。出现这种现象的原因是,流域河道两侧及植被覆盖度较高的地区,土壤及空气湿度较大,水体及植被在蒸发过程中会带走较多的热量,使得地表温度较低。

图 5-28 是研究区地表温度经 DEM 高程调整后的地表温度 $T_{s,ad}$,与调整前 T_s相比,均方差减少 0.07 K,该参数主要用于显热通量迭代计算。

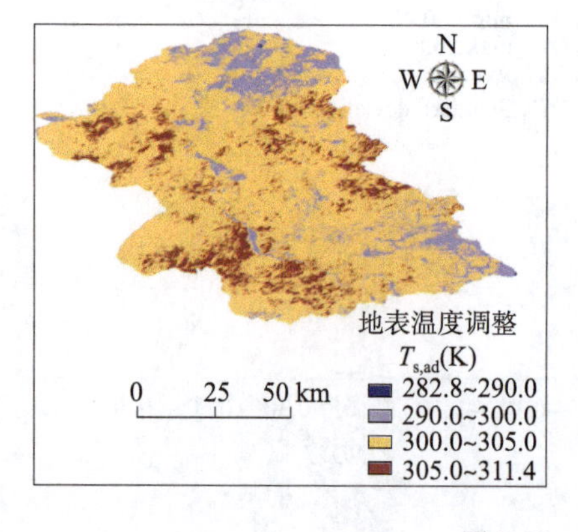

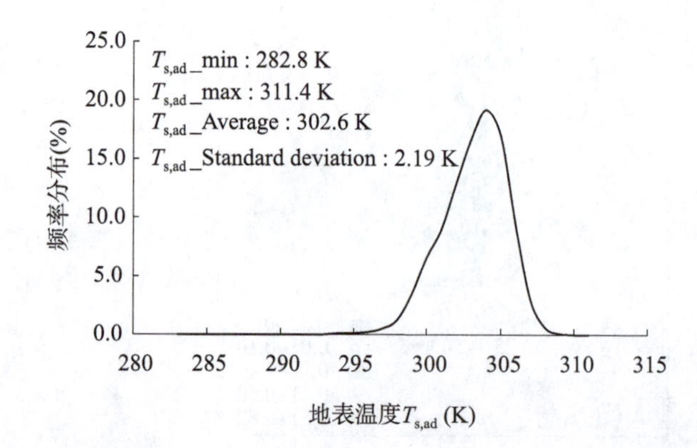

图 5-28 地表温度调整值空间分布

5.2.3　干湿限分析与区域 *ET* 估算验证

SEBAL 模型、METRIC 模型作为遥感估算区域 ET 的典型代表，自提出以来得到了学术界广泛的应用，计算核心是利用“干点”和“湿点”两个极限像元解决了空气动力学阻抗和零平面位移以上的地温差，大大提高了显热通量计算效率。但是，模型使用者主观选取的极限像元必须为研究区内显热通量/潜热通量的上下临界限，才能保证区域 ET 的计算精度。在实际应用过程中，对于不同研究者对研究区下垫面特性认识不同，主观选取的干湿限标准不一，易导致因找不到理想的“干点”和“湿点”像元而影响模型计算精度，从而引发遥感 ET 估算的空间歧义性问题，即不同研究者利用相同基础数据和方法却得不同的 ET 估算结果。针对此问题，Tasumi、Kul Khand 等建议参照地表温度 T_s 与植被指数 LAI 或 $NDVI$ 相关趋势图选定干湿限；Scientist 等通过假定一定周期(白天或 8 d)内干湿限之间的能量差相对稳定，建立给定像元和周期的干湿边界条件；Allen 等通过设定气象站和农田相对位置条件，提出了 CIMEC process 指导选取干湿限。对于气象站点稀少、气候干旱、植被稀疏的草原地区，在应用 SEBAL、METRIC 模型过程中，识别“干湿”极限像元没有可参照的标准，需要研究者对干湿限的方法进行验证和判定。

因此，本研究以高分辨率的 Landsat 影像为例，基于 SEBAL、METRIC 模型理论，分析 T_s 和 LAI 空间分布特征关系，利用涡度相关系统实测水汽通量数据评估不同“干点”和“湿点”组合的干湿限对草原地区 ET 的估算精度，确定草原地区“干点”和“湿点”极限像元的识别方案。

1. 干湿限分析与确定

模型中的干湿限即“干点”和“湿点”两种特殊的极限像元。其中，“干点”指没有植被覆盖的干燥闲置荒地或裸地，温度很高，蒸散量几乎为 0 的像元，“干点”像元上近似满足 $H \approx R_n - G$，$LE \approx 0$(H 为显热通量，R_n 为地表净辐射量，G 为土壤热通量，LE 为潜热通量)；“湿点”是指影像中水分供应充足、植被生长茂盛、温度很低、处于潜在蒸散水平的像元，可以是植物生长良好的完全覆盖的区域或开放的水体，在“湿点”上 $H \approx R_n - G - LE$，其中 SEBAL 模型中一般取 $H \approx 0$，METRIC 模型考虑了这部分 H 值。通过对“干点”和“湿点”像元上的信息提取，可以求得 dT 值的分布，为了减少提取过程中因空间歧义性造成的 ET 估算误差，对于气象站点稀少、下垫面植被稀疏的锡林河流域典型草原区，本研究识别方案基于 T_s 与 LAI 空间相关趋势理论(图 5-29)是以 2008 年 8 月 25 日过境时刻的影像为例，通过识别 T_s 与 LAI 空间分布的 A、B、C、D 极限像元(图 5-30)，设置不同的“干点”和“湿点”像元组合方案，利用涡度相关系统实测水汽通量数据评估不同“干点”和“湿点”组合对区域 ET 的估算精度，进一步确定草原地区“干点”和“湿点”极限像元识别方案。

区域“干点”和“湿点”像元识别需要计算地表温度 T_s 和叶面积指数 LAI 两个参数。其中，利用单窗算法计算研究区 $T_s \in [280.31\ \text{K}, 312.09\ \text{K}]$，均值为 302.67 K(图 5-31)，利用土壤调节植被指数 $SAVI$ 计算研究区 $LAI \in [0, 6]$，均值为 0.60(图 5-32)。本研究随机提取了 150 个像元的 T_s 和 LAI，结合土地利用类型，确定了研究区的 A、B、C 和 D 点(图 5-30)。其中，A 点是研究区内的一片裸地，集中在该区域的像元土体裸露，基本没有植被；B 点是研究区的一块湿地；C 点是一片农场种植区，集中在该区域的像元是水分充足的灌溉人工草地；D 点是研究区的一片旱作农田，集中在该区域旱作耕地因种植了作物，植被覆盖度较高。为了检验不同干湿限对显热通量和潜热通量估算精度的影响，为此根据研究区 T_s 与 LAI 相关趋势图

(图 5-30),设置了 4 个“干湿点”组合 $M_{干,湿}$($M_{A,B}$、$M_{A,C}$、$M_{D,B}$、$M_{D,C}$)方案,并计算了区域显热通量、潜热通量及卫星过境当日的流域 ET(表 5-6)。

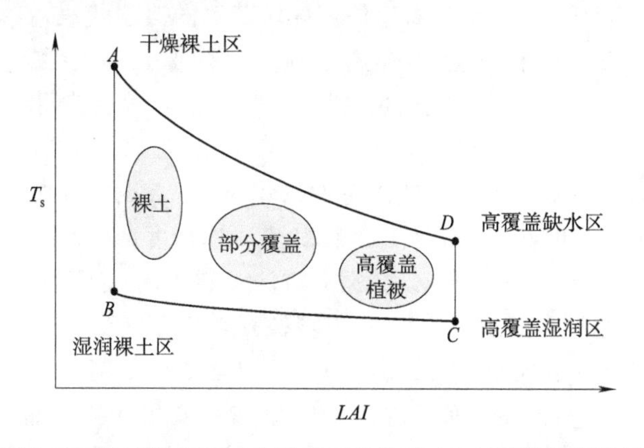

图 5-29 地表温度(T_s)和叶面积指数(LAI)相关趋势理论图

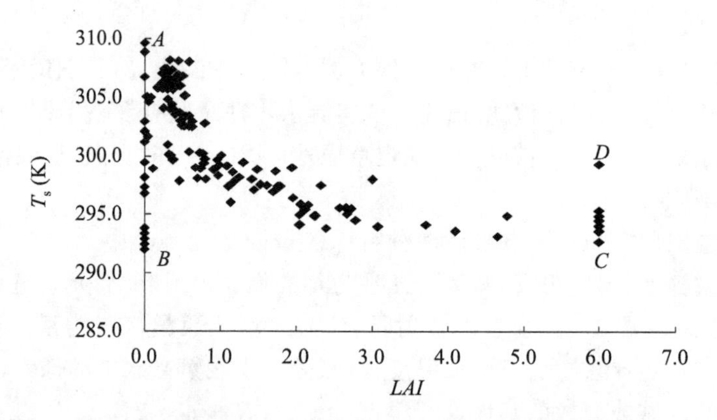

图 5-30 研究区 2008 年 8 月 25 日 T_s和 LAI 空间分布

表 5-6 不同干湿限组合区域 ET 与涡度相关系统实测值比较

$M_{干,湿}$	干点			湿点			a	b	H^*	$(R_n-G)^*$	$ET_{d,METRIC}$	$ET_{d,GES}$	相对误差
	T_s	LAI	R_n-G	T_s	LAI	R_n-G							
	K		W/m²	K		W/m²			W/m²	W/m²	mm/d	mm/d	
$M_{A,B}$	309.65	0.00	355.72	291.09	0.00	411.23	0.56	−159.80	261.69	396.17	3.13	4.32	27.7%
$M_{A,C}$	309.65	0.00	355.72	294.91	6.00	480.21	0.74	−215.61	222.36	396.17	3.93	4.32	9.2%
$M_{D,B}$	299.28	6.00	449.53	291.09	0.00	411.23	1.12	−323.14	939.76	396.17	1.40×10^{-5}	4.32	100.0%
$M_{D,C}$	299.28	6.00	449.53	294.91	6.00	480.21	2.17	−635.87	759.58	396.17	1.40×10^{-5}	4.32	100.0%

注:1. a 和 b 值为迭代稳定后输出的经验参数。
2. * 标记代表整个研究区的平均值。

表 5-6 是 METRIC 模型计算的 2008 年 8 月 25 日流域 ET 结果。与 GES 站的涡度相关系统水汽通量实测数据比较,在特征参数和其他能量分项保持不变的前提下,利用 METRIC 模型估算 4 个干湿限组合区域 ET 结果差异较大。四个组合中 $M_{A,C}$ ET 估算结果最理想,其结果 $ET_{d,METRIC}$与水汽通量实测数据 $ET_{d,GES}$相对误差为 9.2%;其次是 $M_{A,B}$组合,相对误差为

27.7%；$M_{D,B}$和$M_{D,C}$估算精度最差，相对误差近似100%，考虑$ET \geqslant 0$的约束，两个组合估算的$ET_{d,METRIC} \approx 0$，出现这种结果的原因是以D点为“干点”的$M_{A,C}$和$M_{A,C}$两个组合，在通过Monin-Obukhov循环迭代得到稳定H的平均值大于$R_n - G$，导致潜热通量LE估算存在明显的不合理现象。综上所述，A点和C点构成的$M_{A,C}$更适合选为研究区“干点”和“湿点”。

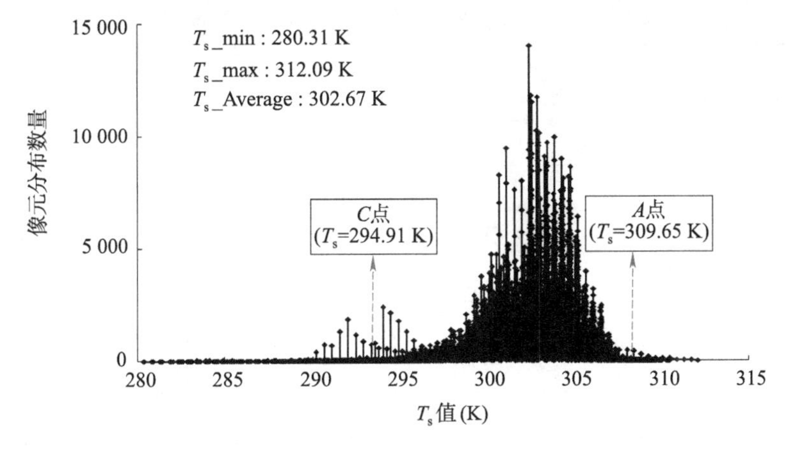

图 5-31　T_s空间分布频率直方图

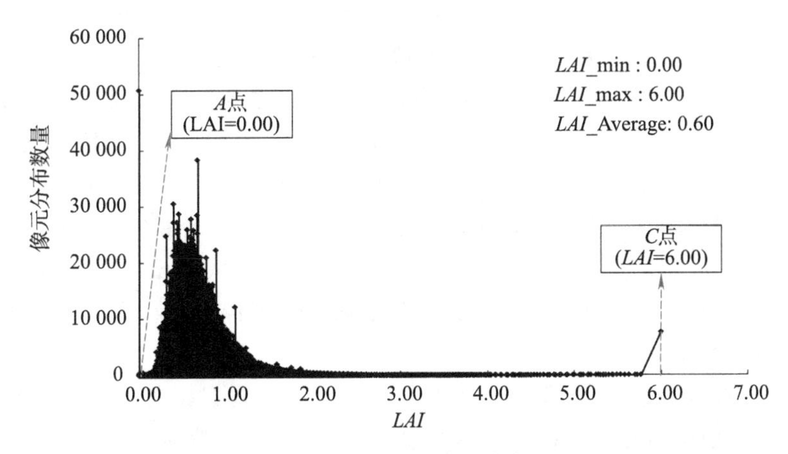

图 5-32　LAI空间分布频率直方图

图5-31是研究区的T_s频率直方图，经计算，“干点”(A点)T_s值分布在频率直方图的前5%，“湿点”(C点)T_s值分布在频率直方图的后5%；图5-32是研究区的LAI频率直方图，经计算，“干点”(A点)LAI分布在频率直方图后3%，“湿点”(C点)LAI值分布在频率直方图前3%。综合考虑研究区下垫面土地利用现状，本研究选取占T_s频率直方前5%的高温区、占LAI频率直方后1%～3%的裸土地为“干点”，选取占T_s频率直方后5%的低温区、占LAI频率直方前1%～3%的农田为“湿点”。具体操作步骤：以土地利用为底图，利用GIS将地表温度T_s和叶面积指数LAI叠加处理，按照上述方案设定限制条件，利用GIS或ENVI软件自动识别“干点”和“湿点”像元①。

① 识别方案最终的百分比限值是根据季节、云覆盖情况，剔除无效信息后的结果。

2. 区域 ET 估算与验证分析

利用干湿限识别方案估算的区域 ET 是否真实地反映下垫面 ET 耗水特征，需要进行结果校验分析。作为监测 ET 最可靠的手段之一，本研究采用 GES 站的涡度相关系统实测水汽通量数据来评价 METRIC 模型的估算校准集精度(表 5-7)。

表 5-7 不同干湿限组合情况下 $ET_{d,GES}$ 和 $ET_{d,METRIC}$ 对比

日　期	儒略日 DOY	$ET_{d,GES}$ (mm/d)	$ET_{d,METRIC}$ (mm/d)	绝对误差 (mm/d)	相对误差
2006/8/4	216	1.45	1.72	0.27	18.7%
2006/9/21	264	1.18	1.41	0.22	18.9%
2007/4/17	107	0.66	0.90	0.25	37.9%
2007/7/6	187	1.07	1.36	0.29	27.0%
2008/8/25	238	4.32	3.93	−0.40	9.2%
2008/9/26	270	0.53	0.51	−0.02	4.0%
2009/6/25	176	3.22	3.82	0.60	18.7%
2009/8/12	224	0.82	0.95	0.13	16.2%

对于地势平坦、长势均匀的天然草地，表 5-7 给出了 8 个不同 DOY 的区域日 ET 估算结果(简称 $ET_{d,METRIC}$)和涡度相关系统实测 ET 数据(简称 $ET_{d,GES}$)。其中，$ET_{d,METRIC}$ 是结合现场调查、土地利用现状及 $NDVI$ 的特征分析，提取以涡度相关系统所在位置为中心的 90 m×90 m 大小窗口范围内的 9 个像元(0.81 ha)ET 平均值。$ET_{d,GES}$ 是利用 GES 站水汽通量实测耗水数据。8 个 DOY 的 $ET_{d,METRIC}$ 与实测 $ET_{d,GES}$ 相比，绝对误差在－0.02～0.60 mm/d 之间、平均为 0.17 mm/d，相对误差在 4.0%～37.9%之间、平均为 18.8%。同时，我们发现，8 个 DOY 中有 6 日的 $ET_{d,METRIC}$ 结果高于 $ET_{d,GES}$ 实测数据，结合 Massman 和 Lee 等得到的“由于能量平衡方程的不闭合，涡动协方差方法经常低估 ET 值”结论，我们认为 METRIC 模拟的天然草地日 ET 结果可以接受。

另外，本研究将 METRIC 模型模拟 ET 与涡度相关实测 ET 进行了线性回归，如图 5-33 所示，从结果上看，模拟值与实测值之间具有较高的拟合优度，其中二者回归方程的决定系数 R^2 为 0.96，$RMSE$ 为 0.32 mm/d，两者拟合程度较高。另外，线性方程斜率为 0.94，接近 1.0 的标准值，利用 METRIC 模型估算的 ET 值与涡度相关系统实测的数据在变化趋势上整体吻合。

5.2.4 相关性分析

相关性分析是对两个或多个具备相关性的变量元素进行分析，从而衡量两个变量因素的相关密切程度。相关性的元素之间需要存在一定的联系或者概率才可以进行相关性分析。了解 ET 与地表参数之间的相互关系，对于精准估算区域 ET 具有重要帮助。本研究对 ET 和地表参数的相关性分析通过计算两者之间的相关系数，它是由像元之间协方差除以标准差得到。由式(5-1)可知，相关系数 r 介于－1～1。当 $r<0$ 时，说明 ET 与地表参数之间存在负相关性；当 $r>0$ 时，说明该地表参数对于 ET 是正相关，地表参数的增加会影响 ET 的增大；r 越接近于 1，说明该地表参数对 ET 影响越大。从而可推断影响流域 ET 的主次因素。

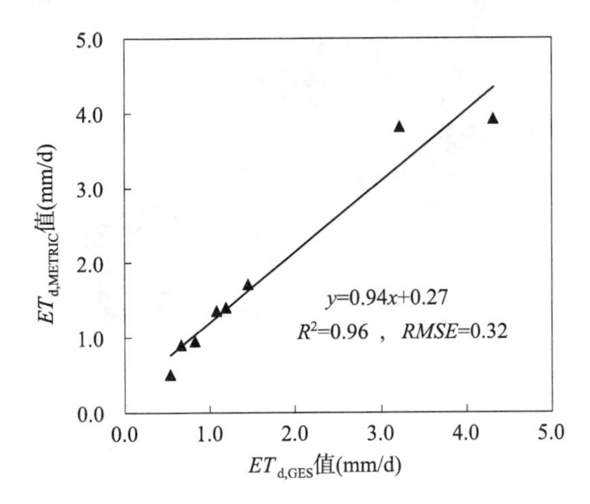

图 5-33　模型估算 *ET* 值与 GES 站涡度相关系统观测 *ET* 值的拟合情况

$$r=\frac{\sum_{i=1}^{n}(x_i-\bar{x})(y_i-\bar{y})}{\sqrt{\sum_{i=1}^{n}(x_i-\bar{x})^2}\cdot\sqrt{\sum_{i=1}^{n}(y_i-\bar{y})^2}} \tag{5-1}$$

$$\bar{x}=\frac{\sum_{i=1}^{n}x_i}{n} \tag{5-2}$$

$$\bar{y}=\frac{\sum_{i=1}^{n}y_i}{n} \tag{5-3}$$

式中　x_i——像元的地表参数计算值；

y_i——对应像元的区域 *ET* 估算值；

n——统计像元的数量。

本研究综合考虑研究区的面积和影像分辨率等因素，随机在研究区选择 3 594 个像元（图 5-34），通过 GIS 提取对应像元的 *ET* 值、地表反照率、地表比辐射率、地表温度和 *NDVI* 值，通过确定 *ET* 和地表参数的相关系数，分析 *ET* 与地表参数之间的正负相关性，以此探讨地表参数变化对 *ET* 估算的影响。

1. *ET* 与地表反照率相关性分析

地表反照率作为陆面能量平衡方程的重要参数，它可以改变整个地球大气系统的能量收支，影响流域或更大尺度的水文循环，进而引起局地以及全球气候的变化。地表反照率和 *ET* 之间的相关性分析计算结果表明（表 5-8），流域 *ET* 与地表反照率之间的相关系数为 −0.465，相关性 *P* 值 <0.01，说明两者之间呈负相关，随着地表反照率的增大，对应像元的 *ET* 总体上会相应减小。原因是反射率是随表面粗糙度的增加而减小，植被覆盖度越大的像元，地表反照率越小，进而反演得到的 *ET* 越大。

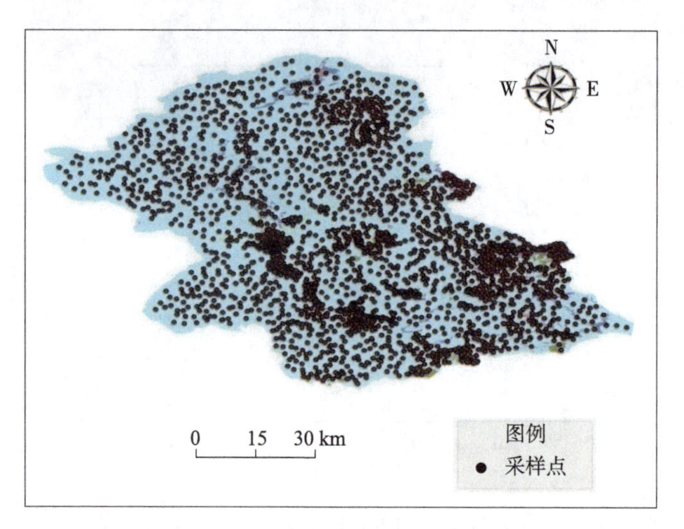

图 5-34 相关性分析采样点

表 5-8 不同土地利用类型 *ET* 与地表反照率相关性分析

土地利用类型	耕 地	林 地	草 地	水 体	城镇居民用地	未开发利用土地	综 合
样本数	291	255	2 402	86	368	192	3 594
r 值	−0.626	−0.458	−0.465	−0.156	−0.013	−0.511	−0.465
P 值	<0.01	<0.01	<0.01	0.129	0.802	<0.01	<0.01

图 5-35(a)～(f)分别是耕地、林地、草地、水体、城镇居民用地、未开发利用土地 6 种土地利用类型 *ET* 与地表反照率的散点分布图，根据统计(表 5-8)，除水体和城镇居民用地外，其余 4 种土地利用类型 *ET* 和地表反照率的关系均表现出负相关，显著值 $P<0.01$，总体上是随着地表反照率的增大 *ET* 呈减小变化趋势；另外，比较 4 种土地利用类型的负相关系数，耕地类型下的地表比辐射率与 *ET* 之间的关联度最为密切。

2. *ET* 与地表比辐射率相关性分析

地表比辐射率的反演是根据 Tasumi 文献中提出的公式反演得出，*TM* 数据第 3 波段和第 4波段分别是红外波段和近红外波段，根据两个波段可以计算土壤植被指数 *SAVI*，进而反演得出地表比辐射率。它主要取决于下垫面的地物组成结构。根据表 5-9 相关性分析计算结果，流域 *ET* 与地表比辐射率之间的相关系数为 0.727，相关性 P 值<0.01，说明两者之间呈极强的正相关。说明地表比辐射率越大，像元的 *ET* 越大。原因是地表比辐射率是反映下垫面吸收长波辐的一个参数，受下垫面植被覆盖、地物等综合影响，表现为水体值最大，其次是地物覆盖度较高的地区，这些下垫面一般也是水分相对充足的地区，地区 *ET* 也较大。

表 5-9 不同土地利用类型 *ET* 与地表比辐射率相关性分析

土地利用类型	耕 地	林 地	草 地	水 体	城镇居民用地	未开发利用土地	综 合
样本数	291	255	2 402	86	368	192	3 594
r 值	0.788	0.584	0.556	—	0.357	0.687	0.727
P 值	<0.01	<0.01	<0.01	—	<0.01	<0.01	<0.01

注："—"是本研究根据水体特征，设定水体的地表比辐射率值为 0.995，为常数。因此，无法进行相关性分析。

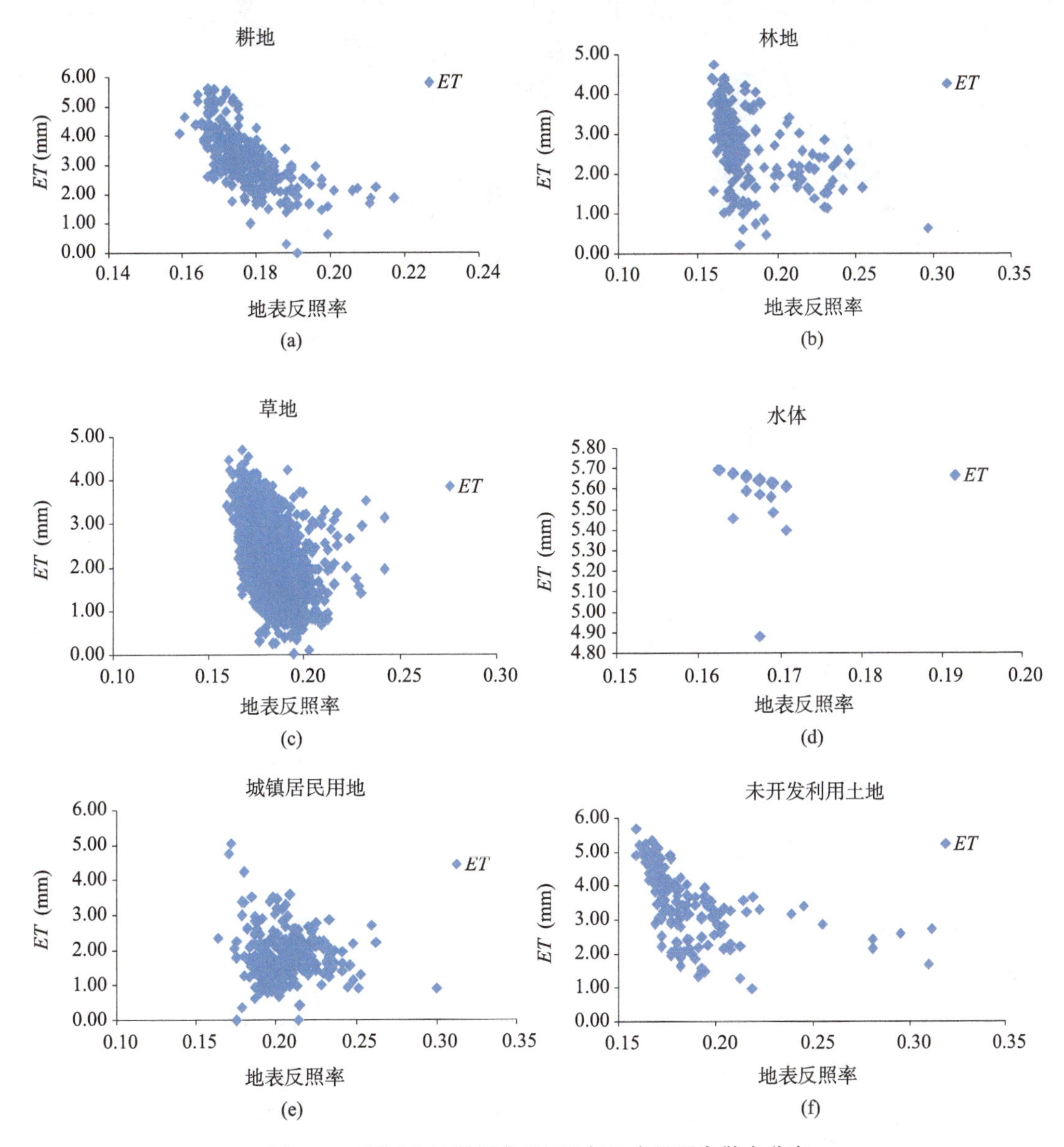

图 5-35　不同土地利用类型 ET 与地表反照率散点分布

图 5-36(a)～(f)分别是耕地、林地、草地、水体、城镇居民用地、未开发利用土地 6 种土地利用类型 *ET* 与地表比辐射率的散点分布图，根据统计(表 5-9)，除水体外，其余 5 种土地利用类型地表比辐射率和 *ET* 的关系呈现显著的正相关，随着地表比辐射率的增大 *ET* 总体上呈增大的趋势；另外，比较 5 种土地利用类型的正相关系数，耕地类型下的地表比辐射率与 *ET* 之间的关联度最为密切。

3. *ET* 与 *NDVI* 相关性分析

NDVI 作为反映下垫面植被覆盖多寡的一个参数，其计算采用红外波段和热红外波段的反射率得到。根据表 5-10 相关性分析计算结果，流域 *ET* 与地表比辐射率之间的相关系数为 0.695，相关性 *P* 值$<$0.01，说明两者之间呈正相关。

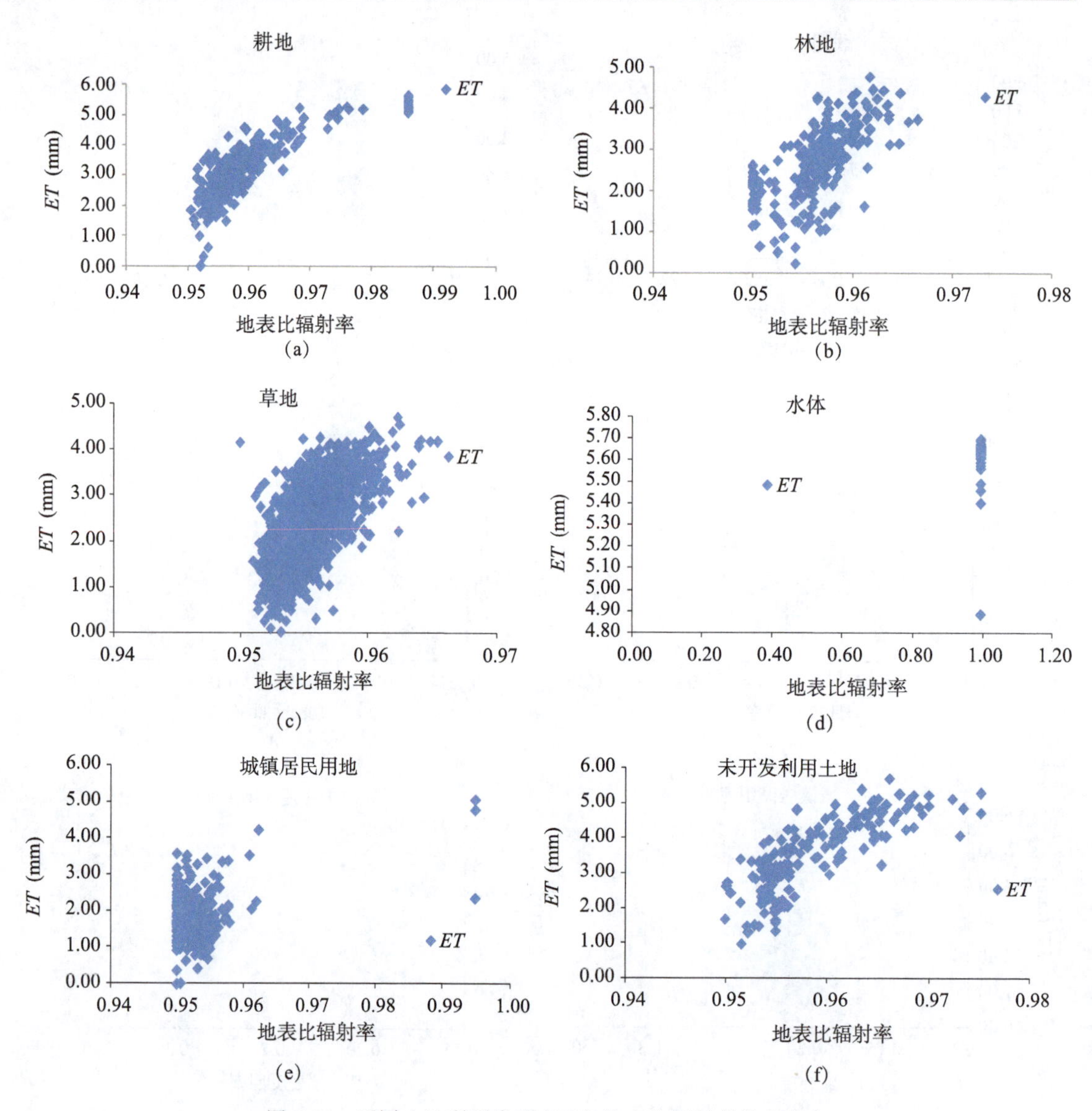

图 5-36 不同土地利用类型 ET 与地表比辐射率散点分布

表 5-10 不同土地利用类型 ET 与 NDVI 相关性分析

土地利用类型	耕 地	林 地	草 地	水 体	城镇居民用地	未开发利用土地	综 合
样本数	291	255	2 402	86	368	192	3 594
r 值	0.856	0.640	0.671	0.125	−0.035	0.809	0.695
P 值	<0.01	<0.01	<0.01	0.252	0.511	<0.01	<0.01

图 5-37(a)～(f)分别是耕地、林地、草地、水体、城镇居民用地、未开发利用土地 6 种土地利用类型 *ET* 与 *NDVI* 的散点分布图，根据统计(表 5-10)，6 种土地利用类型中水体和城镇居民用地的相关系数 r 值分别 0.125 和−0.035，P 值分别为 0.252 和 0.511，表明水体和城镇居民用地的 *NDVI* 与 *ET* 之间没有相关性，原因是 *NDVI* 是反映下垫面植被覆盖的一个指数，而水体与植被等其他生长地物差异显著，*ET* 过程主要受气象参数等影响，因此水体 *NDVI* 值

与 *ET* 值关联度不高；城镇居民用地是由城市建筑、道路、绿化等多种地物共同组成的一类土地利用类型，其 *NDVI* 值为下垫面地物的综合反映，这些地物的 *ET* 受到的干扰因素较多，因此，很难直接反映出 *NDVI* 与 *ET* 之间的变化关系。除以上两种土地利用类型外，耕地、林地、草地、未开发利用土地 4 种类型的 *NDVI* 和 *ET* 的关系呈现显著的正相关，总体上是随着 *NDVI* 的增大 *ET* 呈增大的趋势；另外，比较 4 种土地利用类型的相关系数，耕地类型下的 *NDVI* 与 *ET* 之间的关联度最为密切。

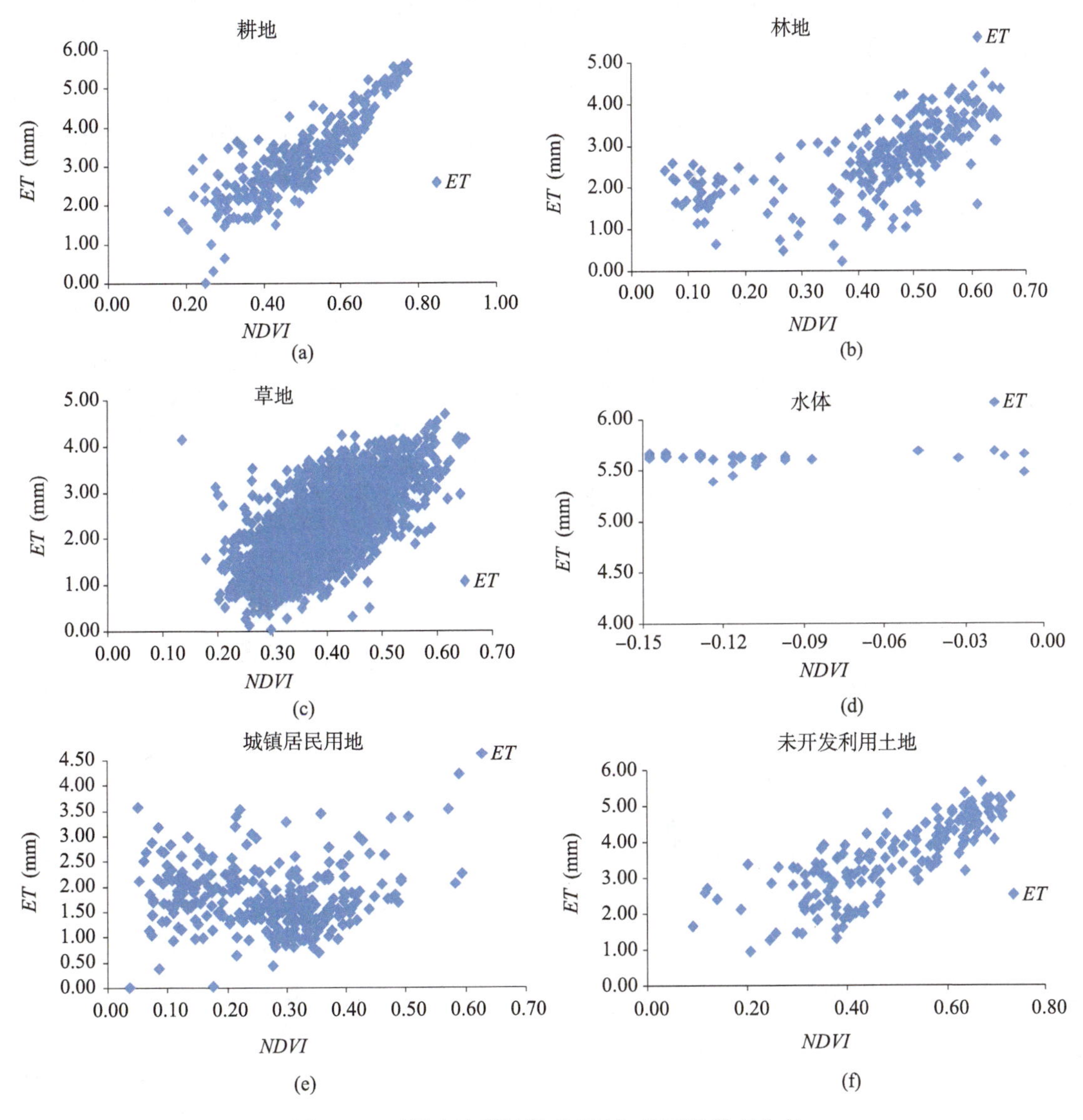

图 5-37　不同土地利用类型 *ET* 与 *NDVI* 散点分布

4. *ET* 与地表温度相关性分析

地表温度作为区域 *ET* 估算模型最重要的地表参数，计算方法的好坏直接决定 *ET* 的结果。根据表 5-11 相关性分析计算结果，流域 *ET* 与地表温度之间的相关系数为 −0.967，两者之间存在极高的负相关，表明地表温度的变化可直接影响 *ET* 的大小变化。

表 5-11　不同土地利用类型 ET 与地表温度相关性分析

土地利用类型	耕 地	林 地	草 地	水 体	城镇居民用地	未开发利用土地	综 合
样本数	291	255	2 402	86	368	192	3 594
r 值	−0.976	−0.94	−0.948	−0.966	−0.952	−0.975	−0.967
P 值	<0.01	<0.01	<0.01	<0.01	<0.01	<0.01	<0.01

图 5-38(a)～(f)分别是耕地、林地、草地、水体、城镇居民用地、未开发利用土地 6 种土地利用类型 ET 与地表温度的散点分布图，利用多项式拟合出 ET 与地表温度线性关系式 $y = -0.345x + 106.8$，R^2 为 0.935。线性拟合较好，两者线性关系极为显著。根据统计(表 5-11)，6 种土地利用类型地表温度和 ET 的相关系数平均为−0.967，两者呈现极强显著的负相关，总体上是随着地表温度的增加 ET 呈减少的趋势；另外，比较 6 种土地利用类型的相关系数，耕地类型下的地表温度与 ET 之间的关联度最为密切。

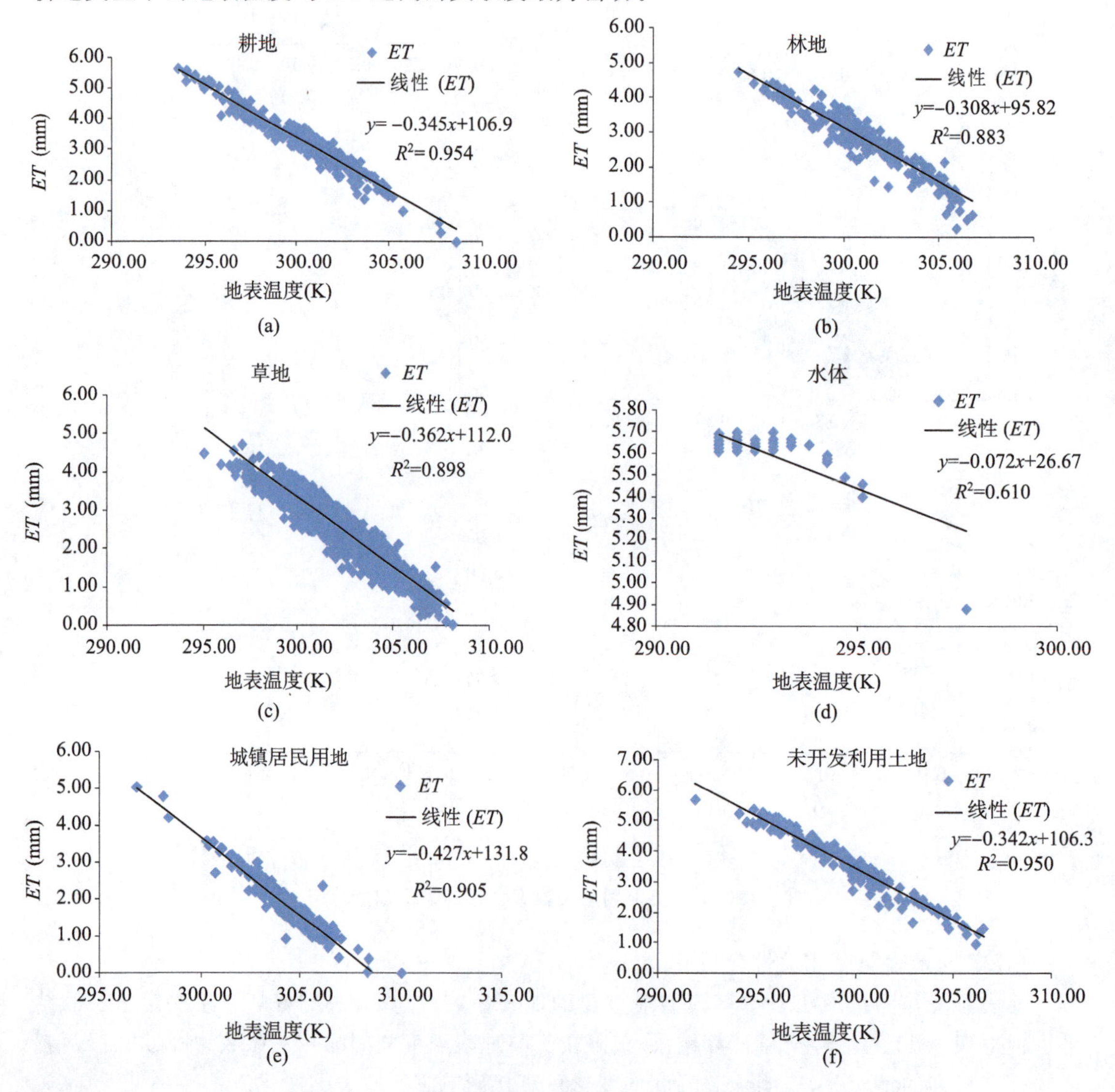

图 5-38　不同土地利用类型 ET 与地表温度散点分布

5.3　典型草原地区区域耗水与时空分布

5.3.1　区域 *ET* 时间长序列扩展与验证

1. 区域 *ET* 作物生长季扩展

长序列扩展方法有 Newton 插值和分段线性插值等方法，其中 Newton 插值基于现有数据，通过求各阶差商，递推得到的一个插值函数，该方法精度较高，但运算量较大；分段线性插值基于现有数据，通过假定相邻两个有效儒略日之间的作物系数稳定渐变，通过分段建立线性关系，实现非晴日的区域 *ET* 插补估算。考虑研究区面积过大，利用 Newton 运行时间效率较低，因此选择分段线性插值实现区域 *ET* 的长序列扩展。

根据卫星过境时间、云覆盖等，在 2011 年作物生长季节（5 月 1 日～9 月 30 日）综合选取了 8 幅遥感有效晴日数据；将作物生长季划分不同时段，建立不同时段参考作物系数的线性方程式，插补得到有效晴日之间的区域 *ET* 值，进而实现区域 *ET* 长序列扩展，如图 5-39 所示。

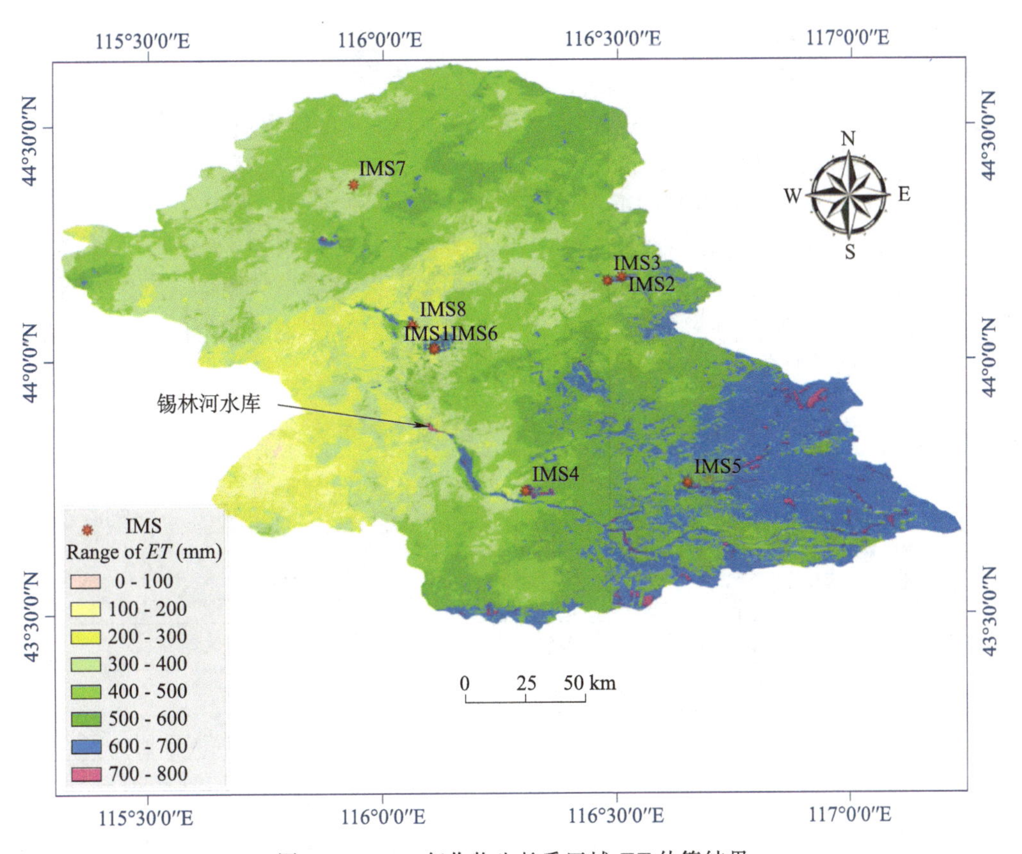

图 5-39　2011 年作物生长季区域 *ET* 估算结果

图 5-39 为锡林河流域 2011 年作物生长季区域 *ET* 空间分布图，其大小范围在 62.31～778.86 mm，均值为 461.51 mm，标准差为 126.44 mm，日均 *ET* 强度为 3.02 mm/d。空间分布上，从锡林河流域东南部的林草交错带到西北部的低覆盖草地，受气候条件、土壤供水状态、

植被覆盖等因素的综合影响，ET 表现出明显的空间分异特性。结合图 5-39 的 ET 估算结果与后面图 5-46 的土地利用类型图分析，发现除锡林水库等高蒸散特性水体之外，作物生长季的 ET 表现出从东南向西北递减的总体变化特征。流域东南部为大兴安岭南麓灌木林区，降水相对丰富，林草植被长势良好，具备了较好的 ET 条件。另外，近年来流域内少量天然草地开发变成了种植青贮玉米的灌溉人工草地，结果是东南部林草交错区和灌溉人工草地种植区的 ET 远高于西部和北部的天然草地区。

2. 区域 ET 作物生长季验证

考虑区域面积较大，研究区的青贮玉米、马铃薯、紫花苜蓿等作物种植收获时间不一，根据调查，研究区作物生长季节为 5 月 1 日～9 月 30 日。因此，区域 ET 作物生长季的验证采用水利部牧区水利科学研究所灌溉监测站(IMS)作物实际耗水数据验证(图 5-39)。其水量平衡方程：

$$ET = P_a + I - L + K - \Delta W \tag{5-4}$$

式中 ET——生育阶段需水量(mm)；

P_a——生育阶段有效降雨量(mm)；

I——生育阶段灌溉水量(mm)；

L——深层渗漏量(mm)；

K——地下水补给量(mm)，由于地下水埋深超过 3 m，根据埋设的负压计观测，地下水补给微乎其微，故 $K \approx 0$；

ΔW——生育阶段土壤计划湿润层始末变化量(mm)。

8 个监测站种植作物全部为青贮玉米，2011 年青贮玉米生育周期平均为 97 d。灌溉方式包括中心支轴式喷灌、滴灌、低压管道灌溉和半固定式喷灌。利用气象站、水表、PR2 土壤剖面水分速测仪、负压计等实测了 8 个监测站的有效降水、灌溉、下渗、土体水分变化情况，计算得到青贮玉米生育周期实际耗水平均为 445.10 mm，见表 5-12。

表 5-12 IMS 站 2011 年青贮玉米作物生育期耗水量和估算 ET 值对比

编号	灌溉方式	始末日期	天数	P_a (mm)	I (mm)	L (mm)	ΔW (mm)	ET_{IMS} (mm)	ET_{METRIC} (mm)	绝对误差 (mm)	相对误差
IMS1	中心支轴式喷灌	140～243	104	133.40	450.00	—	36.38	547.03	511.26	−35.77	6.5%
IMS2	中心支轴式喷灌	145～243	99	127.30	337.50	—	5.28	459.52	470.32	10.80	2.3%
IMS3	中心支轴式喷灌	145～243	99	127.30	375.00	—	35.48	466.83	490.83	24.00	5.1%
IMS4	中心支轴式喷灌	152～243	92	127.30	405.00	—	33.62	498.69	469.55	−29.14	5.8%
IMS5	中心支轴式喷灌	152～243	92	127.30	375.00	—	41.00	461.31	479.02	17.72	3.8%
IMS6	滴灌	156～250	95	127.30	142.00	1.73	−10.54	278.11	308.53	30.42	10.9%
IMS7	低压管道灌溉	145～243	99	127.30	90.00	—	−8.46	225.76	311.47	85.71	38.0%
IMS8	半固定式喷灌	145～243	99	127.30	495.00	—	−1.26	623.56	388.86	−234.70	37.6%
平均			97					445.10	428.73	−16.37	13.8%

利用模型估算 8 个监测站青贮玉米生育期 ET_{METRIC} 平均值为 428.73 mm，比水量平衡法计算的 ET_{IMS} 低 16.37 mm，相对误差为 13.8%。总结前人研究成果，Kalma 等(2008)回顾了

不同遥感 ET 的估算方法，发现与基于地面的 ET 测量值相比，大多数相对误差范围为15.0%～30.0%。因此，本研究认为长时间尺度 ET 估计的准确性是合理的，与其他研究结论一致(Allen et al. 2011；Lian and Huang，2015)。

另外，表5-12中不同灌溉方式下 ET 估算精度是不同的，其中，中心支轴式喷灌和滴灌条件下区域 ET 估算精度明显高于半固定式喷灌和低压管道灌溉。分析其原因，实测数据证实中心支轴式喷灌和滴灌两种灌溉方式下田间灌水均匀性要好于半固定式喷灌和低压管道灌溉，在获取田间耗水实验数据时，中心支轴式喷灌和滴灌要比半固定式喷灌和低压管道灌溉更能客观地体现田间实际水分状况。同样情况下，遥感数据获取的是区域尺度上的 ET，对应到下垫面田间耗水数据是最小像元(30 m×30 m)区域地物的综合耗水值。因此，随机采点背景下，通过水量平衡法计算的半固定式喷灌和低压管道灌溉 ET_{IMS} 值未必能准确反映出所在区域田块的真实耗水。

5.3.2　不同土地利用耗水量与空间分布规律

将作物生长季的ET按植被覆盖分类提取，不同土地利用类型大小顺序为 $ET_{水体}>ET_{耕地}>ET_{林地}>ET_{未利用土地}>ET_{草地}>ET_{城镇居民用地}$(图5-40～图5-45)。充足的水分为水体创造了 ET 条件，水体作物生长季 ET 值超过了740 mm(图5-43)，日均蒸发强度达4.92 mm/d，在所有土地类型中表现最高；另外，7.28 mm的标准差说明水体在空间分布较为平均。流域耕地 ET 值平均为611.42 mm(图5-40)，蒸发强度平均为4.00 mm/d，原因是这些由天然草地开垦而成的灌溉人工草地，配套现代灌溉技术保证了作物的生长用水需求。林地多分布在东南部降水丰富的山区，相对充足的降水和湿润的下垫面环境为其保证了生长用水，ET 水平接近耕地(图5-41)。未开发利用土地的分布主要在锡林河河谷低洼地带及沿岸裸露高地，作物生长季 ET 平均为547.39 mm，但119.51 mm的标准差计算结果说明不同地区的未利用土地 ET 差异较大(图5-45)。根据实地调查和前人研究成果，整个流域特别是西部地区由于气候变化导致的降水减少（王军，2017)，加上近年来过度放牧引起的草原退化(仝川，2004)，部分典型草原已退化成植被覆盖低、干旱少水的荒漠化草地或沙地，这些因素共同限制了草地 ET 活动的进行，结果显示，草地 ET 强度(2.96 mm/d)明显低于其他土地类型(图5-42)，仅高于城镇居民用地的蒸发强度(2.69 mm/d)(图5-44)。

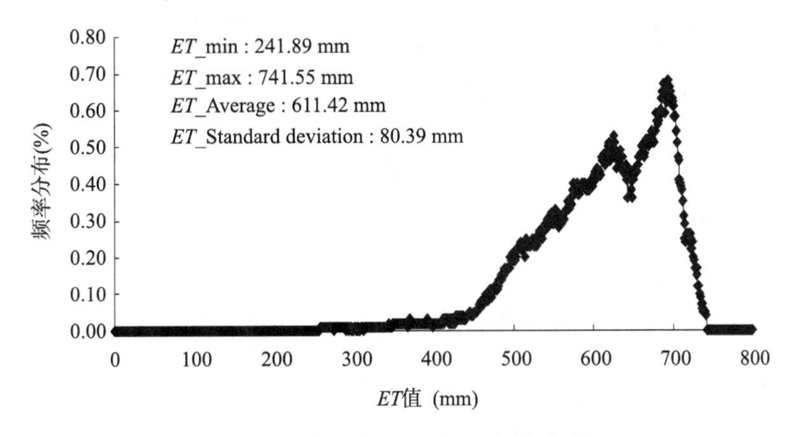

图5-40　耕地类型区域 ET 频率分布

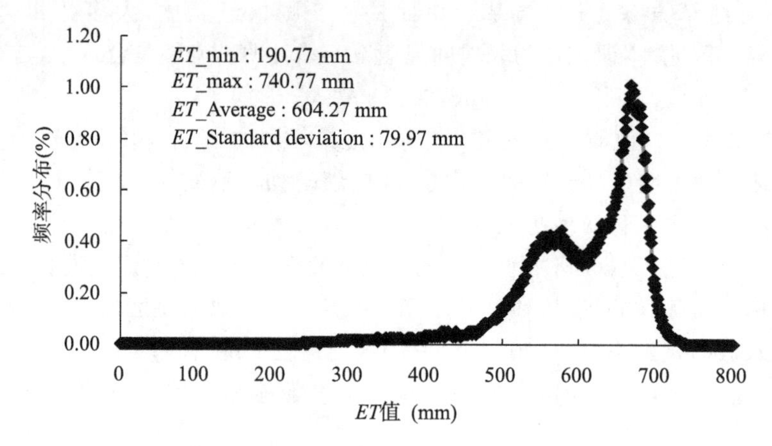

图 5-41 林地类型区域 *ET* 频率分布

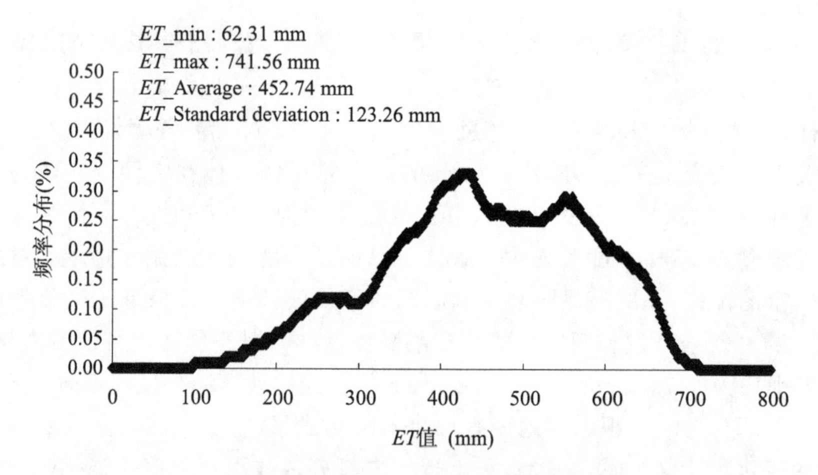

图 5-42 草地类型区域 *ET* 频率分布

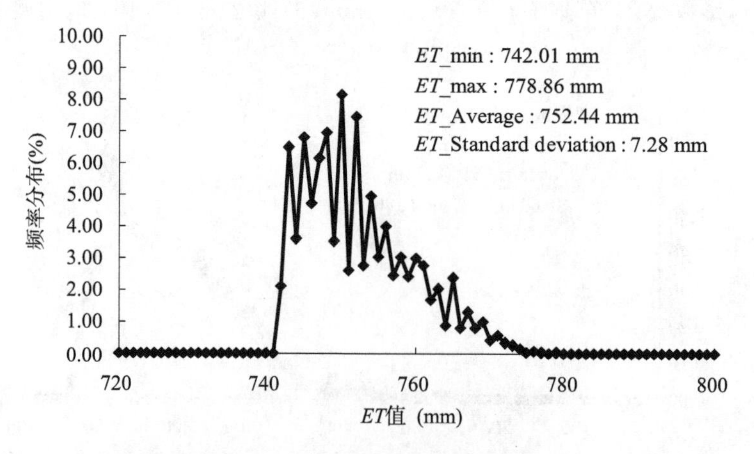

图 5-43 水体类型区域 *ET* 频率分布

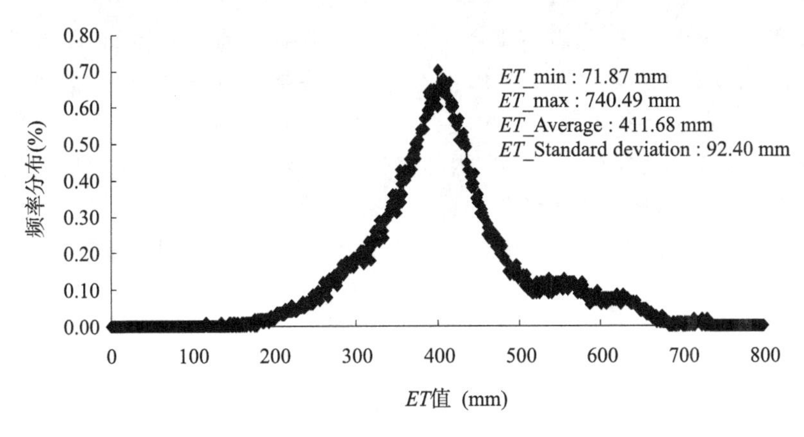

图 5-44　城镇居民用地类型区域 *ET* 频率分布

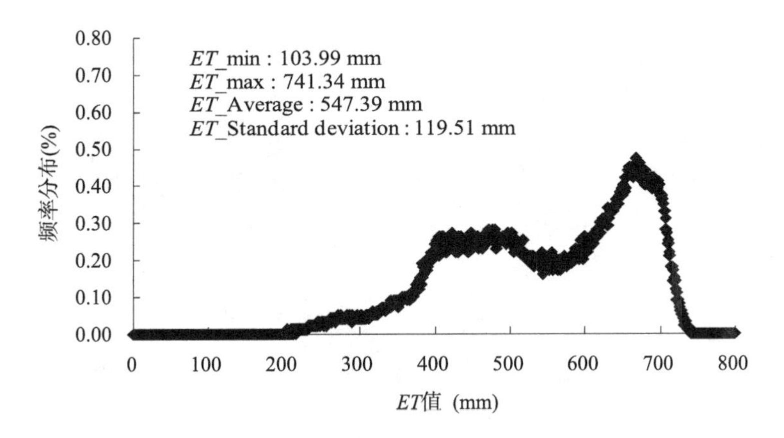

图 5-45　未开发利用土地类型区域 *ET* 频率分布

5.3.3　灌溉人工草地地下水资源净耗水量与耗水规律

灌溉人工草地是牧区种植人工牧草、辅以现代灌溉设施实现饲草料高产的一种耕地类型，它是中国牧区饲草资源的重要组成部分。在水资源条件较好地区开发建设一定规模的灌溉人工草地，不仅可大大提高优质饲草料的产量、解决草畜矛盾等问题，更对提高牧区草地承载能力、减轻天然草原压力、促进“水-草-畜”系统平衡等具有重要作用。然而，典型草原地区的灌溉人工草地，受自然条件限制，大多数只能通过抽取地下水来满足灌溉需求，因为典型草原主要分布在欧亚大陆的半干旱地区，位于该地区的河流绝大多数是季节性内陆河，其水文地理特性表现为，降水很少汇入河流或转化成地下水，蒸散发是下垫面与大气之间水汽交换的主要分支。这种水文地理特征导致当地的地表水资源十分匮乏，很难被农牧业灌溉利用。对于生态结构相对脆弱的典型草原地区，通过抽取地下水满足灌溉人工草地作物生长需水，不仅会改变牧区土地利用结构，更会消耗地下水资源而影响草原地区水文循环过程，影响程度及利弊博弈如何？需要当地水行政主管部门和学术界共同思考。因此，精准监测灌溉人工草地的实际耗水，特别是灌溉人工草地对当地地下水资源的消耗状况，对摸清地区灌溉用水量、水资源管理决策等具有一定的帮助。

根据统计，2011 年典型草原区锡林河流域耕地面积约 257.3 km^2(约合 38.6 万亩)，种植作物主要有青贮玉米、青谷子、紫花苜蓿和马铃薯等。根据调查统计资料，马铃薯的灌溉定额在 200～400 m^3/亩，这种高耗水的经济作物为地区经济带来收益的同时，也消耗了大量的水分，对当地有限的水资源保护与利用影响较大。另外，当地在降水受限的条件下，耕地种植作物必须进行灌溉，而流域内仅存的季节性内陆河锡林河的用水仅作为城镇居民用水、工业、生态等，这种背景下，流域耕地类型下的作物耗水除由降水提供外，全部来自当地地下水，为此，根据流域耕地面积分布(图 5-46)，估算了不同作物生长季的耗水状况(图 5-47)。

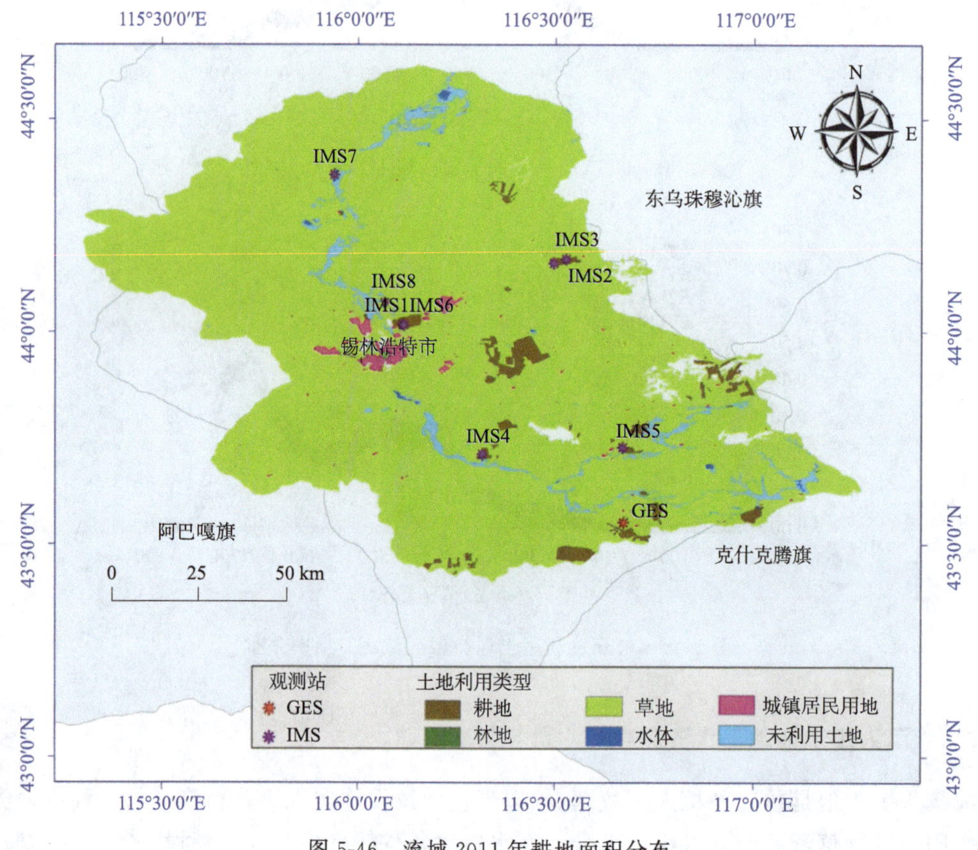

图 5-46 流域 2011 年耕地面积分布

图 5-47 是锡林河流域 2011 年作物生长季灌溉人工草地耗水空间分布图，其大小在241. 89～741. 55 mm，均值为 611. 42 mm，标准差为 80. 73 mm，日均蒸散发强度为 4. 0 mm/d。受气候条件、灌溉水量、土壤质地、植被覆盖等因素的综合影响，蒸散发表现出明显的空间分异特性，如中心支轴式喷灌区域内的耗水明显高于周边未得到有效灌溉的地区，如图 5-47(b)～(e)所示。

1. 灌溉人工草地地下水资源净耗水量

将每一块灌溉人工草地作为独立的土地单元，按照“一片天对一片地”，从空间结构上将灌溉人工草地划分大气、灌溉人工草地和地下水三部分。作物生长季灌溉人工草地的来水包括有效降水，以及地下水对灌溉人工草地的天然补给、灌溉抽取地下水的人工补给；灌溉人工草地的耗水包括作物蒸腾、土地蒸发、植物自身生长汲取消耗的水分(这部分水分相比蒸散发值

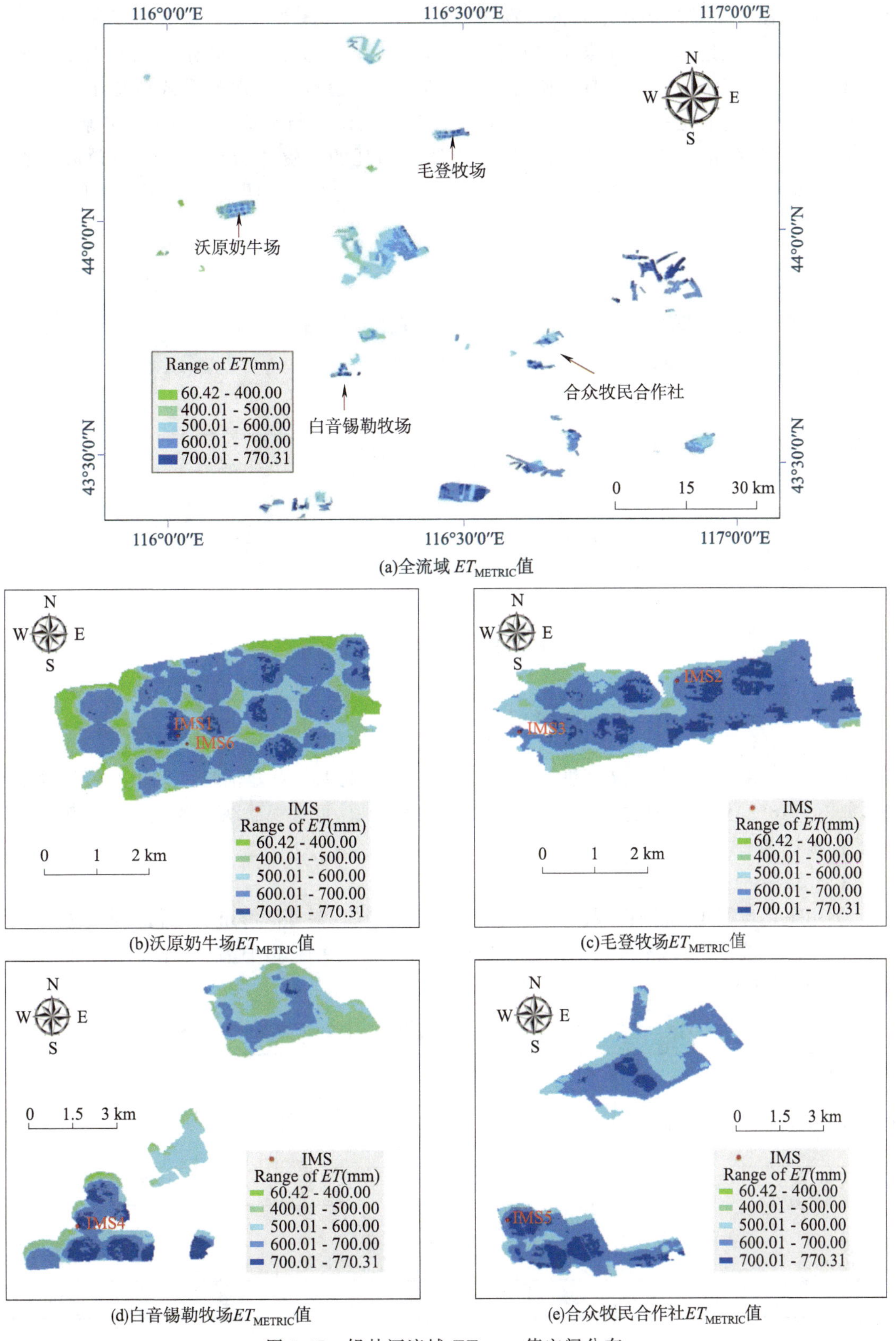

(a)全流域 ET_{METRIC}值

(b)沃原奶牛场ET_{METRIC}值

(c)毛登牧场ET_{METRIC}值

(d)白音锡勒牧场ET_{METRIC}值

(e)合众牧民合作社ET_{METRIC}值

图 5-47 锡林河流域 ET_{METRIC}值空间分布

可忽略)、灌溉人工草地向地下水的渗漏量。我们认为:当地地下水资源补充了灌溉人工草地的非饱和带,但这部分水分未脱离灌溉人工草地,而此部分水仍储存在灌溉人工草地当中,属于当地水资源的内部消耗。除此之外,其余部分通过蒸散发的形式脱离了灌溉人工草地,这部分水资源是一种净消耗,我们定义此部分水量为当地地下水资源净消耗量(以下简称 GW)。换种角度理解,下垫面灌溉人工草地消耗的水资源量除了大气有效降水补给外,其余部分全部来自地下水部分。因此,下垫面水量平衡图可由图 5-48(a)转变为图 5-48(b)形式。

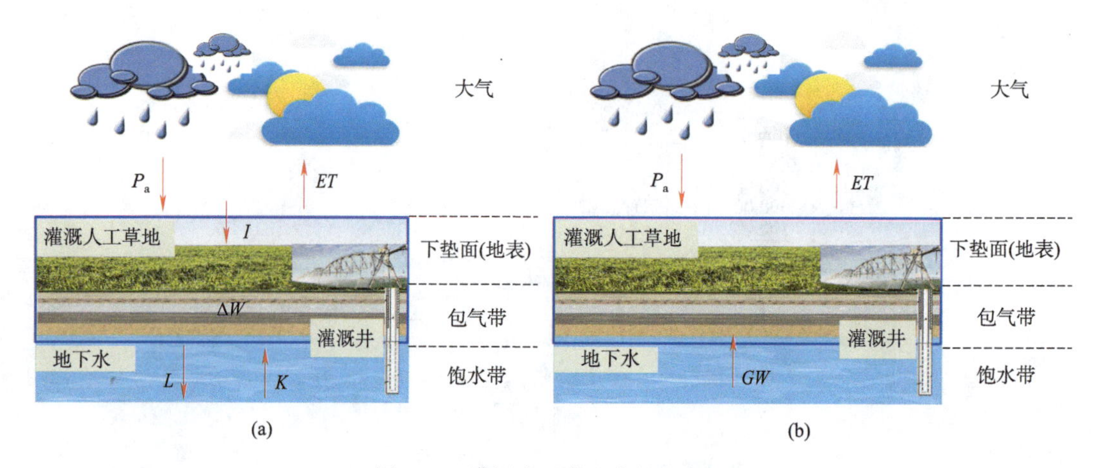

图 5-48 灌溉人工草地水量均衡图

同时,水量平衡方程式可变换为以下表达式:

$$GW = ET - P_a \tag{5-5}$$

GW 这一指标从某种意义上讲,是典型草原地区灌溉人工草地消耗的地下水资源净消耗量,如图 5-48(b)所示。通过计算作物生长季内的 GW 值,可直观反映灌溉人工草地对当地水资源的消耗多寡。

(1)灌溉人工草地降水和有效降水计算

利用东乌珠穆沁旗、阿巴嘎旗、化德县、西乌珠穆沁旗、锡林浩特市、林西县、多伦县 7 个气象站的日降水统计资料,累加得到作物生长季(5 月 1 日～9 月 30 日)的降水 P 值和有效降水 P_a 累计值,见表 5-13。

表 5-13 灌溉人工草地气象站作物生长季降水和有效降水量累计值 (单位:mm)

站 名	编 号	降 水	5 月	6 月	7 月	8 月	9 月	累 计 值
东乌珠穆沁旗	50915	P	19.2	21.9	68.7	34.0	21.9	165.7
		P_a	6.1	16.0	51.0	22.5	13.2	108.8
阿巴嘎旗	53192	P	23.0	30.2	50.5	4.9	10.2	118.8
		P_a	9.4	12.9	39.7	0.0	5.9	67.9
化德县	53391	P	36.1	45.0	45.7	42.7	9.8	179.3
		P_a	32.6	26.1	21.8	37.6	0.0	118.1

续上表

站　名	编　号	降　水	5 月	6 月	7 月	8 月	9 月	累计值
西乌珠穆沁旗	54012	P	29.2	27.7	230.2	4.3	7.9	299.3
		P_a	15.0	20.9	202.1	0.0	0.0	238.0
锡林浩特市	54102	P	23.9	57.1	77.2	18.1	3.6	179.9
		P_a	6.1	51.0	64.3	12.0	0.0	133.4
林西县	54115	P	10.5	58.4	263.8	31.9	12.6	377.2
		P_a	0.0	50.1	187.6	29.5	5.4	272.6
多伦县	54208	P	25.9	75.7	83.8	19.4	16.4	221.2
		P_a	8.5	73.4	64.2	18.4	10.7	175.2

根据 7 个气象站降水统计数据，基于反距离加权插值法计算灌溉人工草地作物生长季降水平均值、有效降水平均值分别为 207.18 mm、153.46 mm（图 5-49、图 5-50）。流域东南部的林西县和多伦县降水最多，西北部阿巴嘎旗降水最少，对应降水的空间分布是由东南向西北递减的趋势，灌溉人工草地的降水空间整体变化趋势与流域多年统计资料变化趋势一致，与中国降水多年统计资料变化趋势一致，因此认为插值结果有效。

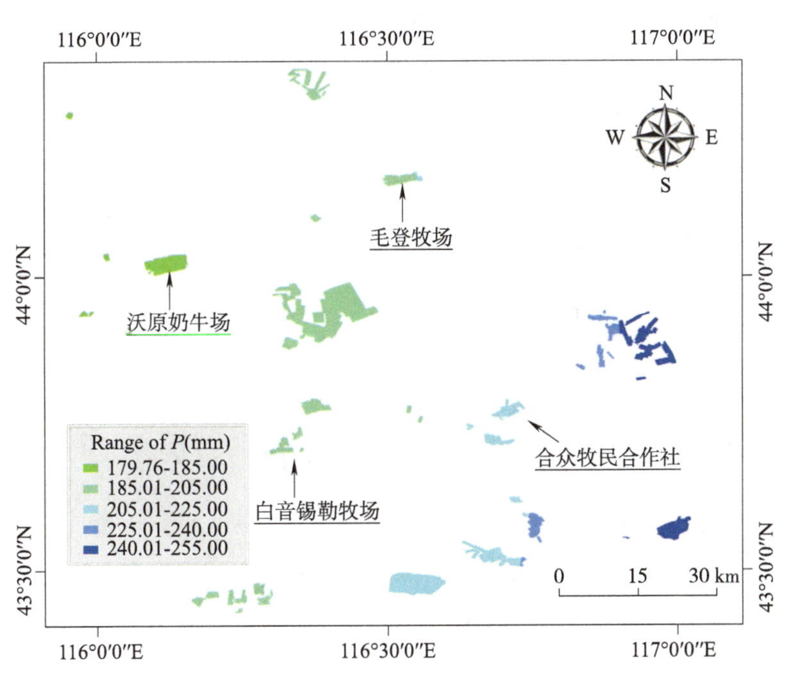

图 5-49　灌溉人工草地作物生长季降水分布

(2)灌溉人工草地地下水资源净耗水量

根据灌溉人工草地作物生长季耗水量和灌溉人工草地作物生长季有效降水计算结果，利用式(5-5)可得到灌溉人工草地地下水资源净耗水量，如图 5-51 所示。

根据计算统计结果，作物生长季地下水资源净耗水量平均值为 457.96 mm，每亩地耗水

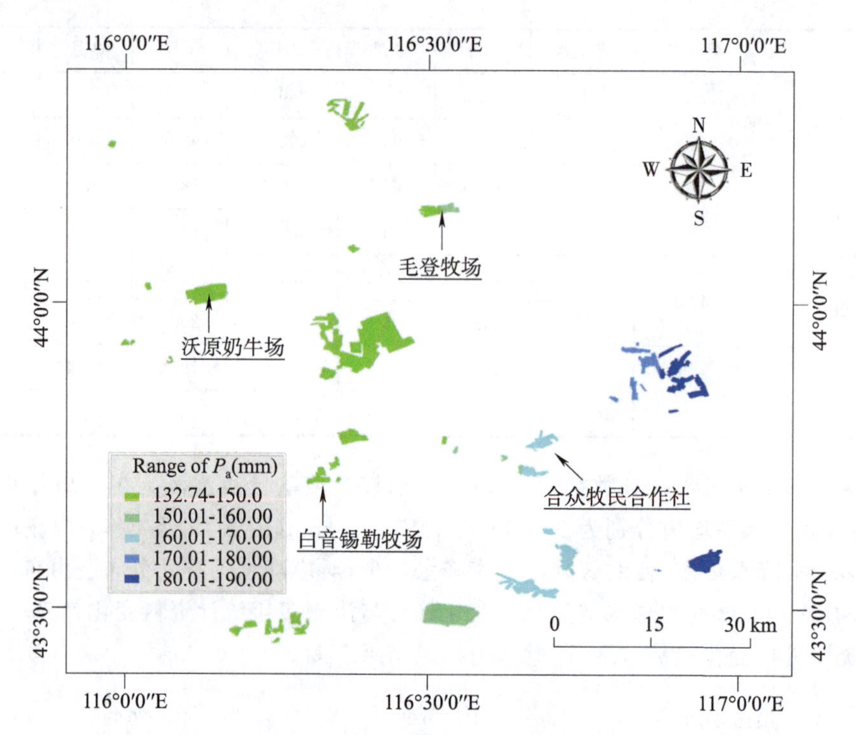

图 5-50 灌溉人工草地作物生长季有效降水分布

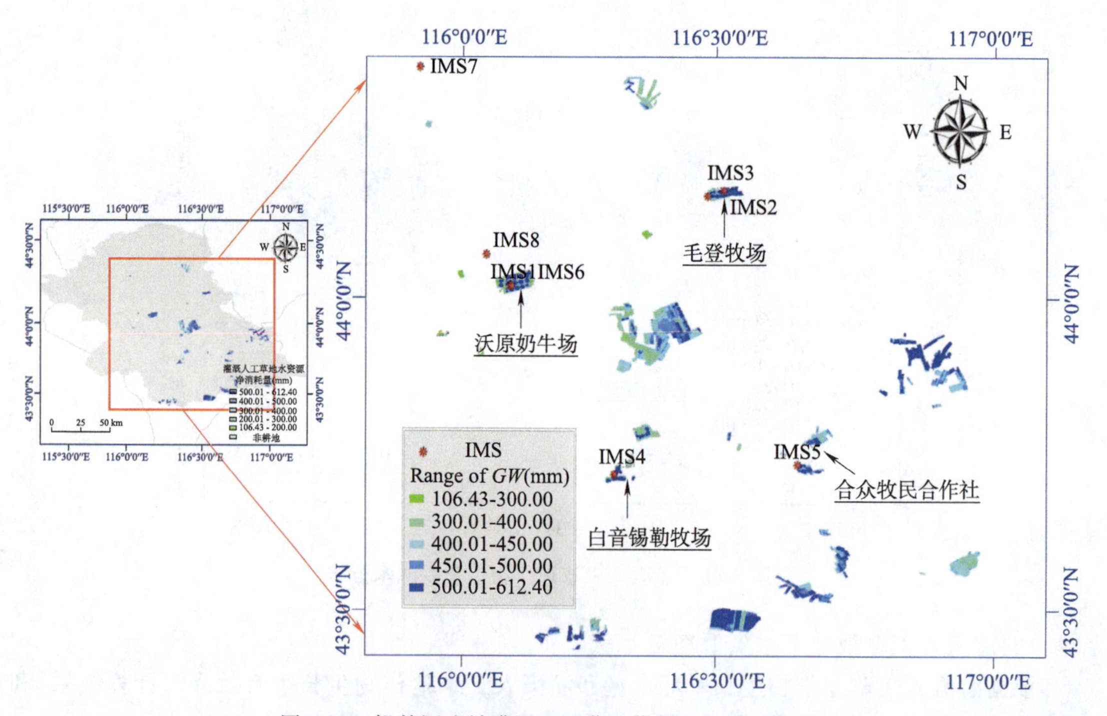

图 5-51 锡林河流域灌溉人工草地作物生长季 GW 值

量为 305.46 m^3/亩。根据统计，灌溉人工草地 2011 年种植面积约 257.3 km^2（约合 38.6 万亩），现有灌溉人工草地在作物生长季总耗水量约合 1.18 亿 m^3。另外，根据图 5-52～图 5-55 显示，沃原奶牛场、毛登牧场、白音锡勒牧场及合众牧民合作社所在的种植区，水资源净耗水量普遍在 400 mm 以上，一定程度上说明了这些地区对当地水资源的消耗量要明显高于其他地区，属于高耗水区域。这些高耗水区域在没有外部供水的情况下对典型草原地下水资源的监测和管理具有挑战性。

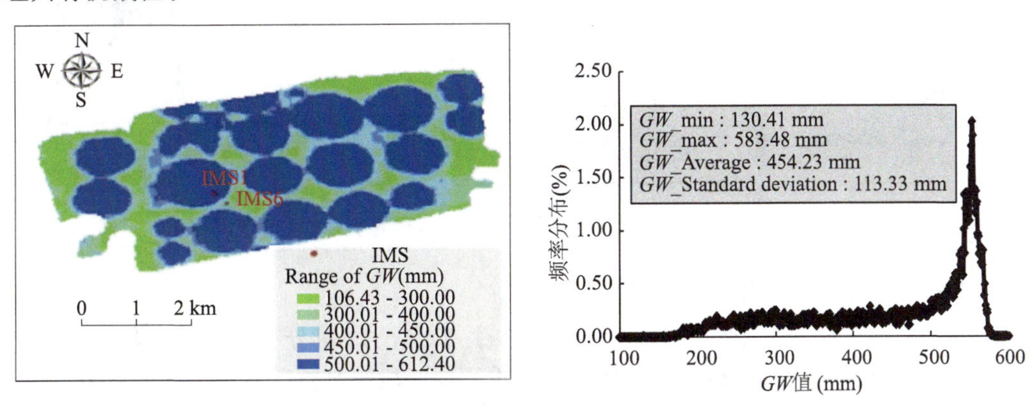

图 5-52　沃原奶牛场灌溉人工草地作物生长季 *GW* 值

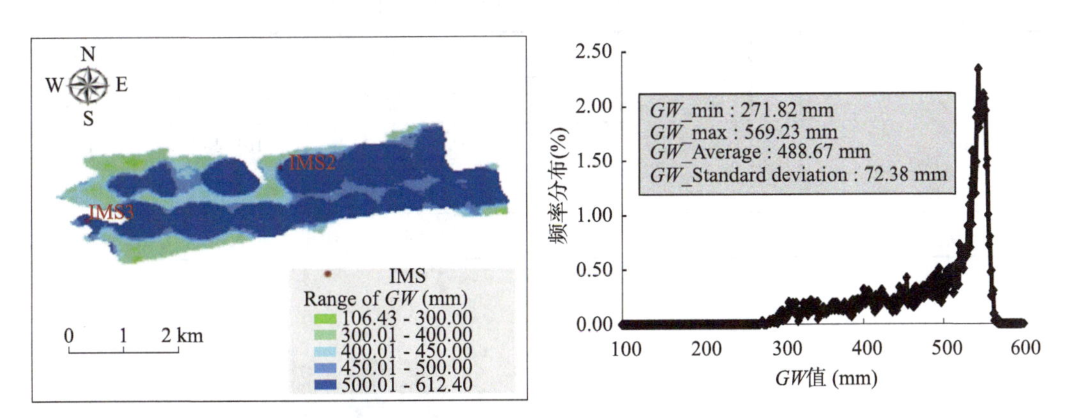

图 5-53　毛登牧场灌溉人工草地作物生长季 *GW* 值

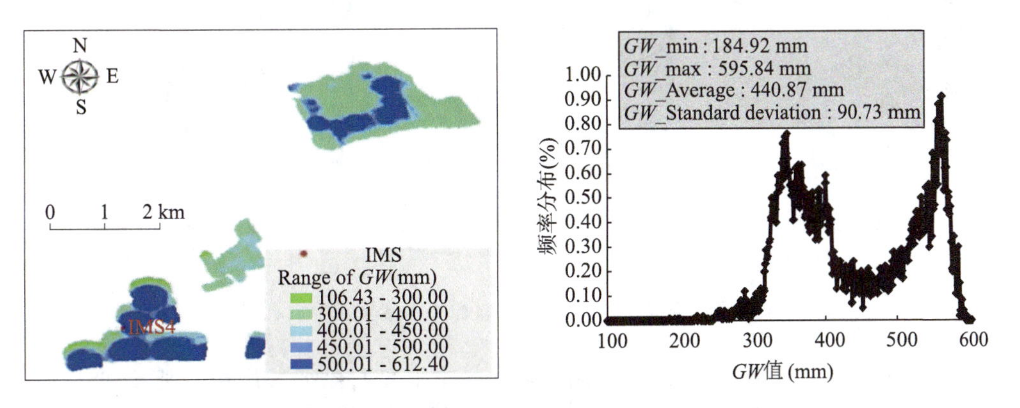

图 5-54　白音锡勒牧场灌溉人工草地作物生长季 *GW* 值

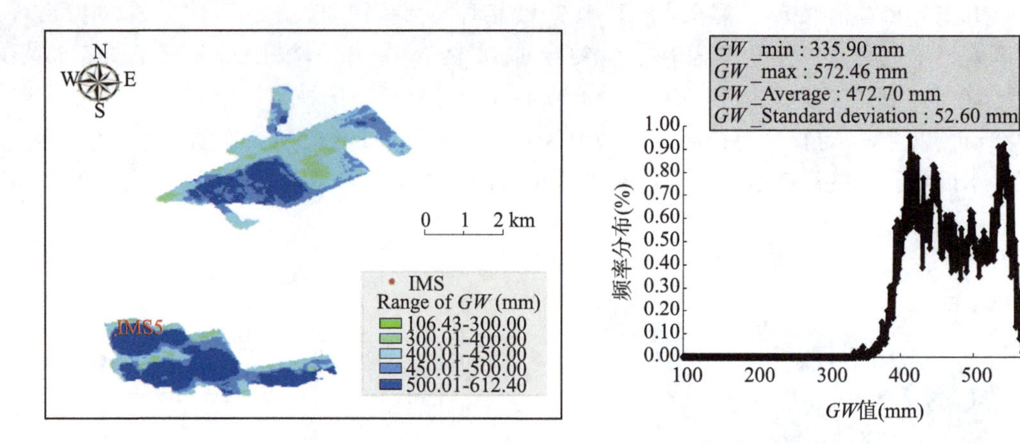

图 5-55 合众牧民合作社灌溉人工草地作物生长季 GW 值

2. 不同时段地下水净耗水分布规律

根据地区气候特征，将灌溉人工草地作物生长季按月划分为 5 个时段，共计 153 d(表5-14)。根据遥感及气象数据，得到作物生长季不同时段灌溉人工草地的下垫面耗水、地下水资源消耗量，如图 5-56 所示。

表 5-14 灌溉人工草地不同时段蒸散发和有效降水

时 段	5 月	6 月	7 月	8 月	9 月	作物生长季
$DOY_m \sim DOY_n$	121～151	152～181	182～212	213～243	244～273	153
ET(mm)	71.22	136.72	141.63	160.45	101.40	611.42
P_a(mm)	7.28	44.80	86.25	12.86	2.27	153.46
GW(mm)	63.94	91.92	55.38	147.59	99.13	457.96

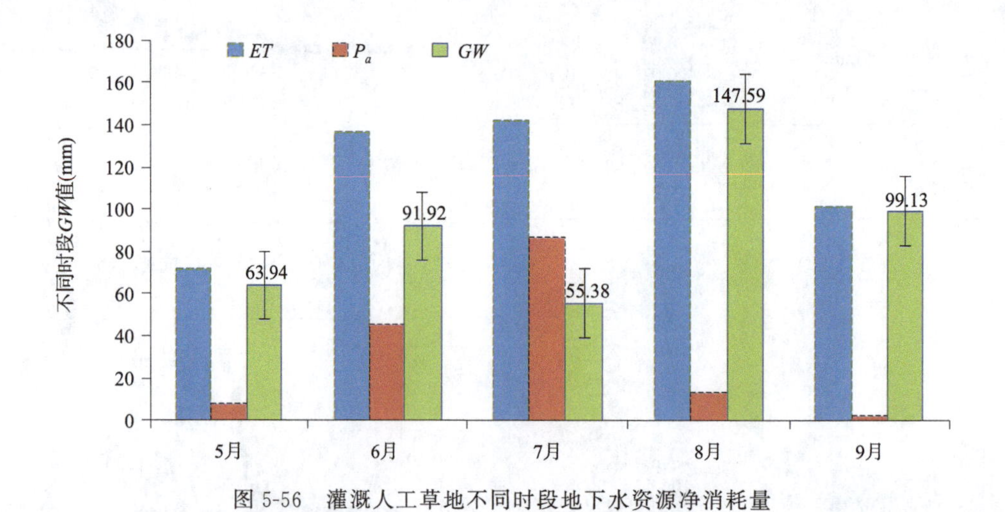

图 5-56 灌溉人工草地不同时段地下水资源净消耗量

从图 5-56 中可以看出：灌溉人工草地作物生长季下垫面耗水 ET 值呈现“先增后减”的抛物线形变化，随着气温的升高，7、8 月份 ET 值达到顶峰，这种耗水的变化与作物生长的耗水规律极其吻合。但是,受降水的影响,灌溉人工草地作物生长季不同时段的地下水资源消耗量变化与作物 ET 变化有显著的差异,这主要体现在:作物生长季耗水较高的 7 月份,降水较多,灌溉人工草地对当地地下水资源的净消耗量却相对较小;另外,研究区 8 月份有效降水明显偏少,导致下垫面的耗水主要由地区地下水资源提供,灌溉人工草地对当地地下水资源的净消耗量相对较多。这说明地下水资源净耗水量 GW 的变化不仅受下垫面作物生长期影响,同时降水等天气因素对其干扰不容忽视,这在一定程度上可对当地地下水资源的实时监控和管理提供指导和参考。

5.4 小　　结

(1)通过地表温度和叶面积指数空间分布趋势理论构建干湿限,提出了一种“干点”和“湿点”像元的简易提取方法,并借助下垫面涡度相关系统实测水汽通量数据验证模型估算精度。经检验,校准期和验证期的区域蒸散发估算控制精度平均为 18.8%,模拟值与实测值之间具有较高的拟合优度,与以往遥感 ET 研究成果估算精度(15%～30%)相比,结果相对合理,提取方案在一定程度上可为 METRIC 模型主观确定干湿限提供帮助。

(2)通过在研究区域内随机抽取了 3 594 个像元,分析了 ET 与地表反照率、地表比辐射率、$NDVI$、地表温度之间的相关性。地表参数与 ET 之间的相关性绝对值大小为 $r_{T_s}>r_{\varepsilon}>r_{\mathrm{NDVI}}>r_{a}$;$ET$ 与地表反照率、地表温度之间呈负相关,ET 与地表比辐射率、$NDVI$ 之间呈正相关;不同土地利用类型中,耕地类型的 ET 与地表参数之间的关联度最为密切。

(3)利用分段线性插值方法,将作物生长季划分不同时段并建立参考作物系数的线性方程式,结合参考作物蒸散发估算了作物生长季区域 ET 值,实现区域 ET 长序列扩展。经流域 8 个青贮玉米灌溉监测站水量平衡法实测数据验证,相对误差为 13.8%。验证结果表明,本次典型草原地区的遥感 ET 估算准确性是合理的,利用 Landsat 影像的 METRIC 模型估算锡林河流域典型草原 ET 具有一定的可靠性。通过评估不同土地利用类型的 ET 耗水状况,锡林河流域典型草原区 ET 空间分布表现为 $ET_{水体}>ET_{耕地}>ET_{林地}>ET_{未利用土地}>ET_{草地}>ET_{城镇居民用地}$。

(4)从空间结构上将灌溉人工草地划分为大气、灌溉人工草地和地下水部分。将地下水补给脱离灌溉人工草地部分的水资源消耗量定义为当地地下水资源净消耗量 GW 值。通过计算锡林河流域 2011 年作物生长季的 GW 值,约 257.3 km^2 的灌溉人工草地共消耗当地地下水资源量约 1.18 亿 m^3。从 GW 空间分布上看,沃原奶牛场、毛登牧场、白音锡勒牧场及合众牧民合作社所在的种植区,灌溉人工草地对地下水资源消耗量均超过 400 mm,这些地区对当地水资源的消耗量要明显高于其他地区,属于高耗水区域。在没有外来水补充当地水资源的情况下,这些高耗水区域的地下水资源管理和监控面临一定的挑战性。此外,根据不同时段 GW 和 ET 变化规律分析结果,对当地降水的实时监测非常重要,这在一定程度上可为当地地下水资源实时管理提供一定的参考。

第6章　灌溉人工草地对流域水循环影响分析

锡林河流域在我国北方典型草原区具有代表性，过去传统的牧民主要以游牧为主，20 世纪 80 年代灌溉人工草地才逐渐发展起来，主要为解决牲畜饲草不足的问题。到 20 世纪末 21 世纪初，锡林河流域出现了国营农牧场、农牧合作社、单户经营等多种经营方式进行种植灌溉人工草地，缓解了地区草畜矛盾突出的现象。据调查，灌溉人工草地大多是在天然草地基础上开垦翻耕形成，最直接影响就是改变了流域土地利用结构现状。大规模、不合理的开发不但会使得流域水文循环过程发生改变，而且会造成周边天然草地的退化，从而影响整个草原生态系统的稳定。因此，本章研究旨在利用分布式水文模型，模拟锡林河流域灌溉人工草地开发建设对流域水循环的变化影响。

6.1　SWAT 模型构建与验证

6.1.1　SWAT 模型简介

SWAT(Soil and Water Assessment Tool)模型是由美国农业部农业研究所于 20 世纪 90 年代，在 SWRRB 模型基础上发展起来的一个适用于较大流域尺度、具有明确物理意义的分布式水文模型。由于具有强大的物理基础，适用于具有不同的土壤类型、不同的土地利用方式和管理条件下的复杂的大流域，并能在资料缺乏的地区建模，该模型已在全球各国、各地区得到广泛的应用。

SWAT 模型采用模块化结构，便于模型的扩展和修改，主要由 3 个部分组成：子流域水文循环过程、河道径流演算、水库。其中子流域由 8 个部分组成：水文过程、气象、产沙、土壤温度、作物生长、营养物质、杀虫剂和农业管理。SWAT 模型将研究区划分为多个子流域，各子流域有不同的水文、气象、泥沙运动、土壤、作物生长、养分状况、农业管理措施、农药施用等，子流域内再根据地面覆盖、土壤类型、管理措施等的一致性划分出不同的水文响应单元 HRUs (Hydrologic Response Units)，每个水文响应单元独立计算水分循环的各个部分及其定量的转化关系，然后进行汇总演算，求得流域的水分平衡关系；之后得到水中养分、农药等溶质的运移转化规律。

水量平衡和径流演算及模拟过程如图 6-1 所示。

6.1.2　基础数据准备

SWAT 模型是由 700 多个方程和 1 000 多个中间变量组成的综合模型体系，涉及参数众多。根据模型运算需要，基础数据准备包括流域下垫面的 DEM、流域土地利用、土壤类型和气象数据，土壤属性和天气发生器数据库构建，水文测站流量资料等。

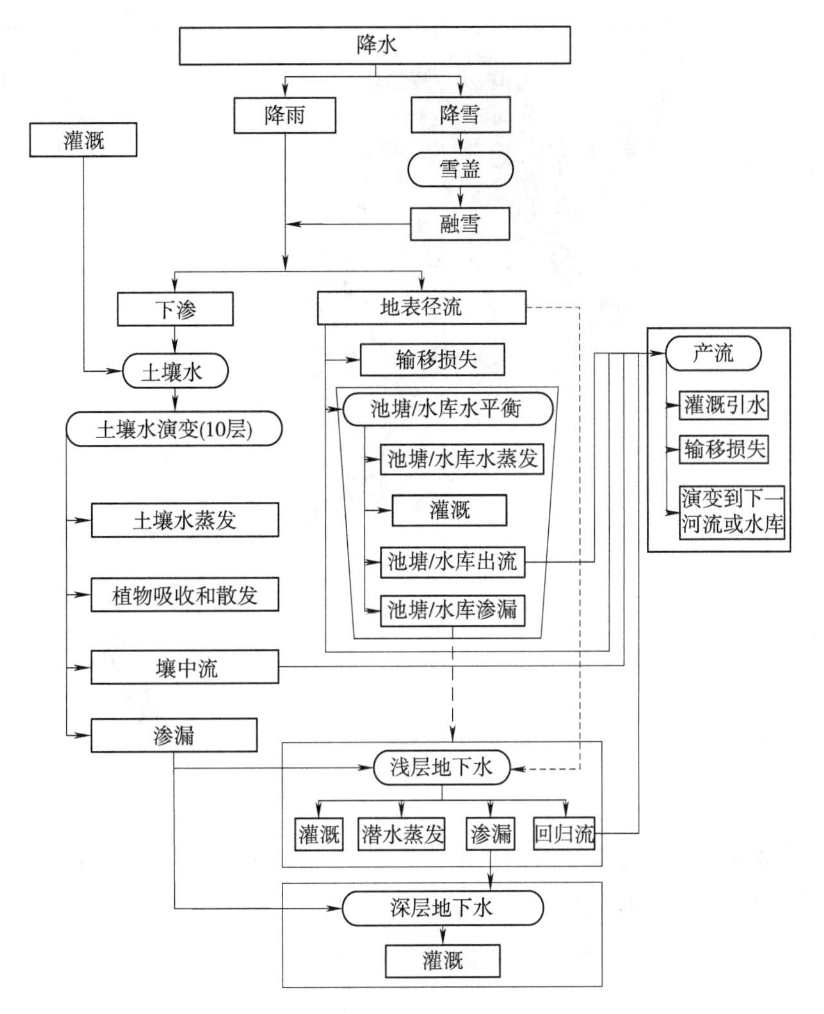

图 6-1　SWAT 模型水循环运动

1. DEM 数据

DEM(Digital Elevation Model)又称数字高程模型。利用 DEM 可以提取流域许多重要水文特征参数,如坡度、坡向、河网水系等,为径流的演算和水文模型的构建提供支持。

研究所用的 DEM 为 30 m×30 m 分辨率的栅格数据,数据来源是通过美国 NASA 网站免费下载获取。数据处理过程包括数据预处理(图幅拼接、消除杂点)和坐标定义,首先根据流域边界进行图幅拼接,对于图幅中的错误点应利用 ARCGIS9.3 软件剔除掉;之后利用 ARCGIS9.3 软件 ArcToolbox 模块中将 DEM 坐标系统定义成自建的坐标系 WGS_1984_Albers 坐标系统。最后得到模型所需的锡林河流域 DEM 图如图 6-2 所示。

由图 6-2 可知,高程范围在 902～1 621 m,平均海拔高度为 1 148 m,区域地形由东南向西北逐渐降低。

2. 土地利用数据

土地利用与植被变化通过影响下垫面蒸发性能以及土壤的入渗特征,从而改变流域水文循环中产汇流过程。根据模型需要,将解译好的土地利用转换成模型所需的 grid 格式。另

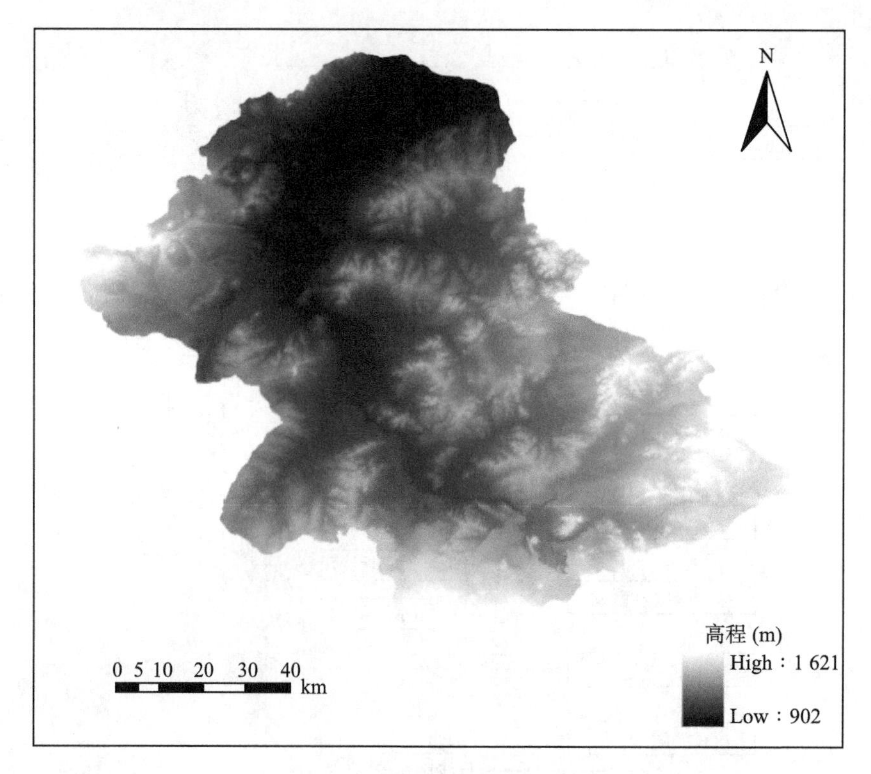

图 6-2 锡林河流域 DEM 图

外，LANDUSE 索引表建立是基于美国土地利用分类，以四个英文字母进行编码，保证数据可以从数据库中正确调用，见表 6-1。

表 6-1 SWAT 模型中不同土地利用类型代码

土地利用类型	耕 地	林 地	草 地	水 体	城镇居民用地	未利用土地
SWAT 代码	AGRL	FRST	PAST	WATR	URHD	WETL

3. 土壤类型数据

SWAT 模型中土壤数据是主要的输入参数之一，土壤数据质量的好坏对模型模拟的精度影响很大。本次研究土壤数据来源于联合国粮农组织 FAO 提供的 1：100 万的全球土壤类型图，经校正、裁剪等处理得到模型所需的流域土壤类型图（图 6-3）。根据统计结果，流域主要包括暗栗钙土（ksl）、栗钙土（ksh）、风积暗栗钙土（arb）和草原风沙土（arc）等 15 种土壤，其中面积最大的土壤是暗栗钙土，占总面积的 40%以上。

模型所需的土壤数据包括土壤类型的空间分布、土壤的水文物理属性数据和土壤化学性质数据。土壤空间分布格式以 grid 或 .shp 格式存储；土壤的水文物理属性包括土壤类型分类的质地采样数据；土壤化学属性包括土壤有机质、pH 值、全氮、全磷、碱解氮、速效磷和速效钾等。

4. 气象数据

气象数据包括气象站实测的日降水、日最高最低气温、日风速、相对湿度和日照时数等，数

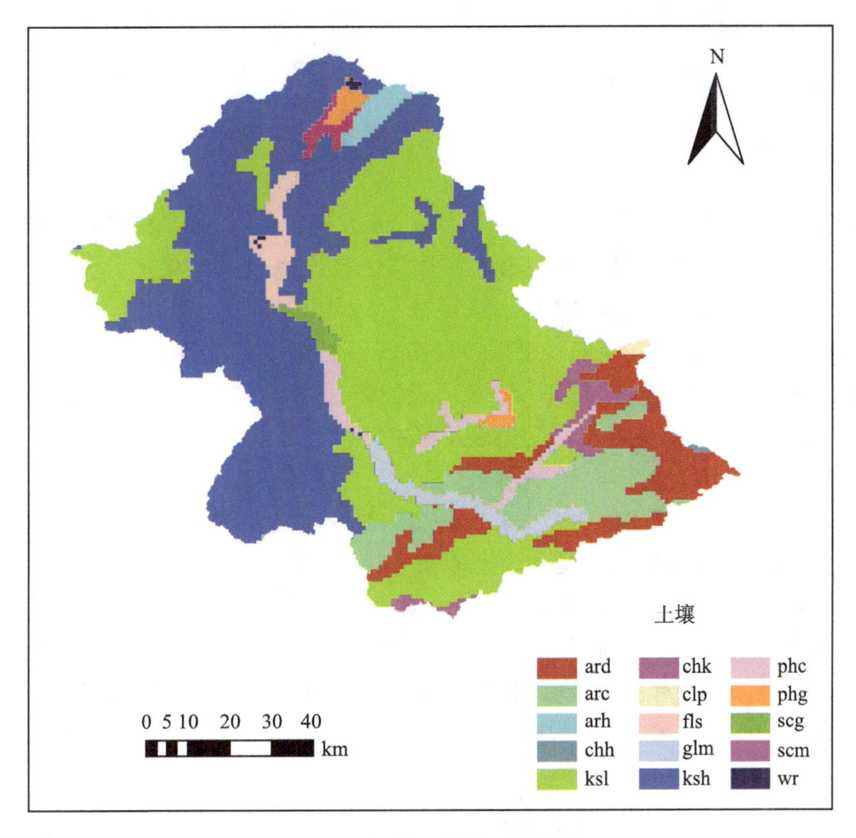

图 6-3　锡林河流域土壤数据

据来源是旗县气象局和中国气象科学数据共享服务网。本次模型选择了东乌珠穆沁旗、阿巴嘎旗、化德县、西乌珠穆沁旗、锡林浩特市、林西县、多伦县和赤峰市 8 个气象站点 1971～2011 年的气象数据。站点位置见表 6-2。

表 6-2　气象站名称及地理位置

气 象 站	区 站 号	经　度	纬　度	海拔(m)
东乌珠穆沁旗	50915	116.97°	45.52°	840
阿巴嘎旗	53192	114.95°	44.02°	1 128
化德县	53391	114.00°	41.90°	1 485
西乌珠穆沁旗	54012	117.60°	44.58°	997
锡林浩特市	54102	116.12°	43.95°	991
林西县	54115	118.07°	43.60°	800
多伦县	54208	116.47°	42.18°	1 247
赤峰市	54218	118.93°	42.27°	568

6.1.3 模型构建与运行

1. 数据库建立

为更准确地模拟流域水文循环活动，首先需要建立土壤数据库 .sol 文件和天气发生器 .wgn文件。

土壤数据库：考虑本研究重点是对流域径流量进行模拟，所以在研究过程中只是构建土壤的物理属性数据库。SWAT 模型中土壤的物理属性数据库包括土壤水分分组(HYDGRP)、土壤坡面最大根系深度(SOL_ZMX)、土壤层数(NLAYERS)、土壤表面到各层土壤的深度(SOL_Z)、各层土壤容重(SOL_BD)、土壤各层有效田间持水量(SOL_AWC)、土壤各层饱和导水率(SOL_K)、有机质含量(SOL_CBN)、土壤各层中黏粒(CLAY)、粉粒(SILT)、沙粒(SAND)、石砾(ROCK)、土壤各层田间地表反照率(SOL_ALB)、土壤各层 USLE 方程中的土壤可蚀性系数(USLE_K)、土壤电导率(SOL_EC)等。根据实测数据、资料收集得到模型所需的土壤数据，利用 SPAW 等软件建立 soil database 数据库文件，见表 6-3。

天气发生器：这些气象数据一是作为模型输入数据；二是用于构建模型所需的天气发生器数据库 .wgn 文件，内容包括月最大半小时降水数据、月日均最高气温、月日均最低气温、月日均最高气温标准偏差、月日均最低气温标准偏差、月均总降水量、月日降水量标准偏差、月日降水偏度系数、月干日系数、月湿日系数、月均降水天数、月日均太阳辐射总量、月日均露点温度和月日均风速。

表 6-3 土壤数据库建立

SNAM	chh	chk	ksl	arb	clp	ksh	arh	arc	phc	phg	fls	glm	scg	scm	wr
NLAYERS	2	2	2	2	2	2	2	2	2	2	2	2	2	2	2
HYDGRP	C	A	B	A	A	B	A	A	B	A	B	B	B	C	D
SOL_ZMX	1000	1000	1000	1000	1000	1000	1000	1000	1000	1000	1000	1000	1000	1000	1000
SOL_Z1	300	300	300	300	300	300	300	300	300	300	300	300	300	300	300
SOL_BD1	1.35	1.59	1.39	1.43	1.41	1.2	1.7	1.7	1.38	1.58	1.43	1.39	1.42	1.31	1.31
SOL_AWC1	0.18	0.2	0.15	0.18	0.11	0.17	0.2	0.04	0.15	0.07	0.14	0.14	0.12	0.09	0.09
SOL_K1	15.01	14.5	10.38	9.25	7.37	38.39	12.31	99.78	8.82	51.91	10.38	11.99	7.32	2.75	2.75
SOL_CBN1	2.09	1.02	1.28	0.43	0.6	6	0.43	0.4	1.37	0.98	0.42	1.65	0.39	0.49	0.49
CLAY1	23	10	22	24	23	21	5	5	22	10	17	22	21	32	32
SILT1	54	8	42	10	25	42	6	6	43	13	46	39	42	44	44
SAND1	23	82	36	66	52	37	89	89	35	77	37	39	37	24	24
ROCK1	4	10	8	10	19	8	10	3	3	4	4	4	7	7	7
SOL_ALB1	0.21	0.22	0.22	0.22	0.05	0.11	0.06	0.08	0.11	0.04	0.04	0.12	0.05	0.11	0.11
USLE_K1	0.15	0.1	0.15	0.13	0.14	0.11	0.14	0.18	0.16	0.12	0.13	0.11	0.12	0.1	0.1
SOL_EC1	0.1	0.1	0.4	0.1	0.3	1.9	0.1	0.1	0.2	0.1	0.1	0.1	8.7	23.2	23.2
SOL_Z2	1000	1000	1000	1000	1000	1000	1000	1000	1000	1000	1000	1000	1000	1000	1000
SOL_BD2	1.37	1.37	1.34	1.65	1.38	1.4	1.68	1.71	1.39	1.64	1.39	1.35	1.4	1.29	1.29
SOL_AWC2	0.16	0.11	14.4	0.19	0.11	0.13	0.05	0.04	0.14	0.09	0.14	0.13	0.13	0.11	0.11
SOL_K2	6.27	3.14	4.45	11.51	4.9	8.41	9.51	100.07	7.43	17.88	7.43	4.96	6.26	1.84	1.84
SOL_CBN2	0.89	0.4	0.6	0.24	0.49	0.48	0.24	0.2	0.48	0.69	0.47	0.69	0.3	0.27	0.27

续上表

SNAM	chh	chk	ksl	arb	clp	ksh	arh	arc	phc	phg	fls	glm	scg	scm	wr
CLAY2	22	32	28	7	28	20	6	5	21	19	21	28	22	36	36
SILT2	52	12	42	7	23	43	5	5	44	15	42	35	37	40	40
SAND2	26	56	30	86	49	37	89	90	35	66	37	37	41	24	24
ROCK2	17	10	5	10	8	5	10	4	5	4	8	3	8	8	8
SOL_ALB2	0.22	0.22	0.22	0.22	0.22	0.22	0.22	0.22	0.22	0.22	0.22	0.22	0.22	0.22	0.22
USLE_K2	0.18	0.13	0.17	0.1	0.16	0.18	0.08	0.08	0.18	0.15	0.18	0.16	0.17	0.17	0.17
SOL_EC2	0.1	0.1	0.7	0.1	0.3	3.4	0.1	0.1	0.1	0.1	0.1	0.1	4.6	15.3	15.3

2. 子流域划分

SWAT 模型将锡林河流域共划分为 34 个子流域，如图 6-4 所示。子流域的划分考虑了地形起伏变化，因此，子流域的疏密程度一定程度上也能反映地区地貌特征的复杂程度。由图 6-4 中可以看出，流域下游的地形条件较上游地区更为复杂。

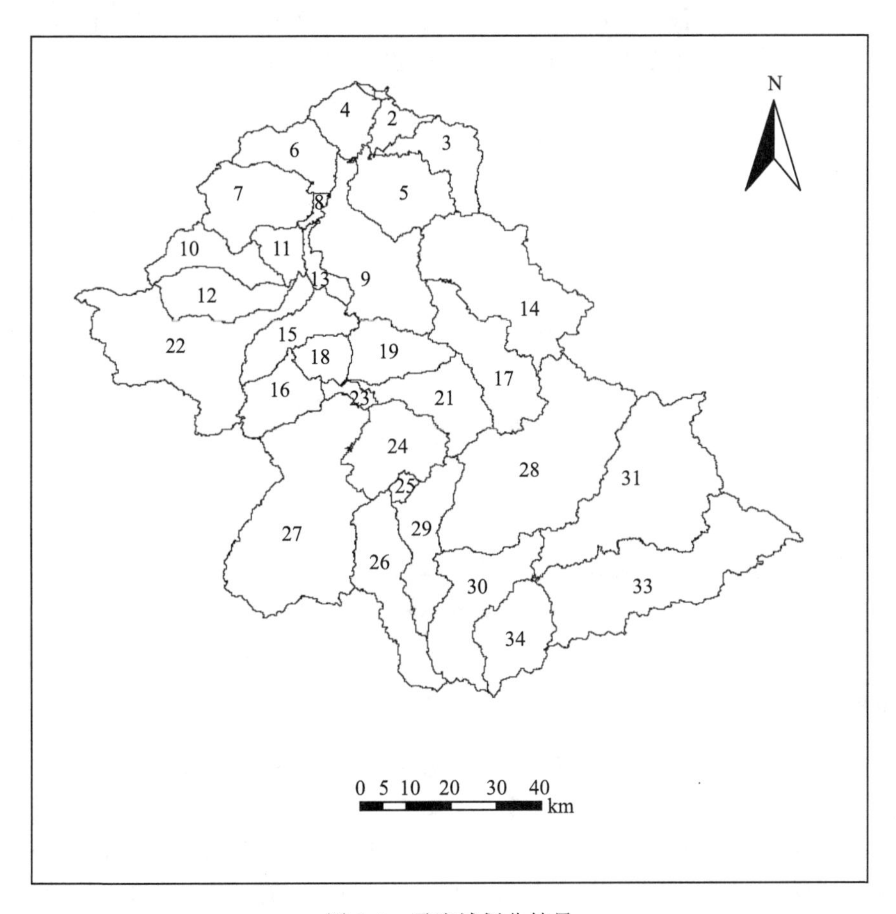

图 6-4　子流域划分结果

3. 水文响应单元(HRUs)生成

对于一个较为复杂的流域，划分出的每一个子流域内部存在多种土地利用类型、土壤属性和坡度，因此在每一个子流域内部也存在多种植被覆盖、土壤属性和坡度叠加组合等。为了反映这种差异，模型的核心是利用水文响应单元(HRUs)这种更为精细的划分单元来表示流域复杂的下垫面特征。作为模型最小的划分单元，HRUs是子流域内拥有特定土地利用、管理、土壤属性的部分，其为离散于整个子流域内同一土地利用、管理、土壤属性的集合，且假定不同HRUs相互之间没有干扰。HRUs的优势在于其能提高子流域内负荷预测的精度。为了能在一个数据集内组合更多的多样化信息，一般要求生成多个具有合适数量HRUs的子流域而不是少量拥有大量HRUs的子流域。通过对土地利用、土壤属性和坡度三个精度的设置，本次构建的模型共划分出356个HRUs。

4. 模型输入和运行

SWAT模型在子流域和HRUs划分完成后，利用气象数据自建的天气发生器导入到模型数据库后，加载降水、气温、风速、相对湿度和太阳辐射等基础数据，从而完成气象数据的导入。另外，SWAT模型本身提供了database数据的修正界面，根据研究区具体情况进一步修正河道、地下水、土地利用、土壤等物理参数。

模型运行期分成模拟期和验证期。根据收集到的气象数据资料，本次研究设置模拟期为2004～2008年(2004年为预热缓冲年，结果不输出)，验证期为2009～2010年。按精度要求，选择输入的水文测站径流数据以月为单位，按月输出，如图6-5所示。

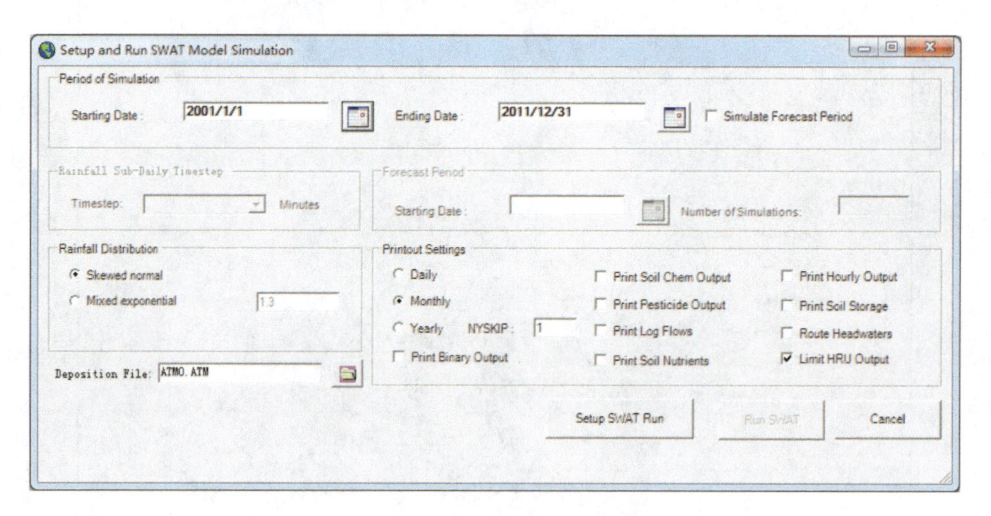

图6-5 SWAT模型运行界面

6.1.4 敏感性分析

敏感性分析是分析影响SWAT模型效率最关键的几个参数，以及错误的参数输入对模型模拟结果的影响。它是用无量纲的参数敏感度来反映模型输出结果随模型参数的微小改变而变化的影响程度或敏感性程度。SWAT模型采用的是LH-OAT敏感度分析方法，该方法既能保证所有参数的所有区间都能够采样，又能保证模型每次的输出结果的变化能够确切地归因于输入的变化，从而保障了灵敏性分析的充分和有效性。敏感性参数按照大类可分为流量参数(flow parameters)、泥沙参数(sediment parameters)和水质参数(water quality parameters)，共计41个参数，见表6-4。

表 6-4　敏感性分析涉及参数

类　型	变　　量	定　　义	类　型	变　　量	定　　义
径流参数	ALPHA_BF	基流 α 系数	径流参数	SOL_K	土壤饱和水导电率
	BIOMIX	生物混合效率系数		SOL_Z	土壤深度
	BIAI	最大潜在叶面积指数		SURLAG	地表径流滞后时间
	CANMX	最大冠层蓄水量		TIMP	结冰气温滞后系数
	CH_K2	河道有效水导电率		TLAPS	气温下降率
	CH_N2	主河道曼宁系数值	泥沙参数	CH_COV	河道覆盖系数
	CN2	SCS 径流曲线系数		CH_EROD	河道可侵蚀系数
	EPCO	植物蒸腾补偿系数		SPCON	泥沙输移线性系数
	ESCO	土壤蒸发补偿系数		SPEXP	泥沙输移指数系数
	GW_DELAY	地下水滞后系数		USLE_C	USLE 中植物覆盖度因子最小值
	GW_REVAP	地下水再蒸发系数		USLE_P	USLE 中水土保持措施因子
	GWQMN	浅层地下水径流系数	水质参数	NPERCO	氮下渗系数
	REVAPMN	浅层地下水再蒸发系数		PHOSKD	土壤磷分离系数
	SFTMP	降雪气温		PPERCO	磷下渗系数
	SLOPE	平均坡度		RCHRG_DP	深蓄水层渗透系数
	SLSUBBSN	平均坡长		SHALLST_N	硝态氮浓度对子流域内河流的贡献
	SMFMN	6 月 22 日雪融系数			
	SMFMX	12 月 21 日雪融系数		SOL_LABP	土壤初始易变磷含量
	SMTMP	雪融最低气温		SOL_NO3	土壤初始硝酸盐含量
	SOL_ALB	潮湿土壤反照率		SOL_ORGN	土壤初始有机氮含量
	SOL_AWC	土壤可利用水量		SOL_ORGP	土壤初始有机磷含量

由于本次研究仅模拟分析锡林河流域径流变化情况，所以只选择径流参数进行敏感性分析。根据 LH-OAT 敏感度分析方法，参数灵敏值越大，说明参数的改变对模型径流模拟结果影响越大。模型经过 270 次循环迭代，得到参数敏感性分析结果，见表 6-5。敏感值最大的是 CN2(SCS 径流曲线系数)，其次是 ALPHA_BF(基流 α 系数)，直接反映出两者对流域径流大小变化最突出，结合流域实际水文条件，有针对性地调整相应敏感参数因子取值，使得模拟结果满足精度要求。

表 6-5　敏感性分析结果

参　　数	排　　序	敏感值	参　　数	排　　序	敏感值
CN2	1	7.23	GWQMN	6	0.35
ALPHA_BF	2	0.95	SOL_Z	7	0.30
ESCO	3	0.64	CANMX	8	0.27
TIMP	4	0.62	BLAI	9	0.18
SOL_AWC	5	0.36	CH_K2	10	0.15

6.1.5 模型校准与验证

1. 评价方法

作为分布式水文模型，SWAT 模型构建过程中涉及很多的水文、气象、土地利用、土壤类型等物理参数，这些数据的一部分是通过实测收集得到，还有很多参数是经过经验公式计算得来，因方法、参数选取不同，势必会出现误差，从而影响模拟结果的准确度。SWAT 模型选择相关系数 R^2 和 Nash-Suttclife 效率系数 E_{ns} 来评估模型在模拟期、验证期的模拟结果。相关系数 R^2 可以在 Excel 表线性回归得到。E_{ns} 计算方法如下：

$$E_{ns} = 1 - \frac{\sum_{i=1}^{n}(Q_m - Q_p)^2}{\sum_{i=1}^{n}(Q_m - Q_{avg})^2} \tag{6-1}$$

式中 Q_m——实测径流量(m^3/s)；

Q_p——模拟径流量(m^3/s)；

Q_{avg}——实测数据平均值(m^3/s)；

n——实测数据的个数。

2. 模型校准

模型校准时，结合模型内部的公式结构和参数的物理意义，有针对性地改变参数范围，才能更快、更准达到理想的模拟效果。SWAT 模型自带校准工具有自动调参和手动调参两种，对于模型得到的初始结果，结合敏感性分析结果，采用“先上后下”的原则，充分考虑融雪参数 SFTMP、SMTMP、SMFMX 和 SMFMN 等对径流影响。

根据上述的调参思路并结合敏感性分析结果，本研究选择 2005～2008 年实测径流数据进行参数校准，最终得到流域地表径流模拟结果。

图 6-6 是锡林河流域模拟期得到的结果。结果显示，锡林河流域模拟期(2005～2008 年)线性相关系数 R^2 为 0.73(图 6-7)、Nash-Suttclife 效率系数 E_{ns} 为 0.68，模拟效果较好，输出结果能较好地代表锡林河径流变化趋势。

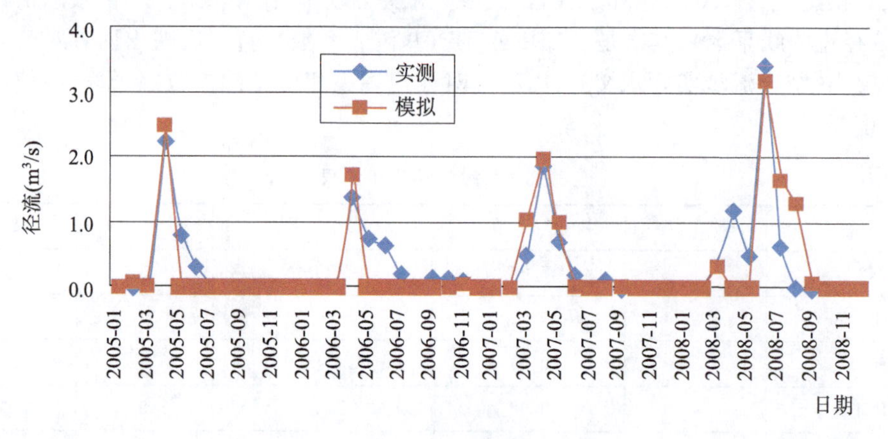

图 6-6 锡林河流域模拟期结果

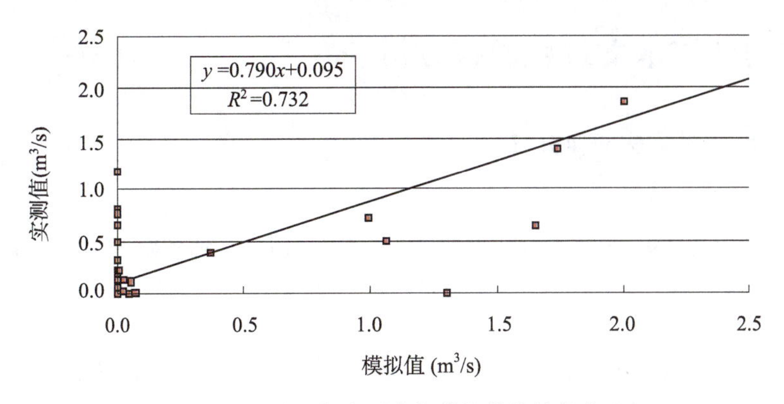

图 6-7　模拟期实测值与模拟值线性拟合

3. 模型验证

将校准好的参数带入到模型中，模拟验证期(2009～2010 年)径流情况(图 6-8)。经检验，验证期线性相关系数 R^2 为 0.73(图 6-9)、Nash-Suttclife 效率系数 E_{ns} 为 0.54，模拟精度符合要求。锡林河处于干旱少雨地区且地势较为平坦，河流径流量常年偏低且时常断流，模型精确模拟其径流变化规律就显得较为困难，也是导致 E_{ns} 偏低的原因之一。

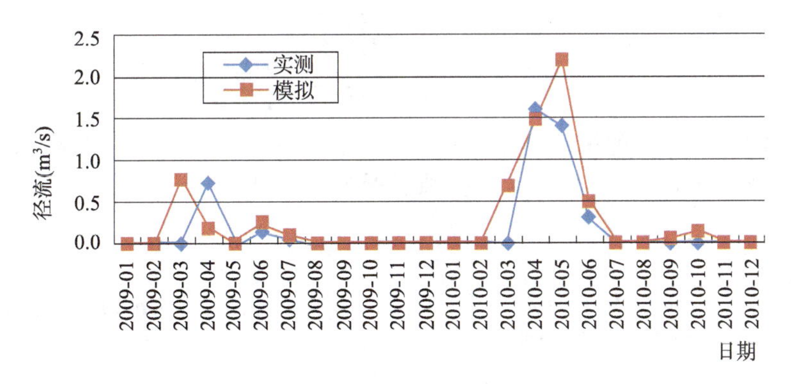

图 6-8　验证期模拟结果

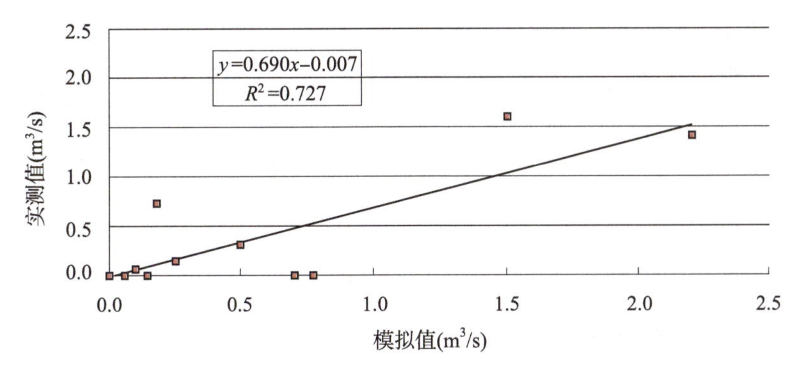

图 6-9　验证期实测值与模拟值线性拟合

6.2 锡林河流域水文过程模拟分析

6.2.1 流域降水-径流变化规律分析

1. 研究方法

本研究选择 Mann-Kendall 秩次相关检验法、线性回归法和滑动平均法来描述、分析流域降水量演变规律。

(1) Mann-Kendall 秩次相关检验法

Mann-Kendall 秩次相关检验法是基于秩的非参数统计检验方法，计算简便、定量化程度高，且不需要样本遵循一定的分布，不受样本中个别异常值的干扰，近年来被广泛应用于分析预测如气温、降水、径流、水质等水文气象数据随时间变化的规律。该方法计算思路：假定水文气象数据 $x_1, x_2, x_3, \cdots, x_n$ 为时间序列的变量，n 为时间序列的长度，先确定所有对偶值 $(x_i, x_j, j > i)$ 中 $x_i < x_j$ 出现的个数 p，顺序 (i,j) 的子集是 $(i=1, j=2,3,\cdots,n)$，$(i=2, j=3,4,\cdots,n)$，$\cdots$，$(i=n-1, j=n)$。对无趋势的序列，p 的数学期望 $E(p)=\frac{1}{4}(n-1)n$。选取统计量为：

$$Z=\frac{\tau}{\sqrt{\operatorname{var}(\tau)}} \tag{6-2}$$

$$\tau=\frac{4p}{n(n-1)}-1, \operatorname{var}(\tau)=\frac{2(2n+5)}{9n(n-1)} \tag{6-3}$$

当 n 无限增大时，构造的统计量 Z 会趋于标准正态分布。根据假设检验，原假设 H0 为无趋势，当给定显著水平 α 后，若 $|Z| < Z_{\alpha/2}$，则接受原假设，即趋势不显著；反之则拒绝原假设，趋势显著。

(2) 回归分析法

该方法是用 x_i 表示样本量为 n 的某一气候变量，如气温、降水量，用 t_i 表示所对应的时间，建立 x_i 和 t_i 之间的一元线性回归方程。

$$x_i = a + bt_i + u \tag{6-4}$$

式中 a, b——回归常数和回归系数，可以用最小二乘法(OLS)进行估计 $\hat{a}$ 和 $\hat{b}$；

i——样本序号；

u——样本的残差。

$$\hat{b}=\frac{\sum_{i=1}^{n}\left(x_i-\bar{x}\right)\left(t_i-\bar{t}\right)}{\sum_{i=1}^{n}\left(t_i-\bar{t}\right)^2}, \hat{a}=\bar{x}-\hat{b}\bar{i} \tag{6-5}$$

$$\bar{x}=\frac{1}{n}\sum_{i=1}^{n}x_i, \bar{t}=\frac{1}{n}\sum_{i=1}^{n}t_i \tag{6-6}$$

回归系数 b 的 t 检验公式：

$$s^2=\frac{\sum_{i=1}^{n}\left(x-\bar{x}\right)^2}{n-2}, s_{\hat{b}}^2=\frac{s^2}{\sum_{i=1}^{n}\left(t_i-\bar{t}\right)^2} \tag{6-7}$$

式中　s^2——残差方差；

$s_{\hat{b}}^2$——回归系数方差；

n——年数，42。

在原假设 $b=0$ 时，统计量 $t_{\hat{b}}=\frac{\hat{b}}{s_{\hat{b}}}$ 服从自由度为 $(n-2)$ 的 t 分布。给定显著性水平 α，若 $|t_{\hat{b}}|>t_{\frac{\alpha}{2}}$，则拒绝原假设，认为序列线性趋势显著；否则接受原假设，线性趋势不显著。b 值的符号反映上升或下降的变化趋势，$b<0$ 表示在计算的时段内呈下降趋势，$b>0$ 表示呈现上升趋势。b 的绝对值可以度量演变趋势的上升、下降的程度。

(3)滑动平均法

可在一定程度上消除序列波动的影响，使得序列变化的趋势性或阶段性更为直观、明显。一般依次对水文序列 α_t 中的 $2k$ 或 $2k+1$ 个连续值取平均，求出新序列 y_t，从而使原序列光滑，新序列一般可表示为：

$$y_t=\frac{1}{2k+1}\sum_{i=-k}^{k}\alpha_{t+i} \tag{6-8}$$

选择适当的 k，可以使原序列高频振荡平均掉，从而使得序列的趋势更加明显。

2. 降水量演变规律分析

(1)降水量的年际趋势分析

锡林河流域气候干旱，多年平均降水量仅为 312 mm，降水作为流域最重要的补给来源，降水不足是导致地区水资源匮乏、生态环境脆弱最重要的原因之一。分析降水多年变化的特征，对认清、分析水资源演变规律具有重要意义。本研究选择流域内唯一的锡林浩特市气象站观测的降水数据，分析流域水资源变化规律。

图 6-10 为锡林浩特市气象站 1971～2012 年的降水数据变化趋势图，利用 Mann-Kendall 秩次相关检验法检验降水量统计 Z 值为－1.35，检验结果不显著；利用线性回归法得到降水量的倾向率为－16.4 mm/10 a，t 分布检验值为－1.085，降低趋势的检验结果也不显著。综合以上两种检验结果，可以得出锡林河流域近 40 年内降水量有减小趋势，但是变化微弱。流域降水最高值出现在 2012 年，达到 531.6 mm；最低值出现在 2005 年，为 141.2 mm，波幅为 390.4 mm。从 5 年滑动曲线分析(图 6-10、图 6-11)，降水量在多年平均值上下波动，并呈周期性波动。1972～1980 年、1988～1997 年、2010～至今三个时期的降水量大于多年平均降水量；其余各年份均在多年平均值以下波动；降水量最少的时期发生在 20 世纪末 21 世纪初期，从 1998 年开始连续 12 年降水量低于流域多年平均值，该时期是流域水资源最匮乏的时期。

(2)降水量年内变化趋势分析

将 1971～2012 年每月降水数据平均后，分析流域降水量年内变化趋势，对了解流域降水随季节变化的影响规律具有重要意义。从图 6-12 流域月均降水变化趋势可以看出，锡林河流域全年降水总量仅为 312 mm，6～9 月是锡林河流域主要的降雨期，其余月份为积雪期。其中降水期主要集中在每年的 6～8 月份，降水量占到流域全年降水的 2/3 以上；降水最多的月份是 7 月份，月降水量超过了年降水总量的近 30%。这种“年均降水稀少、过于集中”的温带大陆性气候特点非常明显，易造成地区用水的紧张和短缺，这也给未来水资源供给保证增加了难度。

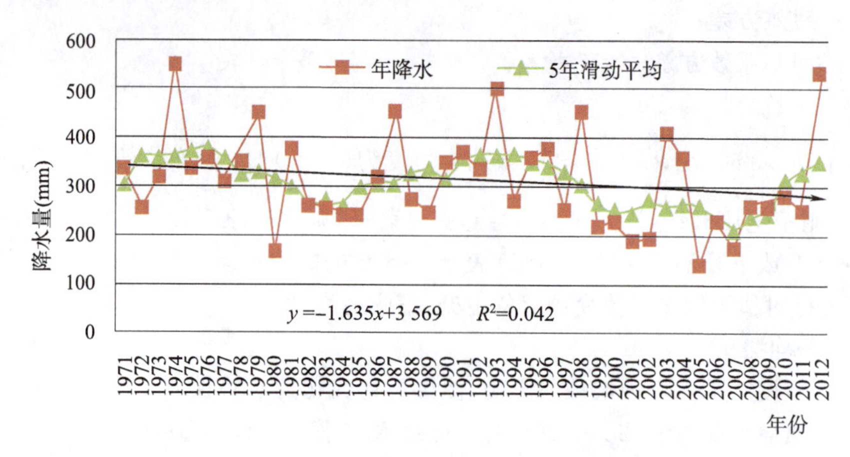

图 6-10　锡林河流域年降水量变化情况

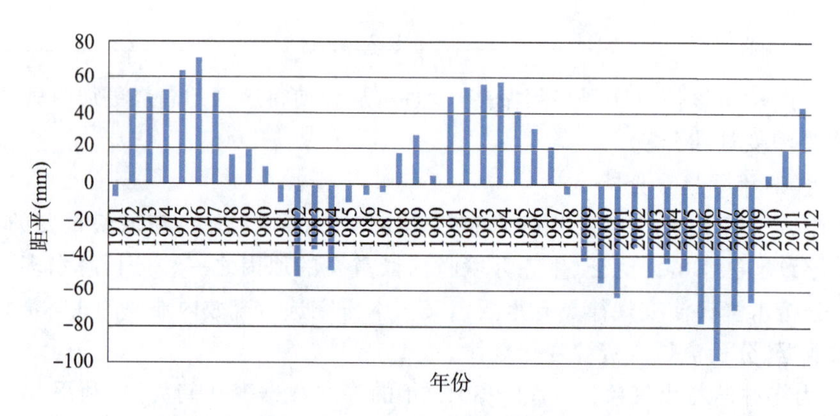

图 6-11　锡林河流域年降水量 5 年滑动距平变化

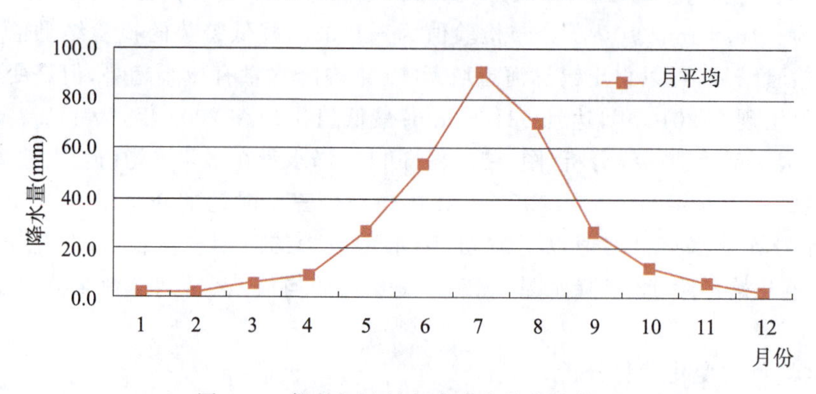

图 6-12　锡林河流域年内降水量变化情况

3. 地表径流演变规律分析

(1)地表径流的年际趋势分析

通过 Mann-Kendall 秩次相关检验法、线性回归法和滑动平均法三种方法分析了锡林河流域水文测站地表径流变化趋势。Mann-Kendall 秩次相关检验法得到锡林河水文测站地表径流 Z 值为－2.52,其绝对值大于 1.96,通过了显著性水平为 0.05 的双侧检验,降低趋势显著;利用线性回归法得到降水量的倾向率为－6.40 mm/10 a,t 分布检验值为－1.724,通过了显著性水平为 0.1 的双侧检验,降低趋势显著(图 6-13)。

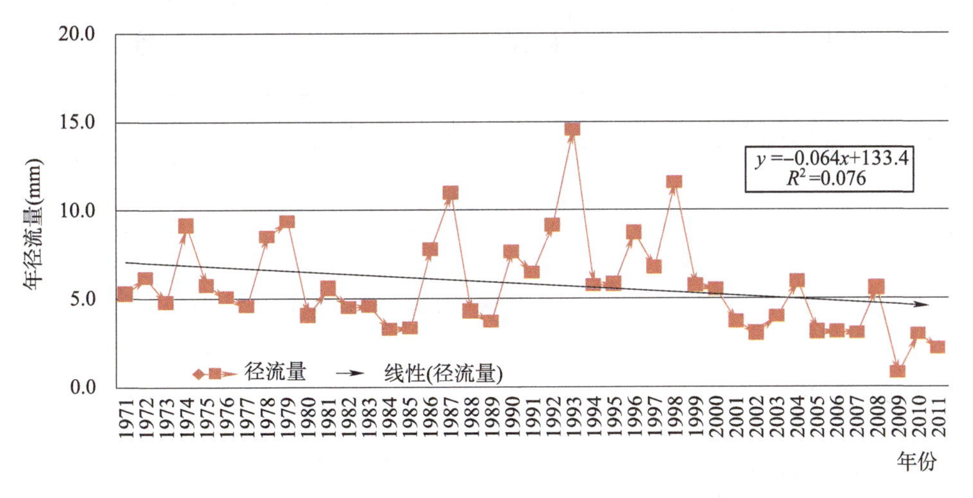

图 6-13　锡林河水文测站地表径流变化

从地表径流 5 年滑动曲线分析(图 6-14),地表径流在 1971～1990 年这段时期相对较为稳定;进入 20 世纪 90 年代,特别是 2000 年以后,流域水文测站观测的地表径流波动越来越大。

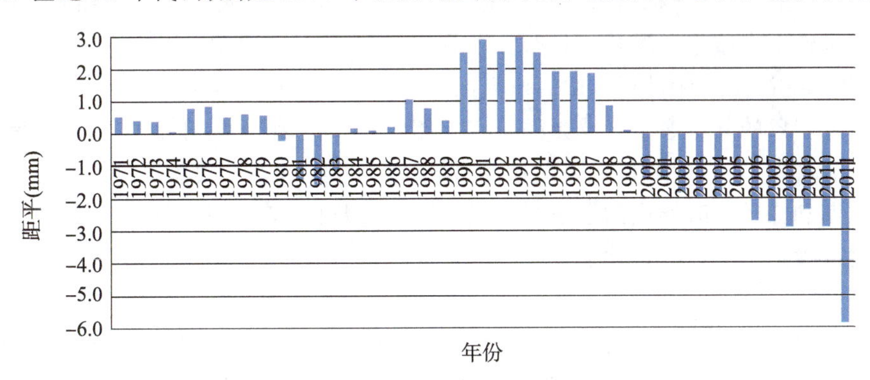

图 6-14　锡林河流域地表径流 5 年滑动距平变化

(2)地表径流年内变化趋势分析

通过对锡林河水文站 1971～2011 年实测径流资料统计可知,锡林河流域多年平均径流深 5.81 mm,仅占年降水量的 1.9%。从图 6-15 可以看出,锡林河年内径流分配极不均匀,表现为明显的"双峰型"地表径流特征。每年 12 月到次年 2 月,由于河水封冻,径流量几乎为零。4 月份后,伴随着气温的回暖,地表大量冰雪在太阳辐射的作用下开始融化,但此时由于土壤层中的温度依旧低于地表温度,土壤层处于冻结状态,融雪水难以向土壤层入渗,导致大量融雪水汇入河道,形成春汛。经过计算,锡林河流域 4 月份融雪形成的径流占全年总径流的 35%。5～9 月,是锡林河流域主要的汛期,地表径流的产生全部以降雨为主,从图 6-15 还可以看出,锡林河流域在 7 月和 8 月产生的径流量相对 4 月份偏低,这是因为 7 月和 8 月是锡林河流域植被生长最旺盛的时期,此时的降水一部分用于植被蒸散发消耗,另一部分用于产生径流。10 月中旬后,锡林河流域进入到积雪期。

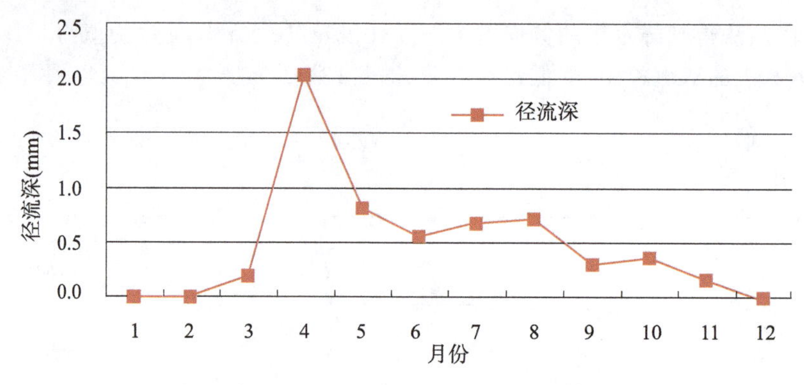

图 6-15　锡林河水文测站地表径流年内变化

6.2.2　流域冻土水文过程径流模拟研究

季节性冻土作为高山高纬度地区普遍存在的自然现象，其特有的水文过程直接影响着区域水文循环与水量平衡。在我国，目前有近 70％的地区存在着季节性冻土现象，这些地区地表水与地下水之间的相互转化因冻土层的存在发生了根本的变化。针对高山高纬度地区特有的水文地质条件，从影响季节性冻土地区产汇流要素的物理成因入手，加深冻土水文过程的理解，借助基于物理概念的分布式水文模型定量探讨冻土水文过程中区域水资源的变化，对揭示寒旱区冻土条件下土壤水分运移过程有着重要的意义。

目前，我国对冻土水文过程方面的研究区域大多集中于西北高寒山区的冰川冻土，对有着同样冻土水文现象的北方寒旱区草原的研究却相对较少。因此，鉴于我国北方寒旱区草原特有的冻土水文现象，本章借助目前国内外应用较为广泛的 SWAT 模型对我国北方寒旱区锡林河流域融冻期和冻融期时形成的地表径流进行模拟，探讨 SWAT 模型在我国北方寒旱区草原冻土水文过程模拟中的可操作性。

1. 冻土水文过程

季节性冻土区域在产汇流的形成过程中，由于冻土层融化速度和深度不断发生变化，使得土壤原有的水热平衡状态遭到破坏，改变了融冻期和冻融期土壤的水分运动和包气带的厚度，因此影响了土壤水再分配过程及土壤水贮量，造成流域产流与汇流的不稳定。

冻土水文过程大致可分为两个过程，即融冻期水文过程和冻融期水文过程。融冻期水文过程指由于流域内存在不透水的冻土层，当融雪水或降雨入渗到冻土层上形成自由水面时，上层土壤含水层发生饱和并抑制蒸发，但由于冻土层温度依旧低于 0 ℃，只有在冻土层继续吸收大量热量之后冻土层才能完全消融。冻融期水文过程指流域内土壤层中的水分在水力势能梯度的作用下不断从地表未冻结区开始向冻结区沿冻结锋面凝结的过程，此时过程中土壤水一般可以增加 20％～40％。

针对以上所讨论的季节性冻土地区具有的特殊水文过程，下面就季节性冻土区域年内径流形成的明显“双峰型”地表径流特征变化概括如下：

春初时，由于外界气温普遍偏低，土壤表层处于冻结状态，此时地表积雪未融化，流域内基本无地表径流产生。

春末夏初时，随着大气温度的增加，表层土壤及其上面覆盖的积雪开始融化，冻土层厚度逐渐变薄，此时因为冻土层依旧存在，所以冻土层仍然会像隔水板一样阻碍融雪水向土壤入渗，因此地表融化的雪水会快速地产生地表径流，形成春汛。

夏至时，季节性冻土层完全消融，流域整体调蓄能力增强，此时融雪水下渗速率达到最大使得洪峰消减，此时融雪水对径流的贡献相对春季较小，径流的洪峰也明显小于春季。

秋末冬初时，因气温降低，河水逐渐封冻，冻土层逐渐生成。

2. 锡林河流域融冻期与冻融期径流模拟

进入21世纪后，用水的增加、气候的变化导致流域地表径流“双峰型”特点不再明显，因此本节选择1971～2000年对锡林河流域融冻期和冻融期的模拟。考虑季节性冻土地区冰雪量年际年内的变化会影响整个流域水资源分配，将模拟锡林河流域融冻期与冻融期径流模拟过程的时间段划分为三段：以1971～1975年作为模型的预热期；以1976～1980年作为模型的敏感性分析和参数率定期，分别将降水-径流偏少期1981～1990年和偏多期1991～2000年进行验证。其中每个时段内以每年的3～5月作为季节性冻土的融冻期，10月～次年2月为季节性冻土的冻融期径流模拟。

通过实地调查流域水文过程后进行手动调参，模拟结果显示：率定期时，模型的E_{ne}为0.65，R^2为0.84；验证期时，降雨径流偏少期的E_{ne}为0.63，R^2为0.66，降雨径流偏多期的E_{ne}为0.51，R^2为0.59，降水径流偏少期的模拟精度优于偏多期。从模型在率定期与验证期的模拟结果可以判断，SWAT模型对锡林河流域融冻期和冻融期时径流模拟整体符合要求，同时体现出SWAT模型在中国北方寒旱区的可操作性。SWAT模型融冻期和冻融期径流拟合结果如图6-16所示。

从融冻期和冻融期内的SWAT模型径流拟合结果图可以看出，基于SWAT模型对锡林河流域积雪融雪过程的径流模拟具有以下七个特点：

第一，从模型对径流整体拟合过程程度上看，SWAT模型模拟所得到的模拟径流深过程线除个别年份外基本与实测径流深过程线变化过程一致，说明模型对锡林河流域融冻期和冻融期内模拟的雪量较满意。

第二，模型对最大径流深的模拟可以看出，44%的年份对融冻期的模拟结果偏低，冻融期比较准确，但总体上精度满足要求，可以为春汛和河水的封冻提供必要的预测信息。

第三，从洪峰峰值出现的时间上看，实测融冻期的峰值都在每年的4月份出现，而模型模拟的融雪高峰期也出现在此时间段内，因此模型对融雪时间的模拟比较准确。

第四，针对模拟融雪偏前的年份(1982年和1999年)，造成融雪偏前的原因可能是由于该年当地气温偏低，冻土形成早从而阻止了融雪水下渗到土壤中进而形成了地表径流。

第五，SWAT模型在模拟典型洪水时(1987年)体现出较高的精度，其模拟的相对误差为12.8%。但是相对于洪峰流量较小的年份，模型对其峰值模拟的精度普遍偏低，相对误差在30%左右。因此，可以得出典型洪水的模拟效果优于非典型洪水的模拟效果。

第六，从融冻期和冻融期内模拟值和实测值结果比较可以看出，锡林河流域在模拟积雪与融雪径流具有融雪期洪峰流量高，相邻月份落差大等特点，流域汇流平均滞留时间在每年4月份，由于气温等因素融雪期蒸发量相对较小，对于流域流量的影响不是很大，而下渗速率对模型模拟的精度有着非常明显的作用。

第七，通过SWAT模型对锡林河流域融冻期和冻融期内径流模拟的结果显示，SWAT模型可应用于我国北方寒旱区草原冻土水文过程的模拟。

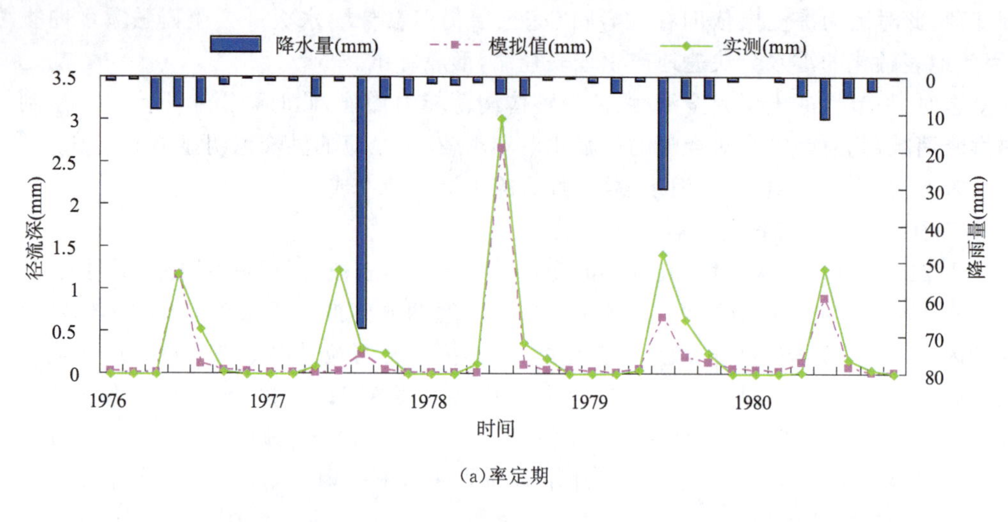

(a)率定期

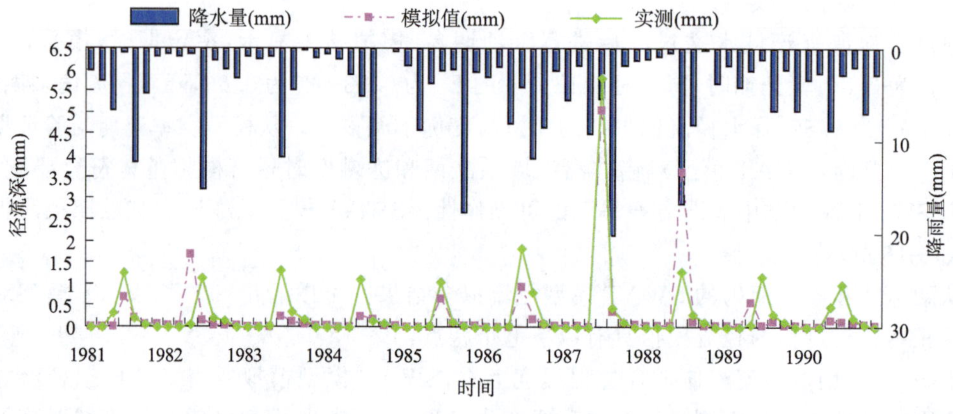

(b)验证期(偏少期)

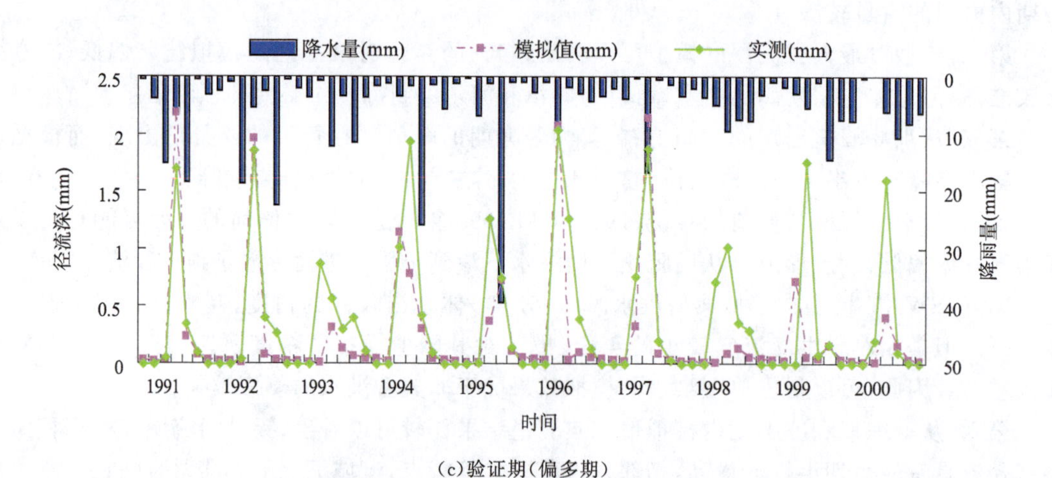

(c)验证期(偏多期)

图 6-16 融冻期和冻融期内的 SWAT 模型径流拟合结果

6.3　灌溉人工草地开发对流域水循环影响分析

经野外实验调查和资料收集，锡林河流域耕地主要种植灌溉人工草地（以青贮玉米为主）、马铃薯、麦子等作物。灌溉人工草地作为锡林河流域耕地上的一类特殊作物，随发展面积的不断增大、灌溉用水的不断增加，势必会改变流域内的产流、下渗以及蒸散发等水循环要素，从而影响流域水资源的演变规律。基于此，本节研究考虑流域社会经济发展和土地利用演变趋势，设置以下几种不同规模的灌溉人工草地发展情景，利用 SWAT 模型模拟分析土地利用空间分布格局改变对流域产流、下渗和蒸散发等水循环要素的影响。

情景 1：将流域现有耕地还原成天然草地，其他土地利用类型不变。

情景 2：设定流域现状耕地全部都是旱地，没有任何灌溉设施，仅靠天然降雨满足耕地作物需水需求，其他土地利用类型不变。

情景 3：流域现状年灌溉面积 8.2 万亩，根据锡林浩特市水资源优化配置结果及灌溉人工草地优化布局研究，锡林浩特市 2020 年灌溉人工草地规模预计达到 15 万亩左右，其中市区包含的锡林河流域灌溉人工草地面积 11 万亩左右。情景 3 是将流域 21 和 28 号子流域的耕地进行灌溉，灌溉定额为 275 m^3/亩，统计面积为 11.8 万亩；其他耕地和土地利用类型不变。

情景 4：在情景 3 的基础上，灌溉增加 31 号子流域内耕地面积，共计 19 万亩；其他土地利用类型不变。

情景 5：根据 GIS 统计，流域现状年耕地面积共计 38 万余亩。从保护草原生态、解决牧区牲畜饲草料不足等角度考虑，未来流域发展新增耕地面积的潜力较小；但是随灌溉技术的推广和普及，现有耕地面积的灌溉保证率会逐步提高。情景 5 是假定现状 38.6 万亩耕地全部种植灌溉人工草地（以青贮玉米为例），并保证充足的灌溉，定额为 275 m^3/亩；其他土地利用类型不变。

6.3.1　不同情景产水量对比分析

SWAT 模型中每个 HRU 包含的土地利用类型和土壤类型组合均不相同。流域产水量模拟结果是通过每个 HRU 提取唯一的土地利用和土壤类型组合下的地表产水量，利用 HRU 面积加权得到，见表 6-6。

表 6-6　1971～2011 年不同情景下流域年产水量模拟　（单位：万 m^3）

类　型	WYLD	SURQ		GW_Q	
		结　果	占 WYLD 比重	结　果	占 WYLD 比重
情景 1	21 232.19	15 572.80	73.3%	4 663.66	22.0%
情景 2	21 283.25	15 620.18	73.4%	4 657.29	21.9%
情景 3	21 275.10	15 620.90	73.4%	4 648.42	21.8%
情景 4	21 260.23	15 643.11	73.6%	4 611.30	21.7%
情景 5	21 239.31	15 675.26	73.8%	4 557.87	21.5%

流域多年平均产水量 WYLD 主要由地表产流量 SURQ、浅层含水层渗漏进入河道中的基流量 GW_Q、通过土壤剖面流入主河道的水流的水量 LAT 和进入河道的输移损失量 TLOSS 构成。

对比情景 1 和情景 2 的模拟结果发现，现有耕地还原成天然草地后，利用 SWAT 模型模拟得到的流域多年平均产水量 WYLD 减少了约 50 万m^3，结果表明人类活动影响了自然水文循环过程。另外，从情景 2～情景 5 的模拟结果发现，现有耕地面积中随灌溉面积的增加，流域多年平均产水量 WYLD 呈递减态势，但均大于情景 1 的模拟结果。出现上述状况的原因一方面是由于锡林河流域在我国牧区属于典型草原区，天然草地由于植被覆盖度高、植被密实等，在降水截留、增加入渗、减少地表径流等方面要优于干旱、稀疏的旱作耕地，因此情景 1 模拟结果小于情景 2 的模拟结果；另一方面，一旦耕地中的作物得到有效的灌溉，作物生长得到水分保证后，依靠冠层截留、根系吸收深层水分等作用限制产流量的减少，因此情景 2～情景 5 的模拟结果呈递减趋势。

情景 3～情景 5 与情景 2 对比可以看出，当流域耕地得到充分灌溉且灌溉面积不断增加时，流域地表产流量 SURQ、基流量 GW_Q 的大小变化会出现不同的态势，SURQ 的大小随灌溉面积的增加不断上升，GW_Q 却一直呈现下降的趋势。经调查，锡林河流域绝大多数地区是通过抽取浅层地下水来保证灌溉人工草地等作物的用水需求，情景 2～情景 5 变化结果是因为随着灌溉面积增加，浅层地下水被人为抽取到地表并进行灌溉，灌溉的水量并不能完全被作物吸收，其余的水量参与了地表水循环，影响了流域的产汇流过程；另外，浅层地下水不断被抽取，如果控制不当会造成地下水位的下降，也是造成基流量 GW_Q 减少的一个原因。

由情景 2 到情景 5 模拟结果显示，灌溉面积最大的情景 5 产水量仅比情景 2 减少 44 万m^3，流域产水量随灌溉面积的增加并未出现急剧的下降。

6.3.2 不同情景渗漏量对比分析

下渗作为水文循环过程中重要的一个环节，其大小可以判定流域降水、灌溉条件下多余水分的去处，结果对于流域制定灌溉制度等具有重要意义。在流域水循环过程中，渗漏发生在土壤剖面的各个土层，当土层含水量超过该层田间持水量时渗漏就会发生。

表 6-7 不同土地利用类型渗漏量模拟结果 (单位:mm)

土地利用类型	情景 1	情景 2	情景 3	情景 4	情景 5
耕　地	无	0.8	0.8	1.3	8.5
林　地	1.3	1.3	1.3	1.3	1.3
草　地	5.2	5.2	5.2	5.2	5.2
水　体	0	0	0	0	0
城镇居民用地	0	0	0	0	0
未利用土地	5.5	5.5	5.5	5.5	5.5

表 6-7 是利用 SWAT 模型模拟不同土地利用类型下的渗漏模拟结果。水体、城镇居民用地(考虑路面硬化原因等)这两类土地利用类型的特殊性，模型输出结果为 0。其余四种土地利用类型，未利用土地的渗漏量最大，其次是草地，最后是林地和耕地。造成这种现象的原因是，流域内未利用土地多为滩涂、湿地等湿润土壤，此类土壤含水量较大，降水、冰雪融化均可

使土壤水分达到田间持水率较为容易，多余的水分就会出现渗漏；草地的下渗能力高于林地和耕地的原因，是因为天然草地植被根系较浅，林地、作物的根系吸水能力较天然草地更强，且林地的蒸散发远远大于草地。

另外，分析不同情景下耕地的渗漏量可以看出，当灌溉面积较小时，耕地渗漏偏小，随着灌溉面积和灌溉总水量的加大，作物无法吸收利用多余的水量，此时土壤渗漏会显著增加（如情景 5）。

6.3.3　不同情景蒸散发对比分析

蒸散发是水分离开流域系统的主要机制，它包括植物冠层蒸发、散发、升华和土壤蒸发。SWAT 模型中提供了 Penman-Monteith 公式、Priestley-Taylor 法和 Hargreaves 法三种方法计算潜在蒸散发，蒸散发计算时在此基础上进一步计算植被冠层截留、土壤等蒸发得到。

表 6-8 是利用 SWAT 模型模拟了流域近 41 年（1971～2011 年）的多年平均结果。首先对比不同土地利用类型，模拟结果的大小顺序是水体＞林地＞未利用土地＞草地＞耕地＞城镇居民用地，该结果基本与第 5 章遥感蒸散发反演结果基本一致，此处不多赘述。另外，根据模拟结果，不同情景下同一种土地利用类型的蒸散发模拟结果基本一致，但耕地的模拟结果除外。根据情景 1 设置流域内没有耕地，所以模型没有输出结果。从情景 2～情景 3，灌溉面积小范围的增加，并未引发蒸散发模拟值显著上升，当灌溉面积达到一定数量后（情景 5 灌溉面积 38.6 万亩），灌溉引发的蒸散发变化效应显现，此种情景下全流域蒸散发结果比情景 2 提高了 10 mm 左右。

表 6-8　不同土地利用类型蒸散发模拟结果　（单位：mm）

土地利用类型	情景 1	情景 2	情景 3	情景 4	情景 5
耕　地	无	287	287	289	297
林　地	306	306	306	306	306
草　地	291	291	291	291	291
水　体	561	561	561	561	561
城镇居民用地	230	230	230	230	230
未利用土地	295	295	295	295	295

6.4　小　结

本章利用锡林河流域水文观测资料，对 SWAT 模型在典型草原的适用性进行了探讨，并对模型进行了模拟和验证。在此基础上，通过设置几种灌溉人工草地发展情景，模拟分析了灌溉人工草地开发建设对流域水循环要素的变化影响。主要结论如下：

（1）利用水文气象、土地利用和土壤属性等基础数据，构建了锡林河流域 SWAT 模型；结合敏感性分析结果，模型经过模拟和验证，最终满足了精度要求。表明 SWAT 模型在我国北方草原地区具有一定的适用性。

（2）应用 SWAT 模型对锡林河流域冻土水文过程融冻期和冻融期进行径流模拟研究，通过分析降水径流分配特征、季节性冻土水文过程及积雪融雪模拟，结果显示春季融雪产生较强的径流与夏季降水会形成明显的“双峰型”地表径流特征。

(3)现状耕地(情景 2)还原成天然草地后(情景 1)，流域年产水量减少了约 50 万m^3，说明人类活动改变土地利用结构，对自然水文循环过程有一定影响。根据情景 2～情景 5 产水量模拟结果，随着灌溉面积增加，流域产水量总体呈下降趋势；地表产流对河道径流贡献越来越大，与此相反的是，基流对河道径流的贡献越来越小。

另外，假定流域灌溉人工草地灌溉面积达到上限 38 万亩，情景 5 年产水量相比情景 2 仅下降了 44 万m^3，下降值占情景 2 产水量的百分比小于 1%，这种变化说明灌溉用水现状并未对流域地表水资源产生较大影响。考虑流域灌溉人工草地灌溉水源是浅层地下水，而 SWAT 模型对于地下水模拟相对偏弱，模型输出结果较少，因此，流域地下水资源受灌溉人工草地的影响仍需进一步观测和评价。

(4)不同情景渗漏量、蒸散发量对比结果显示，随灌溉人工草地面积和总用水量的增加，流域耕地的渗漏量和蒸散发量也出现增加的趋势。因此，建议决策者在制定灌溉制度时，应当严格遵循作物生育周期需水规律，否则灌溉过多的水量不仅会造成地下水资源的减少，而且易引发无效的蒸散发和渗漏损失。

综上所述，研究认为灌溉人工草地的开发建设，不仅可以促进流域地表水和地下水之间的交换，更重要的影响是改变了流域水循环要素之间的演变。

第 7 章　灌溉人工草地建设对草原生态的影响

7.1　地下水埋深对地上天然植被的影响

在锡林河流域选取地质条件相同，受人为条件干扰较少，地下水位埋深随坡地海拔升高而增大的缓坡丘陵(缓坡长度 800 m，相对高差 23.5 m)，由河边起沿坡面方向向上每隔 100 m 布设地下水监测井一眼，共布设监测井 9 眼。在每眼监测井周边用围栏设置 3 块样地，样地大小 10 m×10 m，样地之间相距 100 m，地下水位监测井布设在每一行中部的样地内，如图 7-1 所示。

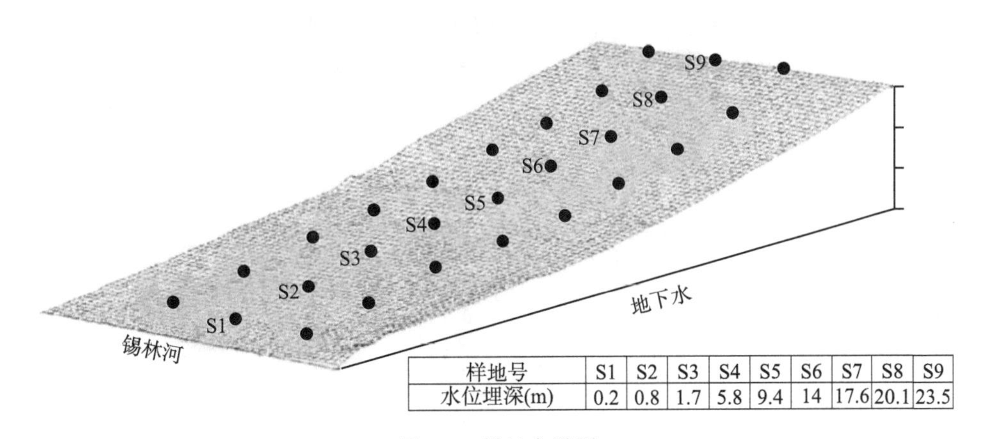

样地号	S1	S2	S3	S4	S5	S6	S7	S8	S9
水位埋深(m)	0.2	0.8	1.7	5.8	9.4	14	17.6	20.1	23.5

图 7-1　样地布设图

在每块样地中按梅花形取 5 个 1 m×1 m 的草本样方，在每个样方内详细记录每种植物的种名、盖度、密度、高度，按每一行 3 块样地内所有样方计算每种植物的重要值及多样性指数。群落内的地上生物量采用刈割法，样品收集后带回实验室，在 65 ℃下烘干 24 h 后测其干重。植物重要值与群落多样性按如下公式计算：

植物重要值(IV)：

$$IV = (\text{相对高度} + \text{相对密度} + \text{相对盖度})/3 \tag{7-1}$$

Shannon-Wiener 多样性指数(H)：

$$H = \sum P_i \lg P_i \tag{7-2}$$

Simpson 多样性指数(D)：

$$D = 1 - \sum P_i^2 \tag{7-3}$$

Margalef 丰富度指数(M_a)：

$$M_a = (S-1)/\lg N \tag{7-4}$$

Pielou 均匀度指数(J)：

$$J=(-\sum P_i \lg P_i)/\lg S \tag{7-5}$$

式中 P_i——第 i 个物种的相对密度；

S——物种数目；

N——所有物种个体数之和。

数据处理通过 Excel 和 SPSS17.0 统计软件进行分析。

7.1.1 对地上植物多样性的影响

从 S1 样地至 S9 样地 Simpson 指数、Shannon-Wiener 指数以及 Margalef 指数均呈现出先上升后下降且逐渐趋于稳定的变化趋势，各指数最大值出现在 S4 或 S3 样地，最小值均在 S1 样地；而均匀度指数的变化趋势与前三者不同，呈现先降低后升高的变化趋势，各样地中以 S1 样地的多样性和丰富度指数最小，均匀度指数却最高($J=0.86$)，至 S3 样地均匀度指数最低，之后又逐渐升高。这与 S1 样地所处河岸生境有关，S1 样地生境下，植物种类数量较少，物种多样性低，而均匀度增加。而 S4 样地水位埋深和土壤含水量相对较高，且没有河水的淹没，生境条件优越，能有效满足较多植物的生存，所以 Shannon-Wiener 指数极高($H=2.14$)。随地下水埋深的增加，土壤含水量逐渐降低，一些湿生植物逐渐消失，只有旱生和强旱生植物逐渐增加，形成适应这种生境的稳定群落，所以多样性曲线出现在 S5 处减小，S5 至 S9 趋于平直的现象。如图 7-2 所示。

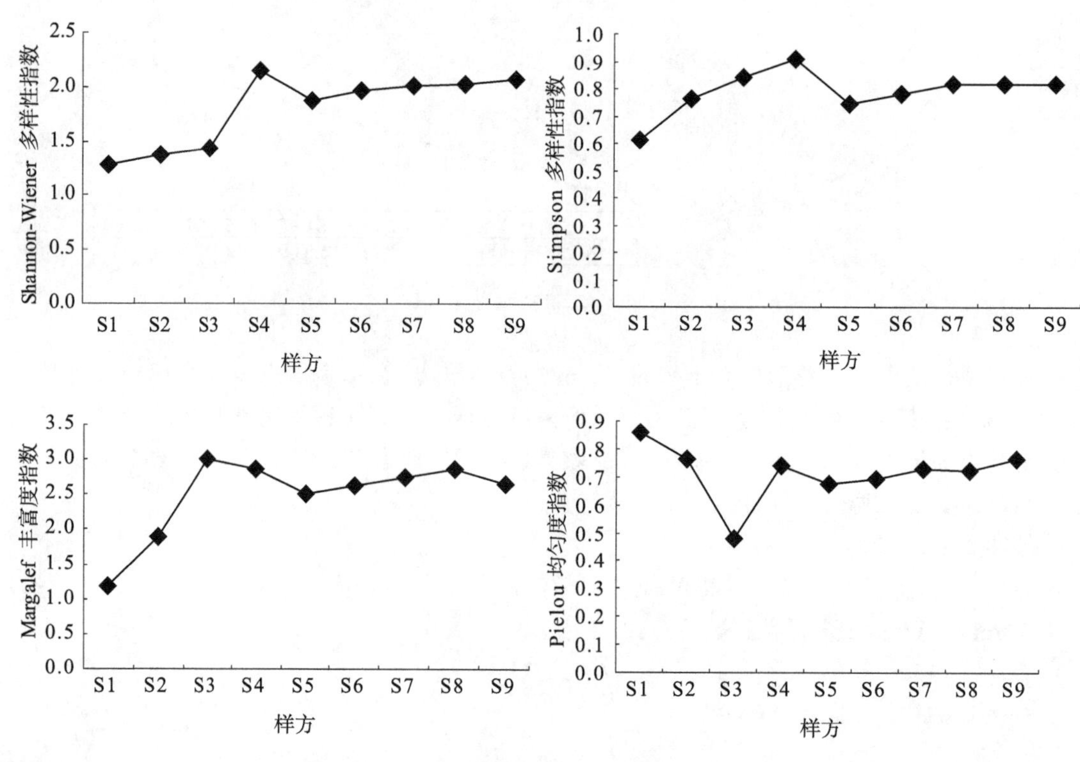

图 7-2 不同埋深样地生物多样性

7.1.2　对植被生态型的影响

由表 7-1 可知，在不同水位埋深的生境梯度下，按植物与水分的关系划分出不同的适应类型，从地下水位埋深 0.2 m 的 S1 样地到地下水位埋深 23.5 m 的 S9 样地，植物适应水分关系类型经历了由湿生植物→中旱生植物→旱生植物→强旱生植物的转变，并且研究区内植被组成中的湿生植物、中生植物、旱生植物和强旱生植物均起建群作用，比如湿生植物有芦苇和苔草，中生植物有芨芨草和赖草，旱生植物有羊草、画眉草和大针茅，强旱生植被有银灰旋花。各样地物种水分适应类型的变化与其所在环境的水分及地下水关系密切。

表 7-1　不同水位埋深下主要物种群落组成和重要值

物　种	样　地								
	S1	S2	S3	S4	S5	S6	S7	S8	S9
大针茅	—	—	0.062 9	0.219 7	0.221 5	0.332 1	0.328	0.318 6	0.309 5
羊草	—	—	0.059 5	0.194 5	0.207 4	0.211 7	0.250 3	0.232 2	0.205 3
糙隐子	—	—	0.018	0.019 8	0.034 3	0.013	0.024 4	0.025 8	0.024 7
银灰旋花	—	—	—	—	0.002 8	0.003 4	0.017 4	0.135 9	0.213 4
尖头叶藜	—	—	0.015 5	0.005 4	0.007 8	0.009 1	0.006 9	0.007 7	0.024 2
细叶鸢尾	—	—	—	—	0.035 3	0.014 2	0.034 7	0.031 5	0.024 7
冰草	—	—	0.005 1	0.069 8	0.068 3	0.073 3	0.062 5	0.021 9	0.039 3
猪毛菜	—	—	0.036 8	0.043 9	0.036 2	0.011 4	0.005	0.014 8	0.019 2
扁蓿豆	—	—	0.009 2	0.039 6	0.015 4	0.016 8	0.019 8	0.014 9	0.017 2
冷蒿	—	—	—	—	0.019 7	0.012 8	0.008 1	0.018 7	0.007 7
刺藜	—	—	0.015 5	0.027 9	0.091 2	0.042 1	0.021 9	0.020 8	0.062 4
糙叶黄芪	—	—	0.002 4	0.035 2	0.025 6	0.019 8	0.014 6	0.035 4	0.016 6
篦齿蒿	—	—	0.007 4	0.077 6	—	—	—	0.024 5	—
画眉草	—	—	0.173 2	0.266 6	0.237 3	0.243 7	0.206 4	0.097 3	0.035 8
赖草	—	0.240 6	0.207 5	—	—	—	—	—	—
芨芨草	—	0.267 2	0.235 4	—	—	—	—	—	—
芦苇	0.208 6	0.122 5	0.065 1	—	—	—	—	—	—
苔草	0.302 5	0.107 6	0.083 1	—	—	—	—	—	—
碱蓬	0.151 6	0.101 9	—	—	—	—	—	—	—
盐生车前	0.173 3	0.160 2	—	—	—	—	—	—	—
金戴戴	0.164 0	—	—	—	—	—	—	—	—

注："—"代表样方中未出现该物种。

7.1.3　对地上植被生物量的影响

地上生物量既是反映草地生态环境的指标，也是判断草地状况和生产潜力的依据。干旱会引起植物水分胁迫，对植物的生长、光合作用、呼吸作用、营养代谢和渗透势等产生不良影响，进一步影响植物的生长发育。不同水位埋深下，各样地的地上生物量的变化如图 7-3 所示。

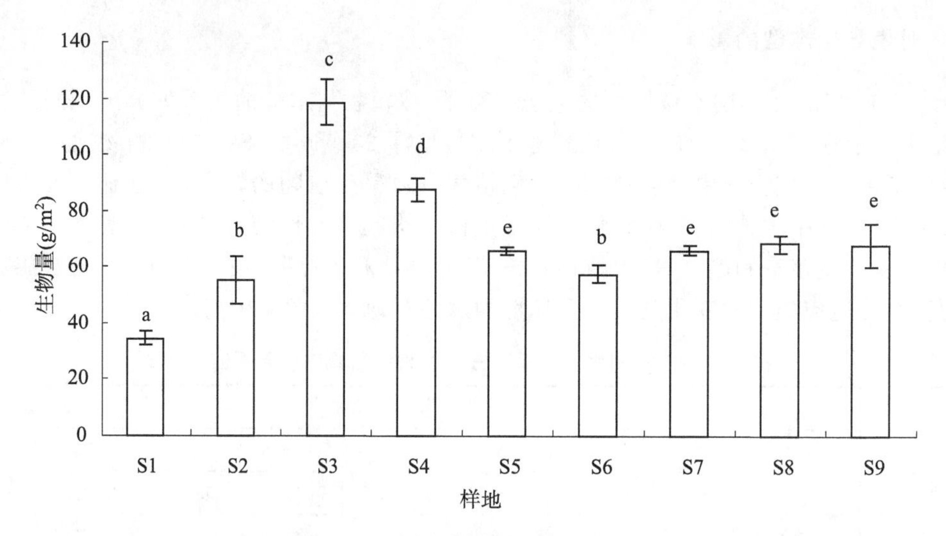

图 7-3　不同水位埋深样方的生物量

由图 7-3 可知，地上生物量随水位埋深的增加呈先增大后减小的趋势，在 S3 样地最大为 118.61 g/m^2，S1 样地最小为 34.60 g/m^2，仅为 S3 样地生物量的 29.17%。虽然 S1 和 S2 样地相对于 S3 处来说水位埋深浅，土壤含水量高，但是由于 S1 和 S2 位于河漫滩处，经常受到河水淹没，而且由于地下水位高，在干旱季节水分蒸发强烈，地表常处于盐渍化状态，因而 S1 和 S2 样地不仅植物种类和数目少于 S3 样地，而且植物种类异于 S3，以矮小耐盐的苔草、芦苇及盐生车前、金戴戴、碱蓬等为主，植物的生长状况较 S3 样地差，故 S1 和 S2 样地的生物量与 S3 处的生物量存在显著性差异性（$P<0.05$）。S5、S7、S8 和 S9 样地的生物量差异性不显著，这是由于随着水位埋深的增加，水位埋深对土壤含水量的影响越来越小，一些存活下来旱生和强旱生植物适应了这种生境且形成了稳定的群落结构，其生长状况也相差不大，导致生物量差异不明显。

7.2　地下水埋深对土壤水分的影响

土壤中的水分主要来自于大气降水和地下水，在一个较小的范围内我们认为降水是均匀分布的，因此土壤含水量的大小取决于地下水位埋深。研究土壤含水量与地下水位埋深的关系目的是确定潜水埋深对土壤含水量的影响范围（深度），然后结合植被的发育，判断出植被对地下水的依赖性，从而得出地下水位埋深与植被之间的关系。

由图 7-4 可以看出，土壤含水量在 0～10 cm、10～20 cm、20～30 cm 和 30～40 cm 土层内变化趋势一致，都随水位埋深的增加土壤含水量呈逐渐减小的趋势。通过对全部剖面的平均含水量与地下水位埋深之间的关系进行分析拟合（图 7-5），建立了如下的关系模型：

$$y=-8.146\ln x+32.732,\quad R^2=0.929 \tag{7-6}$$

式中　y——土壤剖面平均含水量；

x——地下水位埋深；

R^2——相关系数。

有以上关系模型可推算出不同埋深条件下的土壤含水量。结合图 7-4 和图 7-5 可以看出土壤含水量主要受地下水位埋深的影响，当地下水位埋深超过一定深度，则土壤含水量主要受降水量的影响。

在自然状态下，土壤含水量与地下水位埋深有较为明显的相关关系，地下水埋深大小控制土壤含水量分布主要取决于毛细管中水分的上升高度。当潜水位较高时，表层土壤可得到毛管水的补给，使其保持较高的土壤含水量，随潜水位的下降，土壤含水量随毛管水的补给减少而下降，以至土壤有效含水量不能满足植物的生理需要而形成土壤干旱，这种干旱使一些浅根系草本植物和喜水植被无法生存，也迫使一些中生灌木植物的根系向下延伸以获得维持生存与生长的水分。当潜水位下降到一定深度，土壤含水量下降到中生灌木植物难以从土壤中吸收到足以维持其生态的水分，则造成中生灌木植被的衰退与死亡，从而演替为旱生植物。

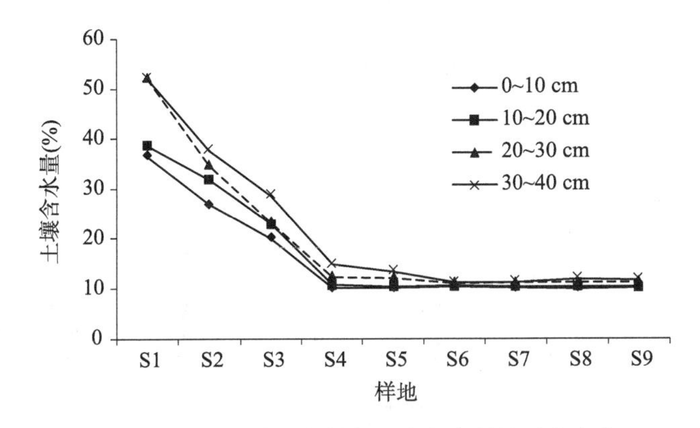

图 7-4　不同水位埋深样方土壤含水量的垂直变化

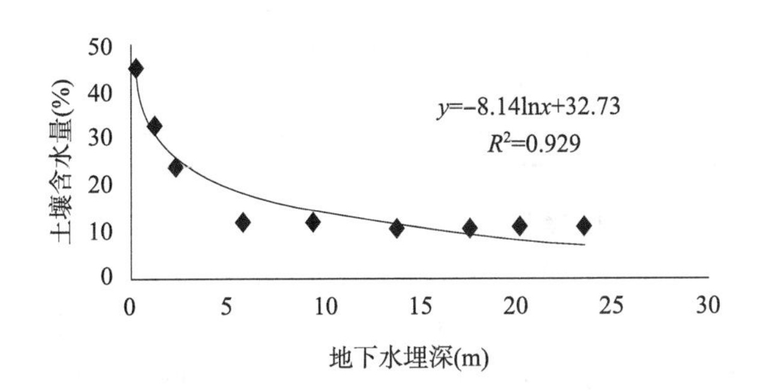

图 7-5　地下水埋深与平均土壤含水量关系图

7.3　地下水埋深对土壤理化性质的影响

7.3.1　地下水埋深对土壤物理性质的影响

1. 地下水位埋深对土壤容重的影响

土壤容重的大小反映了植被对土壤物理性质的改善程度，土壤容重和孔隙度直接影响到土壤的通气性和透水性，是决定土壤水源涵养功能的重要指标。实测结果表明（表 7-2），随着水位埋深的增加 S1 到 S9 样地 0～40 cm 土层土壤容重呈逐渐递增的趋势，其中 S1 样地平均为 1.414 g/cm^3，S2 样地平均为 1.445 g/cm^3，S3 样地平均为 1.495 g/cm^3，S4 样地平均为

1.543 g/cm³，S5 样地平均为 1.604 g/cm³，S6 样地平均为 1.608 g/cm³，S7 样地平均为 1.620 g/cm³，S8 样地平均为 1.632 g/cm³，S9 样地平均为 1.637 g/cm³。

不同水位埋深样地土壤容重垂直变化，由表 7-2 可以看出，S1、S2、S3 和 S4 样地，0～40 cm土层土壤容重有随土层的加深而呈递增的趋势，其中 30～40 cm 土层比 0～10 cm 土层分别增加了 0.110 g/cm³、0.125 g/cm³、0.100 g/cm³和 0.148 g/cm³。这说明 0～40 cm 土层为植物根系的密集区，土壤结构致密而稳固，土体发育 0～10 cm 土层较 30～40 cm 土层好，土壤生态系统基本处于相对稳定且良性循环状态；随着水位埋深的不断增加，地上植被的消退，使植物根系大量死亡，同时地表失去了植被保护，表层土壤风蚀和堆积作用加强，尤其是细粒物质的过量损失，使 0～30 cm 土层结构发生根本变化，土壤容重大幅增加，表现为表层大而下层小的递减规律。

表 7-2 不同水位埋深样方土壤容重变化 （单位：g/cm³）

样　地	0～10 cm	10～20 cm	20～30 cm	30～40 cm	平均 0～40 cm
S1	1.360	1.387	1.440	1.470	1.414
S2	1.393	1.409	1.460	1.518	1.445
S3	1.432	1.459	1.555	1.533	1.495
S4	1.482	1.516	1.544	1.630	1.543
S5	1.604	1.570	1.560	1.683	1.604
S6	1.613	1.653	1.581	1.677	1.608
S7	1.637	1.612	1.618	1.614	1.620
S8	1.638	1.615	1.613	1.660	1.632
S9	1.639	1.624	1.617	1.660	1.637

2. 地下水位埋深对土壤孔隙度的影响

土壤孔隙的大小、数量及分布是土壤物理性质的基础，也是评价土壤结构特征的重要指标。土壤孔隙按其直径的大小可分为毛管孔隙和非毛管孔隙。毛管孔隙具有毛细作用，而且孔隙中水的毛管传导率大，易于被植物吸收利用，它的大小反映了土壤保持水分的能力。非毛管孔隙比较粗大，不具毛细作用，其孔隙中的水分，可在重力作用下排出。它一方面反映土壤的通气状况，另一方面在下雨时，通气孔发达的土壤可以快速吸收雨水，使之不致造成地表径流。

土壤孔隙度的变化与土壤容重的变化呈相反趋势，即容重增加，孔隙度减小。此外，土壤孔隙度和地上植被的生长发育状况密切相关。表 7-3 中显示 S1、S2 和 S3 样地草地植被发育良好，土壤中根系数量多，土层结构发育良好，因此非毛管孔隙度大，总孔隙度相应的也大；随着水位埋深的增加，土壤含水量逐渐减少，植被和草地都逐渐开始退化，植被的覆盖度逐渐减小，相应的 0～40 cm 土层中植被根系数量发生了很大的改变，尤其是多年生草本植被的根系数量的减小，使土壤非毛管孔隙急剧下降，因此土壤总孔隙度也随之下降。在研究区，夏季降雨比较集中，浅根系的一年生的植物在 S6 和 S7 样地中大量进入，使其 10～20 cm 土层内的根系数量相对增多，使其样地中非毛管孔隙有所反弹。

表 7-3　不同水位埋深样方土壤孔隙度变化

孔隙度	土层深度(cm)	S1	S2	S3	S4	S5	S6	S7	S8	S9
毛管孔隙度	0～10	36.54%	35.94%	33.48%	31.59%	31.41%	32.46%	31.71%	32.52%	32.49%
	10～20	36.32%	36.24%	33.74%	28.89%	34.67%	32.23%	33.85%	34.62%	34.76%
	20～30	35.7%	35.94%	35.62%	35.12%	35.04%	32.34%	29.93%	30.89%	31.01%
	30～40	35.65%	35.89%	31.64%	27.93%	30.9%	33.27%	33.16%	30.87%	31.74%
	0～40	36.05%	36.00%	33.62%	30.88%	33.01%	32.58%	32.16%	32.23%	32.50%
非毛管孔隙度	0～10	5.91%	5.81%	5.41%	4.48%	4.23%	4.01%	4.11%	3.28%	3.29%
	10～20	4.45%	4.43%	4.36%	4.51%	3.91%	4.12%	4.41%	3.52%	3.47%
	20～30	4.37%	4.38%	4.31%	4.47%	3.82%	3.59%	4.29%	3.23%	3.21%
	30～40	4.36%	4.39%	4.23%	4.43%	3.43%	3.69%	4.22%	3.20%	3.19%
	0～40	4.77%	4.75%	4.58%	4.47%	3.85%	3.85%	4.26%	3.31%	3.29%
总孔隙度	0～10	42.45%	41.75%	38.89%	36.07%	35.64%	36.47%	35.82%	35.8%	35.78%
	10～20	40.77%	40.67%	38.1%	33.4%	38.58%	36.35%	38.26%	38.14%	38.23%
	20～30	40.07%	40.32%	39.93%	39.59%	38.86%	35.93%	34.22%	34.12%	34.22%
	30～40	40.01%	40.28%	35.87%	32.36%	34.33%	36.96%	37.38%	34.07%	34.93%
	0～40	40.83%	40.76%	37.7%	33.61%	36.70%	36.43%	37.17%	36.66%	36.73%

3. 地下水位埋深对土壤 pH 值的影响

土壤酸碱性是土壤化学指标中的一个重要属性，不仅是影响土壤肥力的一个重要因素，也是土壤在其形成过程中受生物、气候、地质、水文等因素综合作用所产生的重要属性。土壤的酸碱度不同，其供肥能力和植物的生长发育状况也会有差异，同时影响着土壤中微生物数量变化以及微生物分解与合成有机质的能力。土壤 pH 值还严重影响土壤养分的有效性，并可对土壤肥力和宜作性做出较为准确的判断。

由图 7-6 可以看出：各土层中 pH 值的变化趋势基本一致，随着水位埋深的增加都呈逐渐递减的趋势。S1 至 S9 样地垂直剖面 pH 值大小为 0～10 cm＞10～20 cm＞20～30 cm＞30～40 cm，且 S1 至 S9 样地 0～40 cm 土壤中 pH 平均值依次为 8.86、8.65、8.19、7.70、7.21、7.25、7.32、7.37 和 7.49。按照全国第二次土壤普查土壤 pH 值分级标准，一般将酸碱值分为 5 级：pH 值＜5.0 为强酸性，pH 值在 5.0～6.5 为酸性，pH 值在 6.5～7.5 为中性，pH 值在 7.5～8.5 为碱性，pH 值＞8.5 为强碱性。在所测样地土壤中，S1 和 S2 样地为强碱性土壤，S3 和 S4 样地为碱性土壤，S5、S6、S7、S8 和 S9 样地属于中性土壤。其中 S1 和 S2 呈强碱性是因为 S1 和 S2 处水位埋深较浅，而研究区位于旱季水分蒸发强烈，土壤中的碱性离子随水分上移聚集在地表，使 pH 增大，S3 和 S4 处水位适宜，植被生长发育良好，其枯落物分解过程中，可形成大量的有机酸，对碱性盐类起到了中和作用，pH 值有所下降，而 S5 以后地下水位对地表植被的生长发育和 0～40 cm 土层含水量已基本无影响，所以 S5 以后土壤 pH 值处于基本稳定状态。

4. 地下水位埋深对土壤电导率的影响

土壤电导率，即土壤 *EC* 值，是土壤水溶性盐含量，取决与土壤中自由电子(离子)含量和

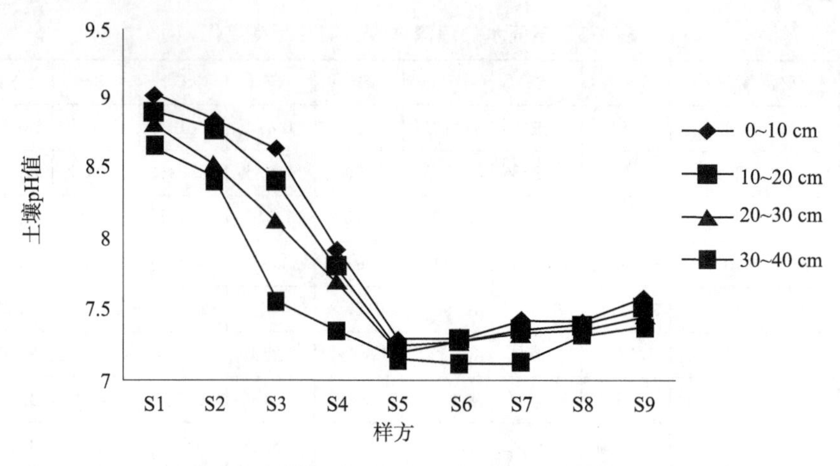

图 7-6 不同水位埋深样方土壤 pH 值变化

数量。在一定浓度条件下,电导率与含盐量呈极显著正相关。因此,土壤浸提液的电导率能反映出土壤含盐量,反映出盐分是否是影响作物的生长和土地生产力提高的限制因素。

由图 7-7 可以看出,土壤电导率在 0～40 cm 土层中的动态趋势基本一致,都表现为先上升后下降的趋势,其中 S2 处电导率值最高。在垂直剖面上,土壤电导率随土层深度的增加而呈递减趋势。S1 和 S2 处地下水位埋深浅,在旱季由于水分蒸发强烈,致使土壤中的盐分随水分上移而在地表聚集,但 S1 处位于河流漫滩,受到河水的淹没,河水的淋洗作用致使土壤中的盐分含量下降,而出现了 S2 处的电导率高于 S1 处的现象。S3 和 S4 处水位适宜,植被生长发育良好,植被盖度增加,植物蒸腾取代了地面蒸发,避免了蒸发造成的地表积盐,S5 处以后地下水位埋深较大,地下水已无法通过毛管对表层土壤水分进行补给,从而减少了因蒸发而造成的地表积盐。

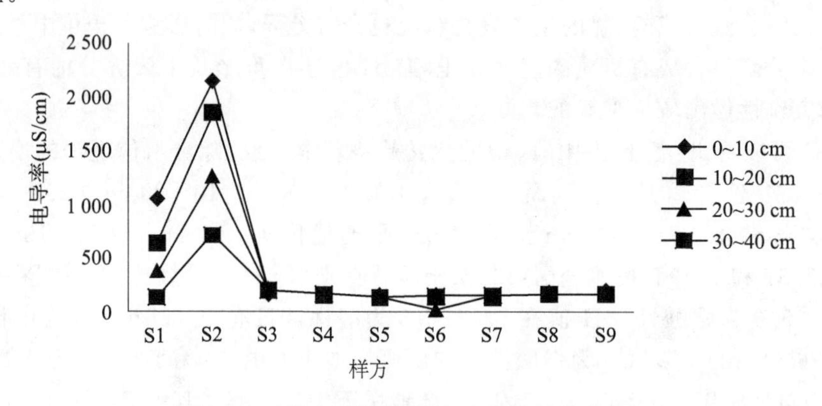

图 7-7 不同水位埋深样方土壤电导率变化

7.3.2 地下水埋深对土壤化学性质的影响

1. 地下水位埋深对土壤中有机质的影响

土壤有机质是评价土壤质量的一个重要指标,它不仅能增强土壤的保肥和供肥能力,提高土壤养分的有效性,而且可促进团粒结构的形成,改善土壤的透水性、蓄水能力及通气性,增强土壤的缓冲性等。由表 7-4 可以看出,随着土层深度和水位埋深的变化,土壤有机质在不同水位埋深下0～10 cm土层含量的顺序依次是S1＞S2＞S3＞S4＞S5＞S6＞S7＞S8＞S9；10～20 cm土层中的顺序为S1＞S2＞S3＞S4＞S5＞S6＞S7＞S8＞S9；20～30 cm土层中的顺序为S2＞S1＞S7＞S3＞S8＞S4＞S9＞S6＞S5；30～40 cm土层中的顺序为S2＞S1＞S7＞S8＞S6＞S9＞S3＞S4＞S5；不同水位埋深下，土壤有机质含量在不同深度土层的垂直分布相同，有机质含量都随土层深度的增加呈减少趋势。

表7-4 不同水位埋深下土壤有机质含量 （单位：g/kg）

样地	土层深度(cm)			
	0～10	10～20	20～30	30～40
S1	24.50±1.01aA	23.80±0.52aA	20.27±1.33bA	13.89±0.96cA
S2	23.01±0.11aB	21.87±0.18bB	21.34±0.43bB	19.26±0.26cB
S3	22.02±0.69aC	15.11±0.71bC	10.19±1.42cC	7.80±1.03dC
S4	20.14±0.52aD	13.58±0.37bD	9.67±0.44cD	7.69±0.25dD
S5	18.68±0.04aE	10.30±0.08bE	8.40±0.06cE	7.58±0.11cE
S6	16.32±0.76aF	10.87±0.52bF	9.26±1.02cF	8.58±0.92cF
S7	15.30±2.67aF	10.51±1.40bF	10.46±1.24bC	10.25±1.33bG
S8	15.41±1.87aF	10.46±1.00bF	9.88±0.48bF	8.90±0.70cF
S9	14.21±0.57aG	10.48±1.47aF	9.42±2.44bF	8.34±1.58bF

注：字母不同表示在$P<0.05$水平上差异性显著；大写字母表示不同水位埋深的比较；小写字母表示参数在不同土层深度的比较，下同。

2. 地下水位埋深对土壤中全氮的影响

氮是生态系统中最丰富的元素之一，也是大多数农业和自然陆地生态系统初级生产过程中最受限制的元素之一。全氮是指土壤中所有化学形态氮的总和，是标志土壤氮素总量和供应植物有效氮素的源和库，综合反映了土壤的氮素状况。由表7-5可以看出，随着土层深度和水位埋深的变化，土壤全氮在不同水位埋深下0～10 cm土层含量的顺序依次是S1＞S2＞S3＞S4＞S5＞S7＞S8＞S9＞S6；10～20 cm土层中的顺序为S1＞S3＞S4＞S7＞S9＞S8＞S6＞S2＞S5；20～30 cm土层中的顺序为S3＞S8＞S7＞S9＞S6＞S4＞S5＞S1＞S2；30～40 cm土层中的顺序为S7＞S9＞S8＞S6＞S3＞S5＞S4＞S1＞S2；不同水位埋深下，土壤全氮含量在不同深度土层的垂直分布相同，全氮含量都随土层深度的增加呈减少趋势。

表7-5 不同水位埋深下土壤全氮含量 （单位：g/kg）

样地	土层深度(cm)			
	0～10	10～20	20～30	30～40
S1	1.39±0.07aA	1.01±0.44bA	0.48±0.09cA	0.45±0.11cA
S2	1.25±0.17aB	0.61±0.15bB	0.39±0.05bB	0.35±0.31bB
S3	1.01±0.45aC	0.87±0.22bC	0.79±0.14bC	0.56±0.07cC
S4	0.94±0.08aD	0.78±0.10aD	0.54±0.04bD	0.48±0.05bA
S5	0.88±0.08aE	0.57±0.18aB	0.53±0.27aD	0.52±0.02aD

续上表

样　地	土层深度(cm)			
	0～10	10～20	20～30	30～40
S6	0.72±0.02aF	0.63±0.01bB	0.58±0.03bE	0.59±0.06bC
S7	0.86±0.30aE	0.71±0.04aF	0.66±0.25aF	0.68±0.35aE
S8	0.84±0.22aE	0.65±0.13bF	0.68±0.06bF	0.63±0.08cF
S9	0.82±0.79aE	0.68±0.11bF	0.65±0.25bF	0.64±0.06bF

3. 地下水位埋深对土壤中水解氮的影响

土壤全氮在土壤微生物的参与下才能转化为水解氮被植物直接吸收利用。土壤中水解氮含量的多少，既反映了土壤中氮肥的供应强度，也说明了土壤中氮肥有效化的程度，所以土壤水解氮含量更能反映土壤氮的供应能力。由表 7-6 可以看出，土壤水解氮在不同水位埋深下 0～10 cm 土层含量的顺序依次是 S1＞S2＞S3＞S4＞S5＞S6＞S7＞S8＞S9；10～20 cm 土层中的顺序为 S1＞S2＞S3＞S4＞S6＞S5＝S8＞S9＞S7；20～30 cm 土层中的顺序为 S1＞S2＞S5＞S8＞S4＞S3＞S6＞S7＞S9；30～40 cm 土层中的顺序为 S1＞S5＞S4＞S7＞S2＞S3＞S6＞S9＞S8；不同水位埋深下，土壤水解氮含量在不同深度土层的垂直分布相同，水解氮含量都随土层深度的增加呈减少趋势。

表 7-6　不同水位埋深下土壤水解氮含量　　(单位：mg/kg)

样　地	土层深度 cm			
	0～10	10～20	20～30	30～40
S1	1.94±0.29aA	1.11±0.24bA	0.97±0.17cA	0.42±0.09dA
S2	0.97±0.05aB	0.83±0.09bB	0.69±0.03cB	0.29±0.04dB
S3	0.83±0.20aC	0.55±0.39bC	0.35±0.10cC	0.27±0.18dB
S4	0.61±0.11aD	0.53±0.09bD	0.37±0.12cC	0.36±0.07cC
S5	0.55±0.19aE	0.42±0.01bE	0.42±0.10bD	0.41±0.09bA
S6	0.47±0.04aF	0.43±0.10aE	0.32±0.07bE	0.28±0. 11bB
S7	0.45±0.03aF	0.28±0.05bF	0.21±0.02bF	0.35±0.04cC
S8	0.44±0.04aF	0.42±0.01aE	0.41±0.02aD	0.12±0.07bH
S9	0.43±0.10aF	0.39±0.19aG	0.20±0.21bF	0.18±0.15bB

4. 地下水位埋深对土壤中全磷的影响

磷是生命活动必须的营养元素之一，它参与物质能量的合成与运转，土壤磷含量的提高不仅可提高植物的种子产量，而且对于提高植物抗病性、抗寒性和抗旱性也有良好作用，因而在研究土壤养分时，土壤磷含量是重要的研究内容之一。由表 7-7 可以看出，土壤全磷在不同水位埋深下 0～10 cm 土层含量的顺序依次是 S1＞S2＞S3＞S4＞S5＞S6＞S7＞S8＞S9；10～20 cm土层中的顺序为 S1＞S2＞S3＞S6＞S4＝S7＞S8＞S9＞S5；20～30 cm 土层中的顺序为 S1＞S2＞S3＞S4＞S8＞S9＞S5＝S7＞S6；30～40 cm 土层中的顺序为 S1＞S2＞S3＞S4＞S8＞S5＞S6＞S7＞S9；不同水位埋深下，土壤全磷含量在不同深度土层的垂直分布相同，全磷含量都随土层深度的增加呈减少趋势。

表 7-7　不同水位埋深下土壤全磷含量　　（单位：g/kg）

样　地	土层深度(cm)			
	0～10	10～20	20～30	30～40
S1	0.95±0.32aA	0.87±0.17bA	0.74±0.08cA	0.55±0.11dA
S2	0.75±0.21aB	0.50±0.14bB	0.46±0.07cB	0.36±0.12dB
S3	0.64±0.16aC	0.42±0.18bC	0.40±0.08cC	0.34±0.03dB
S4	0.51±0.01aD	0.37±0.14bD	0.34±0.08cD	0.32±0.03dC
S5	0.46±0.07aE	0.30±0.10bE	0.29±0.11bE	0.28±0.15bD
S6	0.44±0.09aE	0.38±0.13bD	0.28±0.01cE	0.27±0.07cD
S7	0.43±0.12aE	0.37±0.10bD	0.29±0.11cE	0.26±0.15dD
S8	0.41±0.19aE	0.34±0.02bF	0.32±0.17cE	0.31±0.08dC
S9	0.39±0.20aE	0.32±0.01bF	0.31±0.05cE	0.24±0.02dE

5. 地下水位埋深对土壤中有效磷的影响

土壤有效磷的含量随土壤类型、气候、施肥水平、灌溉、耕作栽培措施等条件的不同而异。有效磷是能被植物直接吸收利用的营养元素，土壤中有效磷与土壤的矿化作用、植物的吸收量、牲畜排泄物量有关。由表7-8可以看出，土壤有效磷在不同水位埋深下0～10 cm土层含量的顺序依次是S1>S2>S3>S4>S6>S5>S7>S9>S8；10～20 cm土层中的顺序为S1>S2>S3>S6>S5>S4>S7>S9>S8；20～30 cm土层中的顺序为S3>S2>S1>S5>S6>S9>S7>S4>S8；30～40 cm土层中的顺序为S1>S2>S5>S6>S7>S9>S3>S8>S4；不同水位埋深下，土壤有效磷含量在不同深度土层的垂直分布相同，有效磷含量都随土层深度的增加呈减少趋势。

表 7-8　不同水位埋深下土壤有效磷含量　　（单位：mg/kg）

样　地	土层深度(cm)			
	0～10	10～20	20～30	30～40
S1	2.20±0.03aA	2.06±0.01bA	1.02±0.02cA	1.04±0.01dA
S2	2.12±0.11aB	2.05±0.08bA	1.04±0.03cA	1.01±0.01dA
S3	1.47±0.52aC	1.33±0.48bB	1.29±0.33cB	0.58±0.07dB
S4	1.21±0.11aD	0.85±0.09bC	0.68±0.13cC	0.33±0.10dC
S5	1.02±0.22aE	0.92±0.14bD	0.88±0.09cD	0.81±0.03dD
S6	1.07±0.41aE	1.02±0.16bE	0.87±0.09cD	0.80±0.04cD
S7	1.01±0.31aE	0.83±0.27bC	0.75±0.18cE	0.78±0.32cD
S8	0.97±0.92aE	0.51±0.18bF	0.32±0.09cF	0.42±0.31dE
S9	1.00±0.12aE	0.66±0.11bG	0.77±0.01cE	0.75±0.07cD

由表7-4～表7-8可以看出不同水位埋深下的土壤有机质、全氮、水解氮、全磷和有效磷的剖面垂直分布具有层次性，主要表现为0～10 cm土层>10～20 cm土层>20～30 cm土层>30～40 cm土层，各养分的变化趋势体现了植被对养分积累的表聚效应。植物根系要从土壤中大量吸收养分以保证植物生长的营养需要，同时植物吸收的养分又主要以凋落物和死亡根系的形式归还给土壤，由于研究区气候寒冷，凋落物分解缓慢，在土壤表层积累较多，这些因素共同作用导致了土壤养分的表聚。随着水位埋深的增加土壤各养分含量在0～10 cm土层都

呈减小的趋势，且 S1、S2、S3 和 S4 处土壤各养分含量存在显著差异（$P<0.05$），而 S5、S6、S7、S8 和 S9 处土壤各养分含量差异不显著（$P>0.05$）；在 10～20 cm、20～30 cm、和 30～40 cm 土层中土壤各养分含量无明显规律。

7.4 灌溉人工草地周边植被盖度的变化

在白音锡勒牧场灌区周边选择典型样线进行调查，样线分布如图 7-8 所示为 B1 至 B12 的分布图，其中 B1～B7 相邻两点间距离为 50 m；B12 距左边灌区为 6 m；B11～B10 之间距离为 30 m；B10～B9 为 40 m；B9～B8 为 40 m；B8 距离右灌区为 10 m。

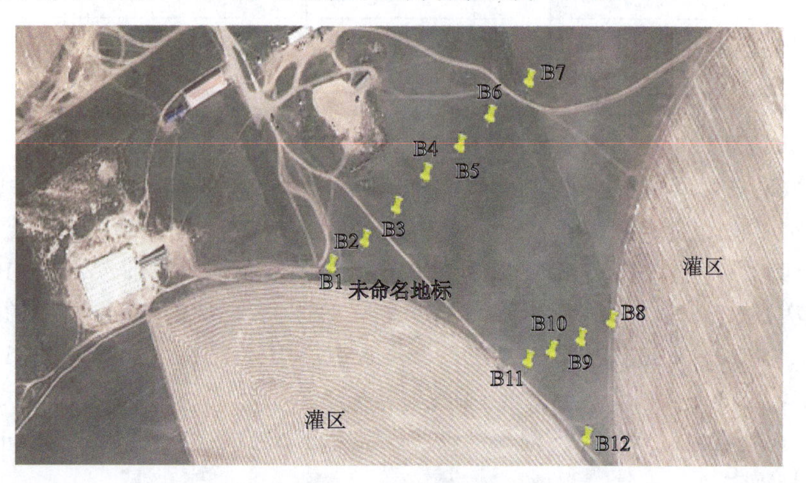

图 7-8 白音锡勒牧场调查样点分布图

盖度指植物地上部分垂直投影的面积占地面的比率，这是一个重要的数量指标，反映了地面上的生存空间群落总盖度。

由图 7-9 可见，随着距灌溉区距离的增加植被盖度呈现出递减的趋势，其中距离灌溉区最近的 B1 样地植被盖度最大达到了 95%，B9、B10 和 B12 植被盖度最低为 57.5%，在 B9 以后植被盖度基本稳定在 57.5%左右。灌溉区进行灌溉和施肥后对灌溉区外一定范围内的土壤水分和养分有一定的影响，距离灌溉区较近地方的土壤的水分和养分状况比较远地方的要好，致使较近区植被的生长和发育状况较较远区好，所以植被盖度才会出现随距灌溉区距离的增加而逐渐减低，但随着距离的增加，在超出灌溉区影响范围后，植被盖度基本上不再变化。

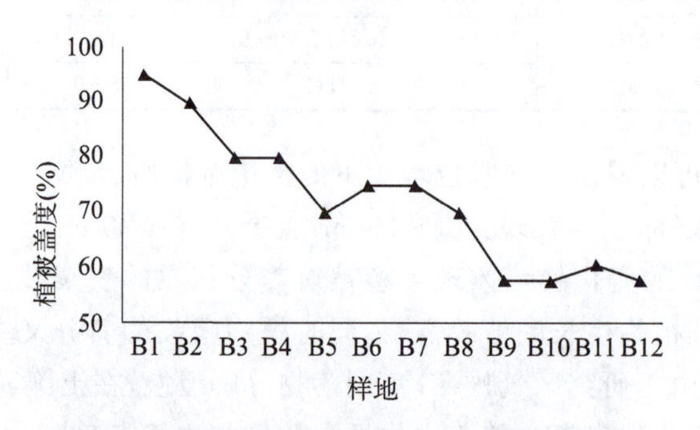

图 7-9 距灌溉区不同距离下样地植被盖度变化

7.5 灌溉人工草地周边植被多样性的变化

图 7-10 为距灌溉区不同距离样地植被生物多样性的变化，由图可以看出随着距离灌溉区的距离的增加，各样地的 Simpson 指数、Shannon-wiener 指数、Pielou 指数和 Margalef 指数无明显的变化。其中 Simpson 指数、Shannon-wiener 指数和 Pielou 指数的波动规律基本一致，而 Margalef 指数波动规律与其余三个指数相反。人为的灌溉对灌溉区周边植被的多样性无显著的影响，是因为人为的灌溉只对灌溉区的周边一定范围内的土壤水分起到一定的影响，这些只是影响到了植被的生长状况，还不足以改变周围植被的群落结构。

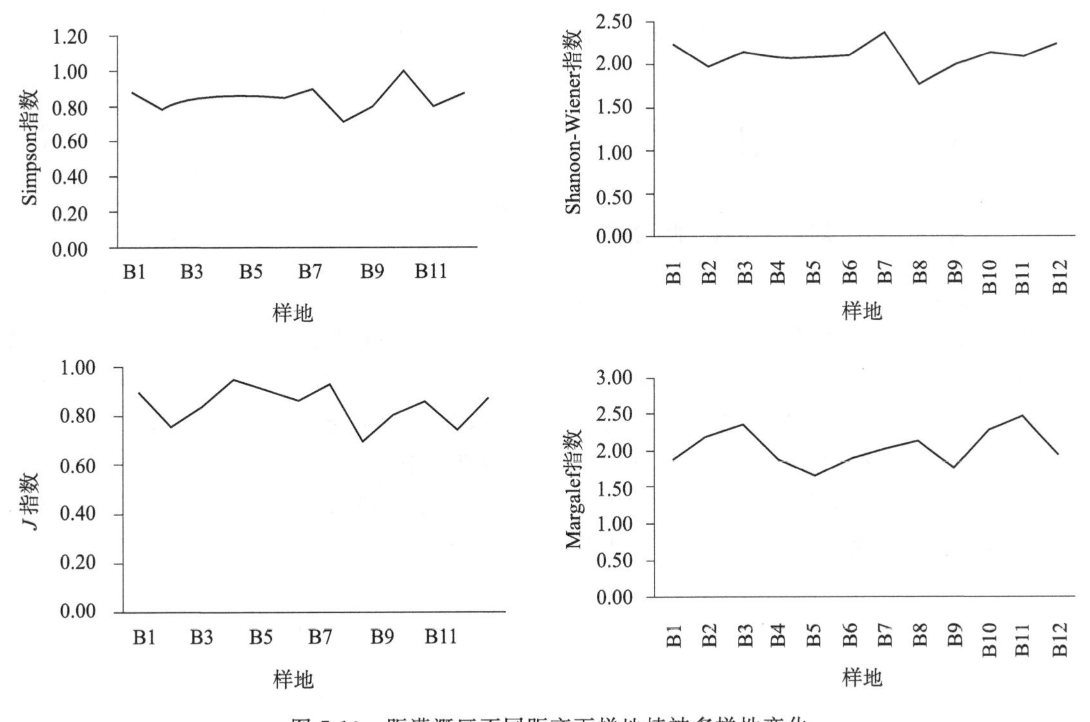

图 7-10 距灌溉区不同距离下样地植被多样性变化

7.6 灌溉人工草地周边生物量的变化

图 7-11 为距灌溉区不同距离下样地植被生物量的变化，由图可以看出随着距离的增加生物量程递减趋势，其中 B1 生物量最大为 291.74 g/m²，B9 最小为 160.29 g/m²。B1 由于距离灌溉区最近，受灌溉区人工灌溉和施肥的影响，其土壤水分和养分较适宜，植被生长和发育状况好，植被地上生物量较好，而随着样地离灌溉区距离的增大，其受灌溉区的影响也越来越小，直至超出灌溉区的影响范围之后，植被的地上生物量基本稳定。B2 生物量比 B3 低，主要是人为踩踏原因所致。

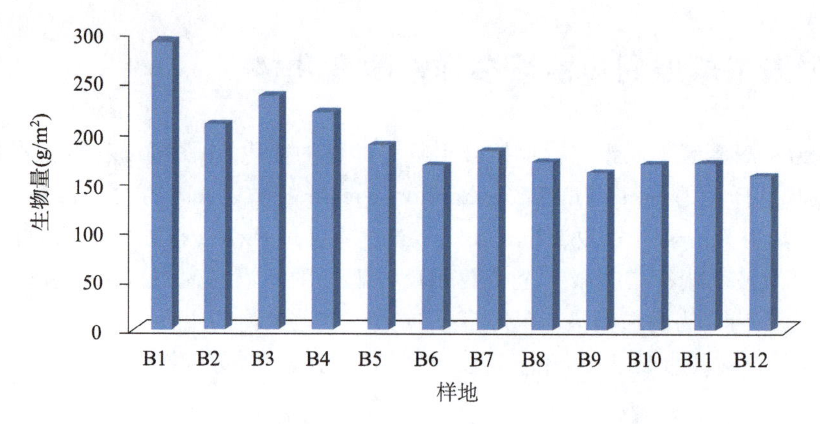

图 7-11 距灌溉区不同距离下样地植被生物量变化

7.7 灌溉人工草地周边土壤理化性质的变化

7.7.1 灌溉人工草地周边土壤物理性质的变化

1. 灌溉人工草地周边土壤含水量的变化

图 7-12 为距灌溉区不同距离下样地土壤含水量的变化，由图可以看出在垂直剖面上土壤含水量依次为 0～10 cm 土层＞10～20 cm 土层＞30～40 cm 土层＞20～30 cm 土层，出现这种情况是因为在取样前试验区降雨所致，且由于降雨较小，湿润层小于 20 cm，未对 20 cm 以下土壤含水量造成影响，所以 30～40 cm 土层含水量高于 20～30 cm 土层含水量，具体原因还有待于进一步研究。随着距离灌溉区距离的增大土壤含水量呈递减趋势，这是因为灌溉区的人为灌溉对灌溉区周边一定范围内的土壤含水量造成了影响。

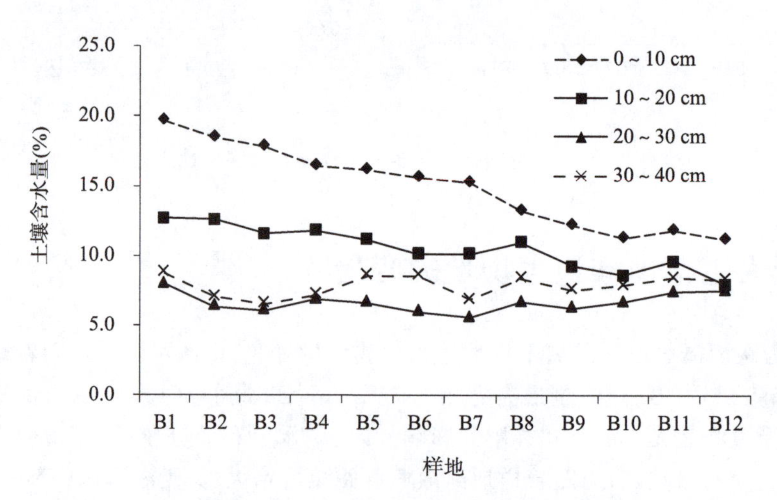

图 7-12 距灌溉区不同距离下样地土壤含水量变化

2. 灌溉人工草地周边土壤孔隙度的变化

表 7-9 为距灌溉区不同距离下样地土壤孔隙度变化，由表可以看出随着距离灌溉区距离

的增大，土壤总孔隙度和非毛管孔隙度表现出一致递减的趋势，这是由于随着距离灌溉区距离的增大，样地中的植被生长发育状况逐渐变差，土壤中根系也相应的变少，因此非毛管孔隙度也逐渐减小，所以土壤总孔隙度也随之降低。在 0～40 cm 土壤垂直剖面上土壤总孔隙度和非毛管孔隙度一致都随着土层深度的增加而减小，这表明在 0～40 cm 土层中根系的数量为由上向下逐渐减少。

表 7-9　距灌溉区不同距离下样地土壤孔隙度变化

样地	总孔隙度				毛管孔隙度				非毛管孔隙度			
	0～10 cm	10～20 cm	20～30 cm	30～40 cm	0～10 cm	10～20 cm	20～30 cm	30～40 cm	0～10 cm	10～20 cm	20～30 cm	30～40 cm
B1	48.94%	46.49%	43.78%	42.14%	40.95%	38.77%	36.62%	37.06%	7.99%	7.72%	6.72%	5.52%
B2	47.88%	46.28%	42.83%	41.57%	40.32%	38.82%	36.27%	37.13%	7.56%	7.46%	6.56%	5.44%
B3	47.52%	45.05%	41.76%	40.94%	40.14%	38.42%	35.29%	35.59%	7.38%	6.63%	6.47%	5.35%
B4	46.66%	43.99%	40.90%	40.54%	39.41%	37.56%	34.51%	35.33%	7.25%	6.43%	6.39%	5.21%
B5	44.33%	43.71%	40.01%	39.79%	37.22%	37.50%	34.30%	34.81%	7.11%	6.21%	5.71%	4.98%
B6	43.49%	42.25%	38.89%	39.65%	36.72%	36.10%	33.22%	34.89%	6.77%	6.15%	5.67%	4.76%
B7	42.81%	41.72%	39.91%	37.89%	36.54%	35.61%	34.47%	33.20%	6.27%	6.11%	5.44%	4.69%
B8	42.20%	40.96%	39.07%	37.76%	36.01%	35.11%	33.68%	33.08%	6.19%	5.85%	5.39%	4.68%
B9	41.83%	39.93%	39.15%	37.72%	35.65%	34.06%	33.74%	33.02%	6.18%	5.87%	5.41%	4.70%
B10	40.37%	39.12%	39.38%	37.49%	34.16%	33.28%	33.98%	32.80%	6.21%	5.84%	5.40%	4.69%
B11	39.92%	36.41%	39.03%	37.53%	33.72%	30.55%	33.65%	32.82%	6.20%	5.86%	5.38%	4.71%
B12	38.32%	36.06%	39.10%	37.48%	32.13%	30.27%	33.69%	32.81%	6.19%	5.79%	5.41%	4.67%

3. 灌溉人工草地周边土壤 pH 值的变化

图 7-13 为距灌溉区不同距离下样地土壤 pH 值的变化，由图可以看出随着距灌溉区距离的增大土壤 pH 值呈递增趋势，在垂直剖面上土壤 B1 和 B2 处 pH 值大小依次为 30～40 cm 土层＞20～30 cm 土层＞10～20 cm 土层＞0～10 cm 土层，B3 至 B12 处 pH 值大小与之相反为 0～10 cm 土层＞10～20 cm 土层＞20～30 cm 土层＞30～40 cm 土层，这是因为在植被生长旺盛时期，养分吸收速度快，根系代谢强度大，而且 B1 和 B2 处受到灌溉区施肥的影响土壤 pH 值减小。而 B3 以后超出灌溉区影响范围，在自然状态下由于植被的盖度减小，土壤蒸发的加强，土壤中的碱性离子随水分向地表聚集，使 pH 值增大。

4. 灌溉人工草地周边土壤电导率的变化

图 7-14 为距灌溉区不同距离下样地土壤电导率的变化，由图可以看出随着距灌溉区距离的增大电导率呈递增趋势，在土壤垂直剖面上电导率大小依次为 0～10 cm 土层＞10～20 cm 土层＞20～30 cm 土层＞30～40 cm 土层。本地区为干旱区，水分蒸发强烈，土壤中盐分随水分蒸发聚集地表，致使土壤上层中的盐分要高于下层，而灌溉区影响范围内的样地受灌溉区水肥的影响植被生长和发育状况要好于影响区以外的样地，植物蒸腾取代了地面蒸发，避免了蒸发造成的地表积盐，所以 B1 至 B4 样地的电导率低于其他样地。

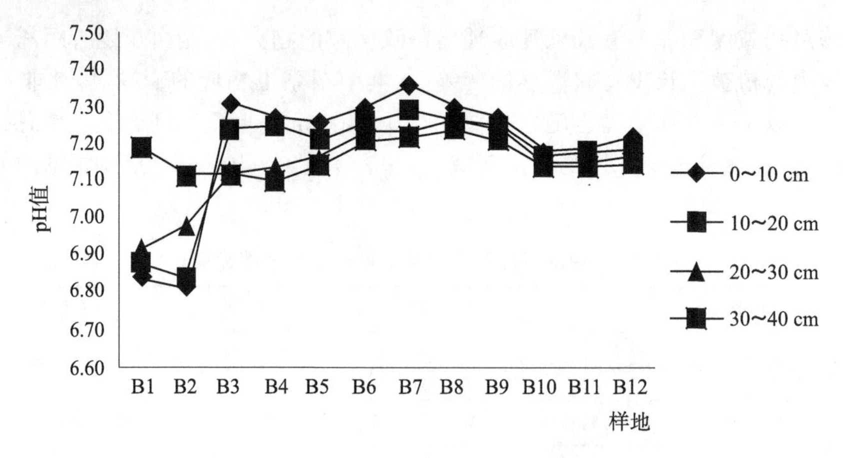

图 7-13 距灌溉区不同距离下样地土壤 pH 值变化

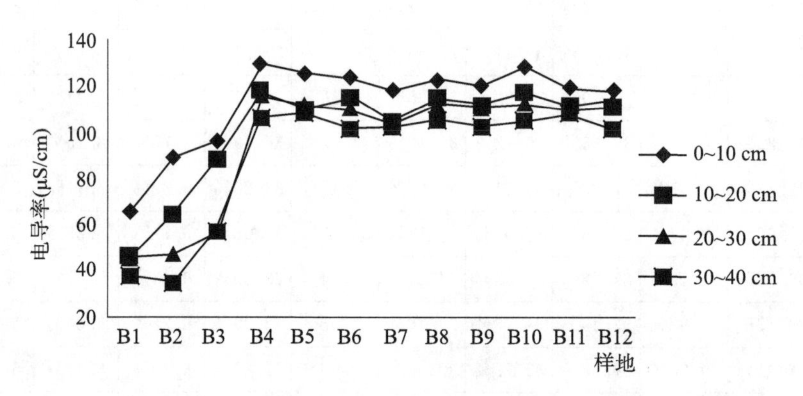

图 7-14 距灌溉区不同距离下样地土壤电导率变化

7.7.2 灌溉人工草地周边土壤化学性质的变化

1. 灌溉人工草地周边土壤有机质的变化

表 7-10 为距灌溉区不同距离下土壤有机质含量的变化，由表可以看出，随着距灌溉区距离的增加，土壤中有机质含量整体呈下降且逐渐稳定的趋势。在 0～10 cm 土层中土壤有机质含量表现为 B1＞B2＞B4＞B5＞B3＞B11＝B8＞B10＞B9＞B7＞B12＞B6；在 10～20 cm 土层中土壤有机质含量表现为 B6＞B4＞ B8＞B1＞B2＞B5＞B9＞B12＞B7＞B10＞B11＞B3；在 20～30 cm 土层中土壤有机质含量表现为 B7＞B4＞B7＞B6＞B8＞B10＞B9＞B5＞B11＞B3＞B12＞B2；在 30～40 cm 土层中土壤有机质含量表现为 B8＞B9＞B10＞B1＞B12＞B11＞B7＞B6＞B5＞B2＞B4＞B3；在 0～40 cm 的垂直土壤剖面上样地各土层中土壤有机质含量变化趋势一致，都随着土层深度的增加呈递减趋势。

表 7-10 距灌溉区不同距离下土壤有机质含量 (单位：g/kg)

样 地	土层深度(cm)			
	0～10	10～20	20～30	30～40
B1	26.97	15.91	14.63	12.41

续上表

样　　地	土层深度(cm)			
	0～10	10～20	20～30	30～40
B2	26.72	15.10	10.98	11.40
B3	25.90	12.79	12.05	10.25
B4	26.35	16.50	13.79	10.70
B5	26.11	14.98	12.62	11.49
B6	21.30	16.83	13.29	11.62
B7	23.59	14.07	13.35	11.75
B8	24.17	15.92	13.27	13.98
B9	23.83	14.83	12.77	13.15
B10	24.06	13.21	12.86	12.76
B11	24.17	13.13	12.47	11.81
B12	21.61	14.15	11.53	11.98

2. 灌溉人工草地周边土壤全氮含量的变化

表 7-11 为距灌溉区不同距离下土壤全氮含量的变化，由表可以看出，随着距灌溉区距离的增加，土壤中全氮含量整体呈下降且逐渐稳定的趋势，在 0～10 cm 土层中土壤全氮含量表现为 B1＞B2＞B5＞B6＞B3＞B8＞B11＞B4＞B10＞B9＞B7＞B12；在 10～20 cm 土层中土壤全氮含量表现为 B1＞B3＞ B2＞B5＞B4＞B10＞B9＞B7＞B8＞B6＞B11＞B12；在 20～30 cm 土层中土壤全氮含量表现为 B4＞B10＞B9＞B7＞B11＞B5＞B8＞B12＞B1＞B6＞B3＞B2；在 30～40 cm 土层中土壤全氮含量表现为 B10＞B9＞B6＞B8＝B11＞B7＝B4＞B2＝B12＞B5＞B3＞B1；在 0～40 cm 的垂直土壤剖面上样地各土层中土壤全氮含量变化趋势一致，都随着土层深度的增加呈递减趋势。

表 7-11　距灌溉区不同距离下土壤全氮含量　　(单位：g/kg)

样　　地	土层深度 cm			
	0～10	10～20	20～30	30～40
B1	1.95	1.09	0.70	0.51
B2	1.66	0.94	0.58	0.61
B3	1.53	1.01	0.62	0.55
B4	1.45	0.92	0.87	0.66
B5	1.56	0.93	0.75	0.59
B6	1.54	0.82	0.67	0.71
B7	1.34	0.86	0.77	0.66
B8	1.52	0.85	0.74	0.69
B9	1.36	0.88	0.77	0.72

续上表

样地	土层深度 cm			
	0～10	10～20	20～30	30～40
B10	1.39	0.90	0.79	0.77
B11	1.48	0.81	0.76	0.69
B12	1.31	0.78	0.71	0.61

3. 灌溉人工草地周边土壤水解氮的变化

表 7-12 为距灌溉区不同距离下土壤水解氮含量的变化，由表可以看出，随着距灌溉区距离的增加，土壤中水解氮含量整体呈下降且逐渐稳定的趋势，在 0～10 cm 土层中土壤水解氮含量表现为 B1＞B2＞B4＞B3＞B5＞B12＞B9＞B10＞B8＞B6＞B11＞B7；在 10～20 cm 土层中土壤水解氮含量表现为 B5＞B1＞B3＞B4＞B2＞B6＞B7＞B8＞B11＞B10＞B9＞B12；在 20～30 cm 土层中土壤水解氮含量表现为 B3＞B6＞B7＞B9＞B8＞B11＞B10＞B2＞B4＞B12＞B1＞B5；在 30～40 cm 土层中土壤水解氮含量表现为 B3＞B7＞B8＞B9＞B2＞B6＞B12＞B10＞B11＞B4＞B1＞B5；在 0～40 cm 的垂直土壤剖面上样地各土层中土壤水解氮含量变化趋势一致，都随着土层深度的增加呈递减趋势。

表 7-12 距灌溉区不同距离下土壤水解氮含量 (单位：mg/kg)

样地	土层深度(cm)			
	0～10	10～20	20～30	30～40
B1	1.39	0.83	0.28	0.28
B2	1.25	0.55	0.42	0.42
B3	1.11	0.69	0.62	0.49
B4	1.11	0.58	0.42	0.28
B5	0.97	0.83	0.28	0.28
B6	0.83	0.55	0.52	0.42
B7	0.73	0.55	0.48	0.44
B8	0.84	0.55	0.44	0.42
B9	0.89	0.44	0.47	0.42
B10	0.86	0.44	0.42	0.38
B11	0.82	0.45	0.43	0.34
B12	0.89	0.44	0.42	0.38

4. 灌溉人工草地周边土壤全磷含量的变化

表 7-13 为距灌溉区不同距离下土壤全磷含量的变化，由表可以看出，随着距灌溉区距离的增加，土壤中全磷含量整体呈下降且逐渐稳定的趋势，在 0～10 cm 土层中土壤全磷含量表现为 B1＞B2＞B3＞B11＞B5＞B9＞B4＞B12＞B6＞B7＞B8＞B10；在 10～20 cm 土层中土壤全磷含量表现为 B1＞B2＞B3＞B4＞B5＞B11＞B7＞B9＞B12＞B10＞B6＞B18；在 20～30 cm 土

层中土壤全磷含量表现为 B1>B2>B4>B3>B9>B7>B6>B5>B10>B12>B8>B11；在 30～40 cm 土层中土壤全磷含量表现为 B1>B2>B4>B3>B6>B7>B5>B8>B9>B11>B10>B12；在 0～40 cm 的垂直土壤剖面上样地各土层中土壤全磷含量变化趋势一致，都随着土层深度的增加呈递减趋势。

表 7-13　距灌溉区不同距离下土壤全磷含量　　（单位：g/kg）

样　地	土层深度(cm)			
	0～10	10～20	20～30	30～40
B1	1.32	0.91	0.87	0.73
B2	1.27	0.86	0.83	0.65
B3	1.20	0.84	0.62	0.55
B4	0.80	0.69	0.63	0.60
B5	0.84	0.67	0.55	0.52
B6	0.78	0.54	0.56	0.54
B7	0.75	0.62	0.57	0.54
B8	0.73	0.50	0.46	0.51
B9	0.81	0.61	0.57	0.49
B10	0.70	0.57	0.49	0.44
B11	0.85	0.63	0.43	0.45
B12	0.79	0.59	0.49	0.43

5. 灌溉人工草地周边土壤含有效磷的变化

表 7-14 为距灌溉区不同距离下土壤有效磷含量的变化，由表可以看出，随着距灌溉区距离的增加，土壤中有效磷含量整体呈下降且逐渐稳定的趋势，在 0～10 cm 土层中土壤有效磷含量表现为 B1>B2>B9>B6>B3>B8>B10>B7>B12>B4>B11>B5，在 10～20 cm 土层中土壤有效磷含量表现为 B1>B2>B3>B6>B9>B5>B8>B12>B11>B4>B10>B7，在 20～30 cm土层中土壤有效磷含量表现为 B1>B2>B9>B5>B3>B4>B11>B7>B6>B10>B12>B8，在 30～40 cm 土层中土壤有效磷含量表现为 B1>B2>B5>B4>B3>B6>B7>B9>B8>B11>B10>B12；在 0～40 cm 的垂直土壤剖面上样地各土层中土壤有效磷含量变化趋势一致，都随着土层深度的增加呈递减趋势。

表 7-14　距灌溉区不同距离下土壤有效磷含量　　（单位：mg/kg）

样　地	土层深度(cm)			
	0～10	10～20	20～30	30～40
B1	3.16	1.69	1.34	1.05
B2	3.06	1.54	1.16	1.01
B3	2.59	1.43	1.03	0.94
B4	2.50	1.24	1.02	0.97

续上表

样　地	土层深度(cm)			
	0～10	10～20	20～30	30～40
B5	2.47	1.29	1.04	0.99
B6	2.63	1.32	0.95	0.90
B7	2.54	1.15	1.01	0.89
B8	2.58	1.28	0.87	0.74
B9	2.87	1.31	1.05	0.87
B10	2.54	1.20	0.90	0.68
B11	2.48	1.25	1.01	0.73
B12	2.51	1.27	0.90	0.68

由表 7-10～表 7-14 可以看出样地土壤有机质、全氮、水解氮、全磷和有效磷的剖面垂直分布具有层次性，主要表现为 0～10 cm 土层＞10～20 cm 土层＞20～30 cm 土层＞30～40 cm 土层，各养分的变化趋势体现了植被对养分积累的表聚效应。植物根系要从土壤中大量吸收养分以保证植物生长的营养需要，同时植物吸收的养分又主要以凋落物和死亡根系的形式归还给土壤，由于研究区气候寒冷，凋落物分解缓慢，在土壤表层积累较多，这些因素共同作用导致了土壤养分的表聚。随着距灌溉区距离的增大，土壤有机质、全氮、水解氮、全磷和有效磷含量均呈现出下降且逐渐稳定的趋势，且这种趋势在 0～10 cm 土层内最明显，随着土层深度的增加，这种趋势也不断地减弱。出现这种现象的原因是 B1 和 B2 位于灌溉区的影响范围之内，受灌溉区人工施肥的影响其土壤中的养分含量高于影响区之外的其他样地，且草地表层受到的干扰影响最大，而在影响区之外的样地在不受或极少受干扰的状态下，土壤中的养分含量基本保持在稳定状态。

7.8 景观格局变化的影响因素

景观格局是自然和人文因素共同作用的产物，景观格局变化的自然原因包括地形地貌、土壤的发育、生命的定居、植被变化及气候变化等，这些自然因素主要在景观发育过程中起重要作用，其中气候变化对已形成的景观格局发生变化时起的作用较明显；人文因素包括人口、经济结构、技术、政策和文化等多方面的因素，这些因素的影响下，景观的变化主要表现在土地利用、土地覆被的变化。所以在探讨景观格局变化的人文因素时我们更关注在这些影响因素作用下，与人类活动密切相关的土地利用、土地覆被的变化。

7.8.1 气候与景观格局变化

依据研究区自然条件及气象站点的分布特征，本研究主要选用了中国气象局提供的 1954～2012 年锡林浩特市气象站点的气温、降水数据的气温、降水两个常规气象观测指标。为了全面掌握本区的干湿程度变化，依据温度和降水量数据，进一步计算并分析干燥度指数(特别指出，降水变化特征详见 6.2.1)。

1. 气温变化特征

锡林河流域气温年际变化趋势如图 7-15 所示，年平均气温在 1954～2012 年有明显的上升趋势，其中每 10 年的平均增温率为 0.43 ℃，有显著变暖趋势。研究区气温具有阶段性的波动上升特征，1954～1969 年间波动降温，1969 年研究区的年平均温度达到最低谷；1969～1975 年间波动上升，而 1975～1986 年间波动降温，这 11 年来年均温度的最大值和最小值相差2.2 ℃左右，1986 年是年平均温度第二次达到低谷的年份；1986～1990 年小波动持续升温，1990～2000 年间基本近似于 1960～1969 年的波动形式升温，1998 年年均温度达到最高峰；2000～2013 年间气温波动幅度和周期缩短，但还是升温为主。上述特征表明，最近 50 多年来锡林河流域气温年际变化有明显差异，变化幅度较大，不稳定。

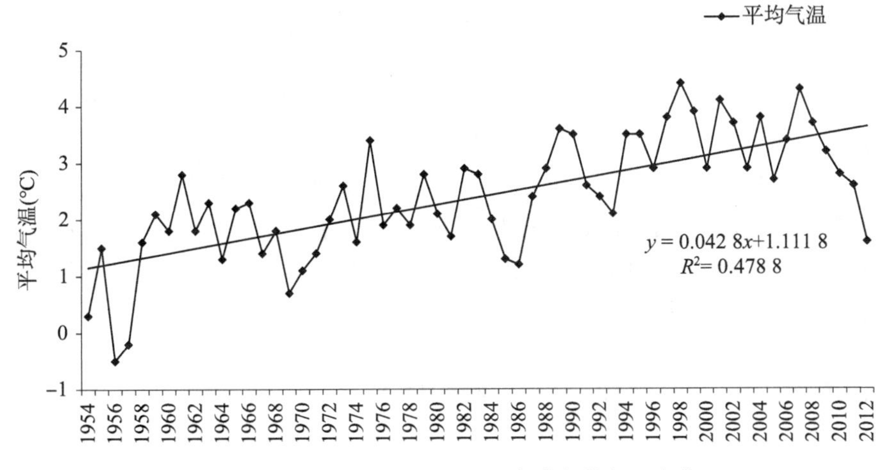

图 7-15　锡林河流域地区近 58 年来年均气温变化

2. 景观格局变化与气候变化分析

1990～2013 年间研究区景观格局动态结果显示，近 23 年来锡林河流域景观格局发生显著变化，在 1990～2000 年间水域景观面积不断萎缩，耕地景观、高覆盖草地景观和沼泽湿地景观的面积减少，大部分水域景观和草地景观转移盐碱滩景观；在 2000～2005 年，沙地景观和盐碱滩景观的转出面积较大，水域景观面积增加，植被覆盖度明显恢复；在 2005～2013 年，水域景观面积减少，植被覆盖度下降。总之，1990～2013 年间该流域生态环境为“恶化—改善—恶化”的变化模式。其中草地景观的动态程度最明显，其次动态程度较大的是水域景观、沙地景观、盐碱滩景观和建设用地景观。

7.8.2　景观格局变化的人文因素

1. 景观格局变化与人口增长

1980～2013 年锡林河流域人口变化情况如图 7-16 所示，1980 年总人口为 8.67 万人，1990 年为 12.27 万人，2000 年为 12.89 万人，2013 年末人口增长到 17.80 万人。33 年研究区人口的增长有一定的波动性，1980～1999 年间人口稳步增长，2000 年人口出现负增长，比上年减少了 0.79 万人，2001 年以后人口持续增长。锡林河流域处在半干旱气候区，生态环境十分脆弱，人口的增加对土地产生巨大压力，特别是对耕地和草原生态系统不断施压。从图 7-16 可以看出，2000 年以前，耕地景观面积有持续增加趋势，其趋势与人口增长趋势基本一致，

2000 年后实行退耕还林(草)政策,虽然耕地景观面积的增加一定程度上被限制,但人口的不断增长导致原来成片分布的草地景观和耕地景观更加破碎,降低它们的连通性;另一方面,随着人口的增加,城市人口激增,研究期间该流域内不断建设居民地、工矿、交通用地、人工水库和旅游景点等,使原来的城乡、工矿、农村居民用地景观的斑块数量、斑块密度和斑块面积不断增加。从上述分析看出锡林河流域人口增长也是影响景观格局变化的重要原因之一。

2. 景观格局变化与畜牧业发展

锡林河流域处于草原牧区和农牧交错带,是我国温带典型草原的核心分布区和重要的草地畜牧业生产基地,所以研究锡林河流域的景观格局变化与畜牧业发展的关系显得更为重要。1980～2013 年间的锡林河流域牲畜头数变化如图 7-17 所示,存栏量和小畜数量的变化趋势基本相似,表明研究区围栏主要以小牲畜的围栏为主。存栏量和小畜数量在 1985～1999 年间明显增加趋势,1999 年达到了近 33 多年中的高峰值,从 2000 开始存栏量和小畜数量出现明显减少的趋势,特别是 2000～2005 年间变化幅度大,出现了完整的一个波动;大牲畜数量在 1980～1999 年间无明显变化,从 2000 年开始,出现波动上升的趋势,在 2000 年的 3.2 万头增加到 2009 年的 6.35 万头,但还是低于 90 年代的大牲畜数量的年平均水平。畜牧业的发展带来草场的超载和过牧等现象,从而导致牧草盖度下降,优良牧草减少,草场被破碎。尤其是小牲畜数量的激增,对饲草需求量的增大,对草场的压力和破坏性加大,小牲畜的强度啃食、践踏破坏地表植物,造成生态环境退化、沙化。

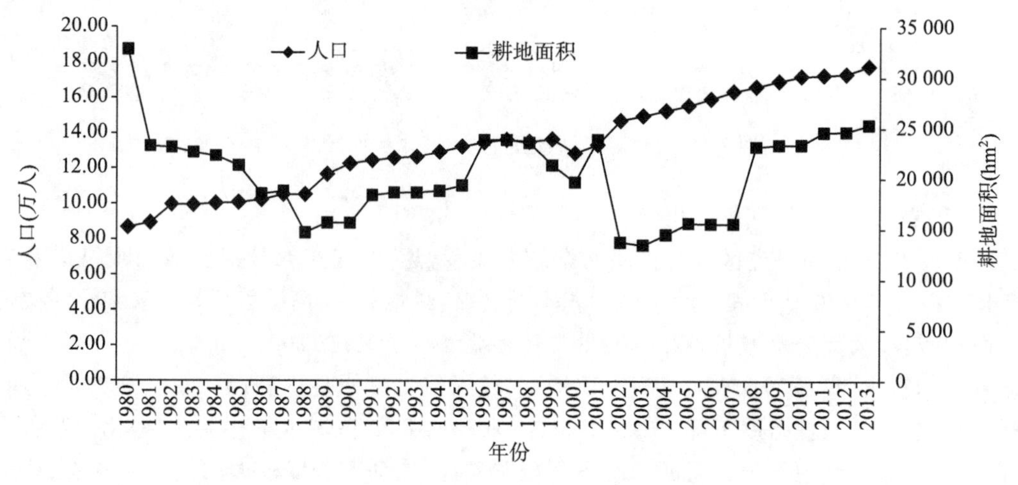

图 7-16 1980～2013 年锡林河流域人口和耕地面积变化

从研究区景观格局变化情况来看,1990～2000 年间沙地景观和盐碱滩景观的增加速度最快,而高覆盖草地景观的减少速度最快,植被覆盖度明显下降,生态环境恶化,其现象与存栏量和小畜数量的显著增加趋势吻合;2000～2003 年是存栏量和小畜数量较少的年份,也是大牲畜数量最少的年份,这期间正好沙地景观和盐碱滩景观快速减少,有效利用各种土地,并且植被覆盖度明显恢复,整体生态环境呈改善趋势;2003 年以后,虽然小牲畜数量减少,但大牲畜数量不断增加,仍然呈现草场超载和过牧的现象,植被景观的覆盖度降低,生态环境仍然处于恶化态势。

3. 景观格局变化与政策演变

景观格局结构及变化过程还受到政治、政策等因素的制约。政治改革、政策演变对景观格

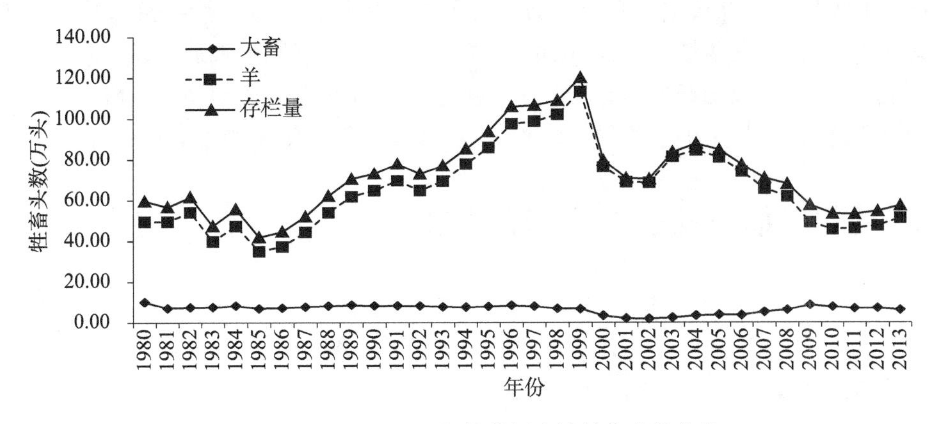

图 7-17　1980～2013 年锡林河流域牲畜头数变化

局变化的影响主要集中在国际水平、国家水平和区域水平三个层次上，本研究主要研究区域水平上的发展、政策演变对景观格局变化的影响程度。

研究区政策演变过程主要体现在以下几个阶段：

1970 年，提出牧区要“以粮为纲”，实现“粮食自给”的政策指引。在草原上出现广泛的、有组织的开垦活动，使原来成片分布的草原变成点状、破碎化分布。

1983 年起，内蒙古牧区全面实行“草畜双承包”政策，把牲畜和草场承包给牧户，生产经营单位由生产队集体经济分解到一家一户的个体“小牧”经济；1983～1984 年，先将牲畜作价承包给牧户，到 1985 年，整个锡林郭勒盟地区 95%的集体牲畜作价归户；1989～1991 年，实现第一轮草牧场承包到户；1997 年第二轮承包到户，把人、畜、草和责、权、利统一协调起来全面改革畜牧业和草场经营方式。“草畜双承包”政策在调动牧民积极性方面，确实产生了明显的效果，使牲畜头数迅速增长，并且牧民基础建设的积极性达到了空前的高度。但是由此带来的过牧、草原超载等急剧地破坏了草原生态环境，是研究区 1990～2000 年间的生态环境严重恶化的重要原因之一。

2000 年中央出台制定颁发了退耕(牧)还林(草)的明确政策，并提出有关在内蒙古加强生态环境保护和生态建设的政策。为此，自治区政府制定了禁牧休牧、围封转移等一系列退耕(牧)还林还草的相关政策，并于 2002 年 11 月 1 日起，在全区率先实行了全面封山禁牧，大力发展舍饲养殖，进入了全面恢复生态，再造锦绣河山的阶段。

2000 年国家开始实施退耕还林还草和京津风沙源治理工程以来，锡林河流域地区完成了退耕造林 18 km^2、荒山荒地造林 41.3 km^2、封山育林 73.3 km^2，上述生态建设工程的实施使研究区植被有了一定程度的恢复，生态环境有了明显改善，草地景观、林地景观面积显著增加，盐碱滩景观和沙地景观面积明显减少。退耕还林还草、围封转移、舍饲禁牧等生态建设工程的实施，对研究区 2000～2005 年间的景观格局变化起了重要作用，是研究区生态环境改善的主要途径。

虽然锡林郭勒盟的生态建设工程获得了相应的成果，但是随着西部大开发战略的执行，特别是在锡林郭勒盟地区展开了“充分发挥煤炭资源优势，把锡林郭勒盟建设为自治区和国家级的大型能源和煤化工基地”的发展战略，因此，采矿业将成为锡林郭勒盟多数旗的支柱产业的发展趋势。采矿业虽然给锡林郭勒盟的经济发展带了巨大效益，但同时也给草原生态环境带来无可挽回的破坏：一方面，滥采乱挖行为造成了永久性毁灭草场；另一方面，采矿过程中，大量抽取地下水、车辆辗压草场、大量松散堆积物、矿渣等造成草原景观退化，增加盐碱滩景观和沙地景观，引起生态环境又开始恶化的现象。上述战略及其人类活动结果与研究区2005年以来植被覆盖度降低，工矿用地景观快速增加，生态环境显著恶化态势基本吻合。

7.9 灌溉人工草地发展规模与合理布局

选择北方典型草原区——锡林浩特市牧区，集成基于遥感ET的草地耗水规律与用水效率研究成果、灌溉人工草地开发对流域水循环及草原生态影响及水资源优化配置结果，提出灌溉人工草地合理建设规模与布局。

7.9.1 灌溉人工草地规模确定

根据第4章锡林浩特市水资源优化配置结果，锡林浩特市2020年推荐采用中等用水效率方案，灌溉人工草地属于第一产业用水，锡林浩特市2020年中用水效率方案第一产业用水量为5 252.72万m^3，通过2020年配置第一产业用水量结合区域用水效率分析中适合当地的灌溉人工草地灌溉管理形式及用水定额，合理确定灌溉人工草地发展规模。

1. 锡林浩特市农牧业发展现状

根据2010年锡林浩特市统计年鉴、锡林浩特市水资源公报数据及实地调查数据，锡林浩特市2010年第一产业经济发展数据、用水数据及用水定额数据见表7-15。

表7-15 现状年锡林浩特市第一产业经济发展、用水及用水定额

2010年	农田灌溉	灌溉人工草地	林果灌溉	鱼塘补水	大 畜	小 畜	猪
经济指标(万亩、万头、万只)	5.63	8.2	4.5	0.5	7.62	45.71	1.01
用水量(万m^3)	1 689.0	2 255.0	540.0	0.6	294.0	171.0	20.0
用水定额[m^3/亩、L/(头·d)]	300.0	275.0	120.0	1.2	105.7	10.2	54.3

锡林浩特市2010年第一产业用水总量为4 969.6万m^3，用水量主要为农田灌溉和灌溉人工草地用水，用水量占第一产业总用水量的79.4%。从锡林浩特市现状用水水平来看，农业灌溉主要种植作物为小麦和马铃薯，现状基本不具备节水灌溉措施，灌溉定额偏高，节水潜力较大；灌溉人工草地均为近些年建设的节水高效灌溉人工草地，但因管理落后、设备操作不当等原因，造成现状节水灌溉工程用水效率偏低；大畜用水定额偏大，主要为锡林郭勒盟近年大力发展奶牛饲养业，所以用水定额偏高。

锡林浩特市截至2010年有灌溉人工草地面积8.2万亩，到2013年底有灌溉人工草地面积11.6万亩，主要灌溉形式为中心支轴式喷灌，约占99%，其他还有少量卷盘式喷灌、低压管灌和滴灌。种植的饲草作物有青贮玉米、青谷子和紫花苜蓿，以青贮玉米为主，但已建灌溉人工草地存在部分私自改变用途，种植马铃薯等经济作物现象，马铃薯等经济作物只能作为一种改善土壤特性的辅助作物进行倒茬种植，将来需加强管理改变现状种植结构。

2. 锡林浩特市灌溉人工草地需求分析

(1)天然草原放牧阶段适宜载畜量估算

天然草原放牧为主阶段主要是在20世纪90年代以前，这个阶段牧区饲养牲畜主要是以

草原自然放牧饲养为主，建设发展人工草地尤其是灌溉人工草地很少，适宜载畜量主要依据天然草原可利用面积和不同草原类型及生产能力来确定。通过监测分析统计不同草原类型暖季和冷季产草量，将饲养的大小牲畜折算成标准羊单位，按照羊单位对天然草原的需求量，确定适宜理论载畜量。

根据《内蒙古草原资源遥感调查与监测统计册》(2002 年)，锡林浩特市天然草地面积与生产力情况见表 7-16。

表 7-16　锡林浩特市天然草地面积与生产力统计

行政区名称	总面积（万亩）	可利用面积（万亩）	羊单位需草地面积（亩/羊单位）			理论载畜量（万羊单位）
			暖季	冷季	全年	
锡林浩特市	2 250.87	2 124.78	10.74	20.42	31.2	68.10

锡林浩特市可利用天然草地面积为 2 124.78 万亩，羊单位全年需草地面积 31.2 亩，估算天然草地可持续理论载畜量为 68.10 万羊单位。

(2)现状天然草地适宜载畜量估算

20 世纪 90 年代以来，牧区生产经营方式的转变和畜牧业内部结构调整以及禁牧、休牧、划区轮牧等一系列保护草原生态措施的实施，特别是人工草地节水灌溉技术和农业综合增产技术的推广应用，建设发展了一定数量的人工草地，提高了单位面积饲草产量和质量。发展灌溉人工草地，使得冷季饲草储量在一定数量上有了提高，增加了冷季适宜载畜量，提高了畜牧业的生产能力，在很大程度上保证了牲畜越冬抗灾能力。

牧区草地利用时间分为冷、暖两季，由于饲草供应的季节不均衡性，一般来讲，牧区暖季饲草(饲草来源主要是天然草原)基本都有盈余，年度适宜理论载畜量取决于冷季饲草的储量。因此在草畜平衡监测分析时，主要针对冷季牲畜存栏数量[即牧业年度(6 月末)牲畜存栏数扣除当年牲畜出栏数]和冷季饲草供给能力进行分析。

冷季饲草供给量主要包括天然草原冷季可食饲草剩余量和人工草地可食产草量(内蒙古在每年 9 月进行监测)，这样既可以保证草畜平衡监测质量，又可以减少监测工作量。这种监测方法也符合李比希的“最小因子理论”。

根据锡林浩特市 1996～2013 年冷季可食饲草储量及畜草平衡情况监测预报数据，统计分析确定锡林浩特市灌溉人工草地建设条件下，冷季适宜理论载畜量保证率为 75%(欠年)、50%(中等年)和 25%(丰年)典型年分别为 2002 年、2006 年和 1996 年，详见表 7-17。锡林浩特市 1996～2013 年 18 年的冷季适宜理论载畜量与羊单位需草地面积(草地生产力)，详见表 7-18。

表 7-17　锡林浩特市冷季适宜理论载畜量经验频率及典型年确定

年　份	冷季载畜量（万羊单位）	序　号	按大小排序的载畜量（万羊单位）	经验频率	典型年确定
1996	86.96	1	192.41	5.26%	2003
1997	52.18	2	116.84	10.53%	2012
1998	108.18	3	108.18	15.79%	1998

续上表

年　份	冷季载畜量（万羊单位）	序　号	按大小排序的载畜量（万羊单位）	经验频率	典型年确定
1999	67.48	4	99.34	21.05%	2013
2000	5.92	5	86.96	26.32%	1996
2001	50.76	6	76.90	31.58%	2008
2002	51.43	7	76.70	36.84%	2011
2003	192.41	8	67.48	42.11%	1999
2004	57.98	9	66.32	47.37%	2005
2005	66.32	10	65.74	52.63%	2006
2006	65.74	11	58.14	57.89%	2010
2007	39.64	12	57.98	63.16%	2004
2008	76.90	13	55.32	68.42%	2009
2009	55.32	14	52.18	73.68%	1997
2010	58.14	15	51.43	78.95%	2002
2011	76.70	16	50.76	84.21%	2001
2012	116.84	17	39.64	89.47%	2007
2013	99.34	18	5.92	94.74%	2000
平　均	73.79				

表 7-18　锡林浩特市冷季适宜理论载畜量监测统计与草地生产力估算

行政区名称	可利用草场面积（万亩）	冷季适宜理论载畜量监测值（万羊单位）			羊单位需草地面积估算值（亩/羊单位）		
		50%	75%	多年平均	50%	75%	多年平均
锡林浩特市	2 069.49	65.74	51.43	73.79	31.48	40.24	28.05

注：可利用草场面积为 2006～2013 年草地监测数值。

(3)灌溉人工草地需求分析

根据锡林浩特市国民经济和社会发展规划，结合锡林浩特市牧区生态保护目标和牧民实现全面达小康的要求，锡林浩特市在近期上报内蒙古自治区水利厅的牧区水利规划中牲畜存栏数为：到 2020 年牧业年度（6 月末）牲畜存栏为 150 万只羊单位。考虑到社会对畜产品需求量增加因素，出栏率按 40%计算，冷季适宜载畜量为 90 万只羊单位。

根据多年（1996～2013 年）草地监测统计分析（表 7-17），锡林浩特市现状 50%、75%保证率和多年平均天然草地冷季适宜载畜总量分别为 65.74 万羊单位、51.43 万羊单位和 73.79 万羊单位，至 2020 年分别相差 24.26 万只羊单位、38.57 万只羊单位和 16.21 万只羊单位，这些相差的载畜数量只有靠新增灌溉人工草地的生产能力来解决，才能满足区域草畜平衡，详见表 7-19。

表 7-19　锡林浩特市 2020 年天然草地冷季适宜理论载畜量测算

冷季适宜理论载畜总量（万羊单位）	天然草地冷季适宜理论载畜量（万羊单位）			人工草地冷季适宜理论载畜量（万羊单位）		
	50%	75%	多年平均	50%	75%	多年平均
90.00	65.74	51.43	73.79	24.26	38.57	16.21

按标准羊单位需干草 2.0 kg/(d·只)计算，在不增加天然草地载畜能力的前提下，若达到草畜平衡，50%、75%适宜载畜量保证率和多年平均至少需要生产可食饲草分别为 17 710 万 kg、28 156 万 kg和 11 833 万 kg，这些饲草来源，主要是通过灌溉人工草地的生产来提供。

按照现状年灌溉人工草地亩均可食干草产量为 850 kg 测算，至 2020 年，50%、75%适宜载畜量保证率和多年平均人工灌溉草地规模分别为 20.84 万亩、33.12 万亩和 13.92 万亩才可达到区域草畜平衡。详见表 7-20。

表 7-20　锡林浩特市 2020 年灌溉人工草地需求分析

可利用草地面积（万亩）	灌溉人工草地控制规模（万亩）			占可利用草地		
	50%	75%	多年平均	50%	75%	多年平均
2 069.49	20.84	33.12	13.92	1.01%	1.60%	0.67%

3. 锡林浩特市农牧业发展预测及灌溉人工草地规模确定

第一产业需水预测包括农田灌溉、灌溉人工草地、林果地灌溉、牲畜饮水和鱼塘补水等需水预测。

根据《锡林郭勒盟水利发展“十二五”规划》、《锡林郭勒盟“四个千万亩”节水灌溉工程发展规划》和《锡林浩特市“四个千万亩”节水灌溉工程发展规划》，今后农区转变种植结构，推行水浇地节水改造，大力推进以专用马铃薯种植为主的中心支轴式喷灌工程建设和一家一户建设经营的小片蔬菜种植水浇地，到 2020 年农田灌溉面积由现状年的 5.63 万亩增加至 8.63 万亩。牧区或半牧区因地制宜新建适宜规模的节水灌溉人工草地，提高饲草产量，结合舍饲半舍饲，实行季节性禁牧、划区轮牧，改善草原生态环境。

为了保护牧区生态环境，锡林郭勒盟实施了围封转移、禁牧和以草定畜的产业政策，近些年牲畜数量不断缩减，年均缩减率为 4%。根据《锡林浩特市国民经济和社会发展第十二个五年规划纲要》：优化畜种结构和产品结构，不断提高良种比重，提高牲畜个体产量和效益，坚持减羊增牛精养。锡林浩特市牲畜数量年均缩减率按 2%考虑，其中小牲畜数量年均缩减率按 3%考虑。

现状年锡林浩特市渔业用水量较少，未来不同水平年用水量变化幅度不大。因此，未来水平年渔业用水量保持现状水平。

综合分析，获得第一产业需水量预测结果，见表 7-21。

表 7-21　规划水平年锡林浩特市第一产业需水预测

2020 年	农田灌溉	林果灌溉	鱼塘补水	大　畜	小　畜	猪
经济指标（万亩、万头）	8.63	4.5	0.5	9.14	33.71	1.2
用水定额[m^3/亩、L/(头·d)]	200.0	100.0	1.2	100.0	10.0	50.0
用水量（万m^3）	1 726.0	450.0	0.6	333.6	123.0	21.9

由表 7-21 可以看出，预测规划水平年锡林浩特市农田、林果灌溉用水、鱼塘补水和牲畜用水合计 2 655.2 万 m^3，第一产业总用水量 5 252.72 万 m^3，预留灌溉人工草地发展水量为 2 597.6 万 m^3。根据区域节水潜力分析，现状灌溉人工草地适宜的节水方案为调整种植结构和对现有节水灌溉工程进行管理节水，对于改变灌溉形式节水，虽然亩均节水潜力较大，但考虑已建中心支轴式喷灌工程使用年限为 15～20 年，现状工程均未达到使用年限，为避免重复投资，对现有 11.6 万亩并不推荐改变灌溉形式，所以规划现状灌溉人工草地采取管理节水和调整种植结构。新增灌溉人工草地以发展滴灌灌溉形式为主，按照灌溉人工草地喷灌推荐定额 180 m^3/亩，滴灌推荐定额 150 m^3/亩，到 2020 年，锡林浩特市灌溉人工草地规模为 15.1 万亩，其中中心支轴式喷灌面积 11.6 万亩，新发展滴灌面积 3.5 万亩。

本次计算灌溉人工草地发展规模，到 2020 年灌溉人工草地发展规模达到 15.1 万亩，其发展规模介于《全国牧区水利发展规划》中锡林浩特市灌溉人工草地规模 9.98 万亩和《锡林浩特市"四个千万亩"节水灌溉工程发展规划》中灌溉人工草地发展规模 18.5 万亩之间。《全国牧区水利发展规划》中灌溉人工草地发展规模按照全国用水总量控制指标分解牧业用水指标，按照水-草-畜平衡原则确定规模，但为将来发展留有一定余地，计算用水定额偏保守，规划规模偏保守。本项目按照地区生产总值预测及产业结构优化调整后的水资源优化配置结果，结合锡林浩特市灌溉发展规划及牲畜发展规模，最终确定灌溉人工草地发展规模，按水资源配置结果确定灌溉人工草地规模与牲畜饲养需求值相比，基本可以达到多年平均饲养水平，但略低于牲畜饲养保证率 50%水平。《锡林浩特市"四个千万亩"节水灌溉工程发展规划》确定规模偏大。

7.9.2 锡林浩特市灌溉人工草地分区布局

1. 水资源特征及分布条件

锡林浩特市属中温带亚干旱大陆性气候区，由于受气候条件影响，全市境内降水量少，蒸发量大，大风日多，加之水文地质条件复杂，入渗系数小，全市境内只有一条锡林河，大气降水是地下水的主要补给来源。

全市水资源状况是地下水资源较地表水资源相对丰富，在发展农牧业、乡镇工矿企业及人民生活用水等均以开采地下水资源为主。区域内地下水资源分布不均，按地域可分为三个区：

(1)北部敖优廷敦勒流域区(Ⅰ区)

该区主要涉及敖优廷敦勒流域，包括阿尔善宝拉格镇、朝克乌拉苏木，可利用草地面积 50.95 万 hm^2，退化草地面积 25.47 万 hm^2，占可利用草地面积 49.90%，沙化草地面积 10.80 万 hm^2。沙退化草地较严重，没有地表径流。多年平均降雨量 250 mm。地下水资源较丰富，水土资源较好。该区灌溉人工草地发展重点是对现有灌溉工程进行节水改造配套挖潜的同时，在地下水较丰富的地区，适度发展灌溉人工草地，开展集约化经营管理。并恢复和改善退化、沙化严重的草地，保护水资源和草原生态环境。

(2)中部锡林河流域区(Ⅱ区)

该区有流经锡林浩特市最大的一条河流——锡林河，锡林河全长 175 km，流域面积 11 182 km^2，其河谷平原是区内浅层、深层地下水和地表水汇聚、径流、排泄的主要地段，是十分有利的天然牧场基地。由于锡林浩特市座落在该平原上，是该地段用水量集中且需水量最大的地区，地下水的补给量比较丰富。该区域包括白音锡勒、毛登牧场、贝力克牧场、宝力根苏木。可利用草地面积 72.35 万 hm^2，退化草地面积 56.65 万 hm^2，占可利用草地面积 78.13%，沙化草地面积25.31万hm^2，沙退化草地较严重。多年平均降雨量300 mm，牲畜超载较严重，草原生态恶化趋势加剧，是草原生态重点治理区域。该区灌溉人工草地发展重点是在水土资源条件较好的地区适度加大节水灌溉人工草地建设规模，同时结合现有工程节水改造与挖潜配套，调整产业结构，结合舍饲半舍饲，实行季节性禁牧或轮牧，改善草原生态环境。

(3)南部浑善达克沙地闭流区(Ⅲ区)

该区分布在浑善达克沙漠区，由灰腾西里熔岩台地和巴彦库伦湖积平原及南部的浑善达克沙漠组成，包括白银库伦牧场，可利用草地面积10.03万hm^2，退化草地面积8.8万hm^2，占可利用草地面积87.74%，沙化草地面积3.77万hm^2，是锡林浩特沙退化草地严重地区。牲畜超载，草原生态恶化。该区地表水资源可利用量很少，多年平均降雨量350 mm，该区地下水资源量较少，但目前开发利用程度较低，仍有一定开发利用潜力。灌溉人工草地发展应根据地下水资源条件适度发展灌溉人工草地，进行集约化经营管理。重点以保护和修复草原生态环境，结合舍饲半舍饲，实行季节性禁牧、划区轮牧对现有灌溉人工草地进行节水改造配套挖潜，提高用水效率和灌溉效益。

2. 灌溉人工草地分区布局

针对锡林浩特市三个分区水资源分布状况、牲畜饲养状况、天然草原状况及草原沙化、退化现状，采取不同的保护和治理措施，综合考虑行政区划，确定北部敖优廷敦勒流域区为适度发展区，中部锡林河流域区为重点开发治理区，南部浑善达克沙地闭流区为保护修复区。到2020年对现有已建灌溉人工草地节水灌溉工程进行管理节水11.6万亩，新发展滴灌面积3.5万亩，灌溉人工草地面积达到15.1万亩，主要集中在中部锡林河流域，灌溉人工草地面积达到10.5万亩，其中中心支轴式喷灌面积8.9万亩，滴灌面积1.6万亩；其次为南部浑善达克沙地闭流区，灌溉人工草地面积达到2.4万亩，其中中心支轴式喷灌面积1.2万亩，滴灌面积1.2万亩；北部敖优廷敦勒流域区发展潜力较小，灌溉人工草地面积达到2.2万亩，其中中心支轴式喷灌面积1.5万亩，滴灌面积0.7万亩。灌溉水源全部为地下水。锡林浩特市灌溉人工草地发展规模及分区布局见表7-22。

表7-22　规划水平年锡林浩特市灌溉人工草地发展布局　　(单位:万亩)

分　区	乡　镇	2010年面积	中心支轴式喷灌面积	新增滴灌面积	达到面积
敖优廷敦勒流域区	阿尔善宝拉格镇	0.6	0.6	0.3	0.9
	朝克乌拉苏木	0.9	0.9	0.4	1.3
	小　计	1.5	1.5	0.7	2.2
锡林郭勒流域区	白音锡勒牧场	2.5	5	1.0	6.0
	毛登牧场	0.9	1	0.2	1.2
	贝力克牧场	0.0	0.0	0.0	0.0
	宝力根苏木	1.2	1.2	0.4	1.6
	沃原奶牛场	1.2	1.7	0.0	1.7
	小　计	5.8	8.9	1.6	10.5
浑善达克沙地闭流区	白银库伦牧场	0.9	1.2	1.2	2.4
合　计		8.2	11.6	3.5	15.1

7.10 小 结

(1)随着地下水位埋深由 0.2 m 向 23.5 m 的增加,植被的水分生态型从湿生向中旱生和旱生过渡;河岸群落的物种组成和生物量都呈现出先增加后减少的趋势,Simpson 指数、Shannon-Wiener 指数以及 Margalef 指数均呈现出先上升后下降的趋势,而 Pielon 指数则呈现先降低后升高的变化趋势。在地下水位埋深 1.7 m 时,物种组成与生物量最大,Margalef 指数最大,Pielon 指数最小;地下水位埋深增大至 5.8 m 时,物种数、生物量、Margalef 指数开始下降而 Pielon 指数升高,Simpson 指数、Shannon-Wiener 指数最大,地下水位埋深超过 5.8 m 时,物种数、生物量与各多样性指数变化平衡。表明:该地区地下水位埋深超过 5.8 m 时,对地上植被的影响甚微。

(2)在不同的水位埋深下,土壤 pH 值、总孔隙度、非毛管孔隙度、电导率和土壤含水量、有机质、全氮、水解氮、全磷和有效磷都随着水位埋深的增加总体呈递减趋势;而土壤容重的变化趋势与其他指标相反,总体呈现增加趋势。根据锡林河河岸土壤理化性质指标与地下水埋深之间的灰色关联分析:研究区内不同水位埋深下的土壤各理化指标与地下水埋深变化关系密切,有机质和含水量与地下水埋深之间的灰色综合关联度都在 0.70 以上,其关联度数值上体现了研究区内地下水位埋深对土壤理化指标的变化的主导作用。

(3)灌溉对灌溉区周边 200 m 范围内形成边缘效应带,对该范围内的植被、土壤、水分产生一定的影响,主要表现:随着距灌溉区距离的增加土壤含水量、植被盖度、地上生物量、土壤总孔隙度和非毛管孔隙度、土壤有机质、全氮、水解氮、全磷、有效磷呈现出递减的趋势,且在距离灌区边缘 200 m 以外基本趋于稳定;灌溉区周边植被的多样性无显著的变化;而随着样地离灌溉区距离的增大,土壤 pH 值、电导率呈递增趋势,且在距离灌区边缘 200 m 以外基本趋于稳定;土壤有机质、全氮、水解氮、全磷和有效磷的剖面垂直分布具有层次性,主要表现为0～10 cm 土层>10～20 cm 土层>20～30 cm 土层>30～40 cm 土层,各养分的变化趋势体现了植被对养分积累的表聚效应。

通过以上的研究结论表明,在白音锡勒牧场开展节水灌溉人工草地的建设,由于灌溉人工草地建设区的地下水位大于 30 m(地下水位超过 5.8 m 对地上植被的影响甚微),灌溉对灌溉区周边 200 m 范围内形成边缘效应带,促使植被向正向演替,200 m 以外基本趋于稳定,其植被、土壤变化基本趋于稳定。因此,在类似地区由于人工草地建设区地下水位均大于对地上植被影响的界限值 5.8 m,对灌区周边草地的影响较小,而由于灌溉人工草地所形成的现代牧场,将单位面积的产值提高 112 倍,每建设一亩可保护 111 亩草地进行草原自然修复。

(4)景观格局是自然和人文因素共同作用的产物。研究结果表明,锡林河流域地区年平均气温在 1960～2013 年有明显上升趋势,其中 10 年的增温为 0.43 ℃;年降水量在 1960～2013 年有明显减少趋势,其 10 年的变化为−8.38 mm;研究时段内年均干燥度指数变化与景观格局变化的规律基本吻合,随着干旱程度的加剧,锡林河流域景观格局显著变化,其生态环境有明显恶化态势。可以认为气候变化是研究区景观格局变化的主要自然原因。

除了上述影响因子外,研究区景观格局变化还与国家政策密切相关,退耕还林还草、围封转移、舍饲禁牧等生态建设工程的实施,对研究区 2000～2005 年间的景观格局变化起了重要作用,是研究区生态环境改善的根本原因。

(5)到2020年对现有已建灌溉人工草地节水灌溉工程进行管理节水11.6万亩,新发展滴灌面积3.5万亩,灌溉人工草地面积达到15.1万亩。主要分布在中部锡林河流域,灌溉人工草地面积达到10.5万亩,其中中心支轴式喷灌面积8.9万亩,滴灌面积1.6万亩;其次为南部浑善达克沙地闭流区,灌溉人工草地面积达到2.4万亩,其中中心支轴式喷灌面积1.2万亩,滴灌面积1.2万亩;北部敖优廷敦勒流域区发展潜力较小,灌溉人工草地面积达到2.2万亩,其中中心支轴式喷灌面积1.5万亩,滴灌面积0.7万亩。

参 考 文 献

[1] 问晓梅，等.陆面露水特征及生态气候效应的研究进展[J].干旱气象，2008,26(4):5-11.

[2] 夏军，谈戈.全球变化与水文科学新的进展与挑战[J].资源科学，2002,24(3):1-7.

[3] 高彦春，王长耀.水文循环的生物圈方面(BAHC计划)研究进展[J].地理科学进展，2000，19(2):97-103.

[4] Rodda J C . Whither World Water? [J]. Jawra Journal of the American Water Resources Association, 1995, 31(1):1-7.

[5] 夏军.水文学科发展与思考[J].中国科学基金，2000,14(5):293-297.

[6] 杨学祥.水资源危机为大城市发展亮起了红灯[N].光明观察，2004.

[7] 王亚华.我国建设节水型社会的框架、途径和机制[J].中国水利，2003,(10):15-18.

[8] 王浩，陈敏健，秦大庸，等.西北地区水资源合理配置和承载能力研究[M].郑州:黄河水利出版社，2003.

[9] 王建华，江东.黄河流域二元水循环要素反演研究[M].北京:科学出版社，2005.

[10] Huang J , Van d D H M , Georgarakos K P . Analysis of Model-Calculated Soil Moisture over the United States (1931-1993) and Applications to Long－Range Temperature Forecasts[J]. Journal of Climate, 1996, 9(6):1350-1362.

[11] 李和平，等.牧区水草资源持续利用与生态系统阈值研究[J].水利学报，2005,(6):694-700.

[12] 王浩.以ET管理理念为核心的水资源管理在现代水资源管理中的重要性与可行性[R].中国节水灌溉网，2008.

[13] Su Z B, et al. Assessing relative soil moisture with remote sensing data: theory, experimental validation, and application to drought monitoring over the North China Plain[J]. Physics and Chemistry of the Earth, 2003, 28(1/2/3):89-101.

[14] 杨启国，等.旱作小麦农田实际蒸散量计算模式研究[J].干旱地区农业研究，2005,23(1):34-38.

[15] 张晓涛，等.估算区域蒸发蒸腾量的遥感模型对比分析[J].农业工程学报，2006,22(7):6-13.

[16] Bowen Is. The ratio of heat losses by conduction and evaporation from any water surface [J]. Phys Rev, 1926, 27:779-798.

[17] Thornthwaite C W, A Holzman. Report of the commutation on transpiration and evaporation [R]. Transactions of the American Geophysical Union, 1944, 25:683-693.

[18] Thornthwaite C W . An Approach toward a Rational Classification of Climate [J]. Geographical Review, 1948, 38(1):55-94.

[19] Brown K W, Rosenberg N J. A resistance model to predict evapotranspiration and its application to a sugar beet field [J]. Agronomy Journal, 1973, 65:199-209.

[20] Jackson R D, Reginato R J, Idso S B. Wheat canopy parameter: a practical tool for evaluating water requirements [J]. Water Resources Research, 1977, 13(3):651-656.

[21] Shuttleworth W J, Wallace J S. Evaporation from sparse crops: an energy combination theory [J]. Q. J. R. Meteorol. Soc., 1985, 111:839-855.

[22] Roerink G J, Su Z, Menenti M. S-SEBI: A simple remote sensing algorithm to estimate the surface energy balance [J]. Physics and Chemistry of the Earth (B), 2000, 25(2): 147-157.

[23] 张仁华，等.以微分热惯量为基础的地表蒸发全遥感信息模型及在甘肃沙坡头地区的验证[J].中国科学，2002,32(12):1041-1051.

[24] Carlson T N, Capehart W J, Gillies R R. A new look at the simplified method for remote sensing of

daily evapotranspiration [J]. Remote Sensing of Environment, 1995,54: 161-167.

[25] Rivas Rual, Caselles Vicente. A simplified equation to estimate spatial reference evaporation from remote sensing-based surface temperature and local meteorological data [J]. Remote Sensing of Environment,2003(93):68-76.

[26] N. J. 罗森堡. 小气候——生物环境[M]. 何章起,等译. 北京:科学出版社,1982.

[27] 易永红,等. 区域 ET 遥感模型研究的进展[J]. 水利学报. 2008(9),39(9).

[28] Chehbouni A, Lo Seen D, Njoku E G, Monteny B. Examination of the difference between radiative and aerodynamic surface temperatures over sparsely vegetated surface [J]. Remote Sensing of Environment, 1996,58: 177-186.

[29] Hatfield J L, Perrier A, Jackson K D. Estimation of evapotranspiration at one-time-of-day using remotely sensed surface temperature [J]. A-gric. Water. Manage. ,1983(7):105-110.

[30] 谢贤群. 一个改进的计算麦田总蒸发量的能量平衡-空气动力学阻抗模式[J]. 气象学报,1988,46(1):102-106.

[31] Webb E K. Profile relationships, the log linear range and extension to strong stability [J]. Q. J. R. Meteor. Soc. , 1976,96: 85-100.

[32] 陈镜明. 现有遥感蒸散模式中的一个重要缺点及改进[J]. 科学通报,1988,33(6):454-458.

[33] Bastiaanssen W G M, et al. A Remote Sensing Surface Energy Balance Algorithm for Land (SEBAL) 1. Formulation [J]. Journal of Hydrology,1998:198-212.

[34] Bastiaanssen W G M, et al. A Remote Sensing Surface Energy Balance Algorithm for Land (SEBAL) 2. Validation [J]. Journal of Hydrology,1998:213-229.

[35] Shuttleworth W J, Wallace J S. Evaporation from sparse crops-an energy combination theory[J]. Quarterly Journal of the Royal Meteorological Society, 1985,111: 839-855.

[36] Friedl M A. Modeling land surface fluxes using a sparse canopy model and radiometric surface temperature measurements [J]. Journal of Geophysical Research,1995,100(D12):435-446.

[37] Lhomme J P, Monteny B, Amadou M. Estimating sensible heat flux from radiometric temperature over sparse millet [J]. Agricultural and Forest Meteorology,1994,68:77-91.

[38] Norman J M, Kustas W P, Humes K S. Source approach for estimating soil and vegetation energy fluxes in observations of directional radiometric surface temperature [J]. Agricultural and Forest Meteorogy,1995,77: 263-293.

[39] Su Z. The surface energy balance system (SEBS) for estimation of turbulent heat fluexes[J]. Hydrology and Earth System Sciences, 2002, 6(1): 85-99.

[40] 杨永民,冯兆东,周剑. 基于 SEBS 模型的黑河流域蒸散发[J]. 兰州大学学报:自然科学版,2008,44(5):1-6.

[41] Su Z, et al. An evaluation of two models for estimation of the roughness height for heat transfer between the land surface and the atmosphere [J]. Journal of Applied Meteorology, 2001, 40:1933-1951.

[42] 崔亚莉,等. 应力遥感方法研究黄河三角洲地表蒸发及其与下垫面关系[J]. 地学前缘,2005,12(特刊):159-165.

[43] Li Jia, et al. Estimation of sensible heat flux using the surface energy balance system (SEBS) and ATSR measurements [J]. Physics and Chemistry of the Earth, 2003, 28:75-88.

[44] 詹志明,冯兆东. 陇西黄土庙的路面蒸散的遥感研究[J]. 地理与地理信息科学,2004,20(1):16-19.

[45] 何延波,等. SEBS 模型在黄淮海地区地表能量通量估算中的应用[J]. 高原气象,2006,25(6):1092-1100.

[46] 马柱国,魏和林,符淙斌. 土壤湿度与气候变化关系的研究进展与展望[J]. 地球科学进展,1999,14(3):

299-305.

[47] 袁文平,周广胜.干旱指标的理论分析与研究展望[J].地球科学进展,2004,19(6):982-991.

[48] 曹丽娟,刘晶淼.陆面水文过程研究进展[J].气象科技,2005,33(2):97-103.

[49] Priestly CHB, Taylor R J. On the assessment of surface heat flux and evaporation using large-scale parameters [J]. Monthly Weather Review, 1972, 100(2):81-92.

[50] 辛晓洲,田国良,柳钦火.地表蒸散定量遥感的研究进展[J].遥感学报,2003,5(3):233-240.

[51] 尹雄锐.流域遥感 ET 计算理论与对比研究[D].武汉:武汉大学,2007.

[52] Bastiaanssen W G M. SEBAL-based sensible and latent heat fluxes in the irrigated Gediz Basin, Turky [J]. Journal of hydrology,2000,229:87-100.

[53] Bastiaanssen W G M, Ahmad M, Chemin Y. Satellite surveillance of evaporative depletion across the Indus Basin [J]. Water Resources Research, 2002,38(12),1273-1281.

[54] Bastiaanssen W G M, Chandrapala L. Water balance variability across Sri Lanka for assessing agricultural and environmental water use [J]. Agriculture water management, 2003,58:171-192.

[55] 王介民,高峰,刘绍民.流域尺度 ET 的遥感反演[J].遥感技术与应用.2003,18(5):332-338.

[56] 潘志强,刘高焕.黄河三角洲蒸散的遥感研究[J].地球信息科学,2003,3:91-96.

[57] 刘志武,等.遥感技术和 SEBAL 模型在干旱区腾发量估算中的应用[J].清华大学学报:自然科学版,2004,44(3):421-424.

[58] 曾丽红,等.基于 SEBAL 模型与 MODIS 产品的松嫩平原蒸散量研究[J].干旱区资源与环境,2011,25(1):140-147.

[59] 王鸽,韩琳.地表反照率研究进展[J].高原山地气象研究,2010,30(2):79-83.

[60] 覃志豪,等.陆地卫星 TM6 波段范围内地表比辐射率的估计[J].国土资源遥感,2004,(3):28-35.

[61] 陈建绥.中国地表反射率的分布及变化[J].地理学报,1964,3(2):85-93.

[62] Qin Zhihao, Karnieli A, Berliner P. A mono-window algorithm for retrieving land surface temperature from Landsat TM data and its application to the Israel-Egypt border region [J]. Int. J. Remote Sens., 2001, 22(18):3719-3746.

[63] 覃志豪,等.用陆地卫星 TM6 数据演算地表温度的单窗算法[J].地理学报,2001,56(4):456-466.

[64] 林朝晖.气候模式中的反馈机制及模式改进的研究[D].北京:中国科学院大气物理研究所,1995.

[65] 陈玲.基于改进的 SEBAL 模型估算区域蒸散发 [D].兰州:兰州大学,2007.

[66] 郭元裕.农田水力学[M].北京:中国水利水电出版社,2007.

[67] 冯文基,申利刚,冯婷,等.内蒙古自治区主要作物灌溉制度与需水量等值线图[M]:呼和浩特:远方出版社,1996.

[68] 李博.中国北方草地退化及其防治对策[J].中国农业科学,1999,30(6):1-6.

[69] 卢欣石,等.中国草情[M].北京:开明出版社,2002.

[70] 陈玉民,孙景生,肖俊夫.节水灌溉的土壤水分控制标准问题研究[J].灌溉排水,1997,16(1):24-28.

[71] 佟长福,等.呼伦贝尔草甸草原人工牧草土壤水分动态变化及需水规律研究[J].水资源与水工程学报,2010,21(6):12-14.

[72] 李正海,中廷凯.人工草地土壤水分动态规律的研究[J].内蒙古大学学报:自然科学版,1996,27(2):239-241.

[73] 佟长福,等.毛乌素沙地饲草料作物土壤水动态及需水规律的研究[J].中国农村水利水电,2007(1):28-31.

[74] 佟长福,等.饲草料地土壤水分动态变化规律及其预测的人工神经网络模型的研究[J].土壤通报,2007(5):844-847.

[75] 吴进贤.中部半干旱地区农田土壤水分动态变化规律[J].甘肃农业科技,2002,1:17～18.

[76] 郭克贞. 草地 SPAC 水分运移消耗与高效利用技术[M]. 北京:中国水利水电出版社,2008:133-136.
[77] 王立新,等. 内蒙古典型草原生态系统健康评价[J]. 生态学报,2008,28(2):544-550.
[78] 侯扶江,等. 阿拉善草地健康评价的 CVOR 指数[J]. 草业学报,2004,13(4):117-126.
[79] Fairweather P G. Determining the 'health' of estuaries: priorities for ecological research [J]. Australian Journal of Ecology,1999,24(4):441-451.
[80] Allen E. Forest health assessment in Canada [J]. Ecosystem Health,2001,7(1):28-34.
[81] 任继周,南志标,郝敦元. 草业系统中的界面论[J]. 草业学报,2000,9(1):1-8.
[82] 肖风劲,等. 森林生态系统健康评价指标及其在中国的应用[J]. 地理学报,2003,58(6):803-809.
[83] Hüseyin K F,Steven S S,Bilal S. The effect of longterm grazing exclosure on range plants in the central Anatolian region of Turkey [J]. Environmental Management,2007,39(3):326-337.
[84] 廖国藩,贾幼陵. 中国草地资源[M]. 北京:中国科学技术出版社,1996:343-346.
[85] 金云翔,等. 内蒙古锡林郭勒盟草原产草量动态遥感估算[J]. 中国科学:生命科学,2011,41(12):1185-1195.
[86] 任海彦,郑淑霞,白永飞. 放牧对内蒙古锡林河流域草地群落植物茎叶生物量资源分配的影响[J]. 植物生态学报,2009, 33 (6):1065-1074.
[87] Daniel D L F, et al. Calibration of METRIC Model to Estimate Energy Balance over a Drip-Irrigated Apple Orchard [J]. Remote Sensing, 2017, 9(7): 670.
[88] Siedlecki M, et al. Wetland Evapotranspiration: Eddy Covariance Measurement in the Biebrza Valley, Poland [J]. Wetlands,2016, 36(6): 1055-1067.
[89] Consoli S, et al. Energy and water balance of a treatment wetland under mediterranean climatic conditions [J]. Ecological Engineering, 2018, 116: 52-60.
[90] Massman W J, Lee X. Eddy covariance flux corrections and uncertainties in long-term studies of carbon and energy exchanges [J]. Agricultural & Forest Meteorology, 2002, 113: 121-144.
[91] 牛书丽,蒋高明. 人工草地在退化草地恢复中的作用及其研究现状[J]. 应用生态学报, 2004, 15(9):1662-1666.
[92] 鹿海员,等. 牧区水-土-草-畜平衡调控模型建立与应用[J]. 农业工程学报. 2018, 34(11): 87-95.
[93] 鹿海员,等. 基于草原生态保护的牧区水土资源配置模式[J]. 农业工程学报. 2016, 32(23): 123-130.
[94] 黄琰,封国林,董文杰. 近 50 年中国气温、降水极值分区的时空变化特征[J]. 气象学报. 2011, 69(1): 125-136.
[95] 王军,李和平,鹿海员. 基于遥感技术的区域蒸散发计算方法综述[J]. 节水灌溉,2016,8:195-199.
[96] 王军,等. 典型草原地区降水-径流演变趋势分析[J]. 水文,2017,37(4):86-90.
[97] 王军,等. 基于地表温度和叶面积指数的干湿限研究及区域蒸散发估算[J]. 干旱区研究,2019(2):395-402.